全国高等职业教育规划教材

Protel DXP 2004 电路设计与应用

主　编　曾　春　张　庚
副主编　邓　皓　徐　昊　文　武
参　编　蔡　茜　陈　军　唐海英
主　审　邱海权

机械工业出版社

本书采用 Protel DXP 2004 英文软件进行介绍，通过放大电路、振荡电路、单片机电路和高频电路等常见实际电路全面介绍关于原理图绘制、元件库与封装库制作、PCB 制作和 FPGA 制作基础等相关设计知识和设计方法，重点突出层次原理图、PCB 规则设计和 PCB 综合布线等相关知识要点，使读者能掌握一个电路设计完整的设计流程，提高全局性的认识。全书配图丰富，内容翔实，案例难度由浅入深，实践环节与项目案例环环相扣，便于读者操作练习，逐步领会各项知识和设计步骤。

本书可作为高等职业院校电子类、电气类、通信类和机电类等专业的教材，也可供职业技术教育、Protel 认证考试培训及从事电子产品设计与开发的工程技术人员学习和设计参考。

本书配套授课电子教案，需要的教师可登录 www.cmpedu.com 免费注册、审核通过后下载，或联系编辑索取（QQ：1239258369，电话：010-88379739）。

图书在版编目(CIP)数据

Protel DXP 2004 电路设计与应用/曾春，张庚主编．—北京：机械工业出版社，2013.7
全国高等职业教育规划教材
ISBN 978-7-111-42704-9

Ⅰ. ①P… Ⅱ. ①曾… ②张… Ⅲ. ①印刷电路—计算机辅助设计—高等职业教育—教材 Ⅳ. ①TN410.2

中国版本图书馆 CIP 数据核字（2013）第 115433 号

机械工业出版社(北京市百万庄大街 22 号 邮政编码 100037)
责任编辑：王 颖
责任印制：杨 曦
北京圣夫亚美印刷有限公司印刷
2013 年 7 月第 1 版 · 第 1 次印刷
184mm × 260mm · 10.75 印张 · 264 千字
0001—3000 册
标准书号：ISBN 978-7-111-42704-9
定价：25.00 元

凡购本书，如有缺页、倒页、脱页，由本社发行部调换

电话服务	网络服务
社服务中心　:(010)88361066	教 材 网：http://www.cmpedu.com
销 售 一 部　:(010)68326294	机工官网：http://www.cmpbook.com
销 售 二 部　:(010)88379649	机工官博：http://weibo.com/cmp1952
读者购书热线:(010)88379203	封面无防伪标均为盗版

全国高等职业教育规划教材
电子类专业编委会成员名单

出版说明

根据《教育部关于以就业为导向深化高等职业教育改革的若干意见》中提出的高等职业院校必须把培养学生动手能力、实践能力和可持续发展能力放在突出的地位，促进学生技能的培养，以及教材内容要紧密结合生产实际，并注意及时跟踪先进技术的发展等指导精神，机械工业出版社组织全国近60所高等职业院校的骨干教师对在2001年出版的“面向21世纪高职高专系列教材”进行了全面的修订和增补，并更名为“全国高等职业教育规划教材”。

本系列教材是由高职高专计算机专业、电子技术专业和机电专业教材编委会分别会同各高职高专院校的一线骨干教师，针对相关专业的课程设置，融合教学中的实践经验，同时吸收高等职业教育改革的成果而编写完成的，具有“定位准确、注重能力、内容创新、结构合理和叙述通俗”的编写特色。在几年的教学实践中，本系列教材获得了较高的评价，并有多个品种被评为普通高等教育“十一五”国家级规划教材。在修订和增补过程中，除了保持原有特色外，针对课程的不同性质采取了不同的优化措施。其中，核心基础课的教材在保持扎实的理论基础的同时，增加实训和习题；实践性较强的课程强调理论与实训紧密结合；涉及实用技术的课程则在教材中引入了最新的知识、技术、工艺和方法。同时，根据实际教学的需要对部分课程进行了整合。

归纳起来，本系列教材具有以下特点：

1）围绕培养学生的职业技能这条主线来设计教材的结构、内容和形式。

2）合理安排基础知识和实践知识的比例。基础知识以“必需、够用”为度，强调专业技术应用能力的训练，适当增加实训环节。

3）符合高职学生的学习特点和认知规律。对基本理论和方法的论述要容易理解、清晰简洁，多用图表来表达信息；增加相关技术在生产中的应用实例，引导学生主动学习。

4）教材内容紧随技术和经济的发展而更新，及时将新知识、新技术、新工艺和新案例等引入教材。同时注重吸收最新的教学理念，并积极支持新专业的教材建设。

5）注重立体化教材建设。通过主教材、电子教案、配套素材光盘、实训指导和习题及解答等教学资源的有机结合，提高教学服务水平，为高素质技能型人才的培养创造良好的条件。

由于我国高等职业教育改革和发展的速度很快，加之我们的水平和经验有限，因此在教材的编写和出版过程中难免出现问题和错误。我们恳请使用这套教材的师生及时向我们反馈质量信息，以利于我们今后不断提高教材的出版质量，为广大师生提供更多、更适用的教材。

机械工业出版社

前　言

“Protel DXP 2004 电路设计与应用”是高职高专院校电子信息类专业的重要专业基础课程，在人才培养中占有重要的地位和作用。随着计算机硬件技术和软件技术的飞速发展，以计算机辅助设计为基础的电子设计自动化技术也得到了蓬勃发展，目前已成为电子学领域的重要设计手段。电子设计自动化的兴起和发展，促进了集成电路和电路系统向着高集成度、高复杂度方向发展。

本书采用项目化的案例教学，共有 6 个项目，将原理图制作、层次原理图制作、元器件和元器件库制作、PCB 制作等多个方面的知识融入其中，每个项目分项目描述、项目资讯和项目实施 3 部分。全书编排特点如下：

1）所有项目均由经验丰富的任课教师和长期工作在设计岗位的企业工程师共同筛选，具有针对性、扩展性和系统性，贴近职业岗位需求，既能广泛增进计算机辅助电路设计的基础知识，又能重点凸显计算机辅助电路设计某一方面的操作知识。

2）在项目咨讯和项目实施中采用大量相关图片，能够更加直观地对知识点进行阐述。

3）实践环节采用知识介绍与动手环节并重的结构，使用一些集“原创性、趣味性、综合性和实用性”于一体的实训环节项目，将知识梳理、实验原理、前后呼应和应用设计融为一体，并且结合编者积累的一线教学经验对那些容易出现错误或问题的知识点进行小结。

4）在校稿过程中对配图进行了严格比对和校正，所有操作步骤的配图均来自 Protel 2004 操作的过程，未借助任何网上资料或图片。

本书建议学时数为 40 学时。

本书由重庆工商职业学院曾春、张庚任主编，邓皓、徐昊、文武任副主编，蔡茜、陈军、唐海英参与编写，全书由邱海权高级工程师主审。此外，在本书的编写过程中，得到了重庆先锋渝州电器有限公司的大力支持，在此深表感谢！

本书为了与软件保持一致，没有用国标图形符号和文字符号，希望广大读者理解。由于编者水平有限，书中疏漏之处在所难免，恳请业内专家和广大读者批评指正。

编　者

目　录

概　论　篇

项　目　篇

概 论 篇

0 绪 论

0.1 Protel DXP 2004 简介

0.1.1 Protel 的发展历史

Protel 是 20 世纪 80 年代末出现的 EDA 软件，美国 ACCEL Technologies Inc 推出了第一个应用于电子电路设计软件包 TANGO，这个软件包开创了电子设计自动化（EDA）的先河。这个软件包现在看来比较简陋，但在当时给电子电路设计带来了设计方法和方式的革命，人们纷纷开始用计算机来设计电子电路，直到今天在国内许多科研单位还在使用这个软件包。

随着电子业的飞速发展，TANGO 日益显示出其不适应时代发展需要的弱点。为了适应科学技术的发展，Protel Technology 公司以其强大的研发能力推出了 Protel For Dos 作为 TANGO 的升级版本，从此 Protel 这个名字在业内日益响亮。

20 世纪 80 年代末，Windows 系统开始日益流行，许多应用软件也纷纷开始支持 Windows 操作系统。Protel 也不例外，相继推出了 Protel For Windows 1.0、Protel For Windows1.5 等版本。这些版本的可视化功能给用户设计电子电路带来了很大的方便，设计者再也不用记一些繁琐的命令，也让用户体会到资源共享的乐趣。

20 世纪 90 年代中，Windows 95 开始出现，Protel 也紧跟潮流，推出了基于 Windows 95 的 3.X 版本。3.X 版本的 Protel 加入了新颖的主从式结构，但在自动布线方面却没有什么出众的表现。另外由于 3.X 版本的 Protel 是 16 位和 32 位的混合型软件不太稳定。

1998 年，奥腾公司推出了给人全新感觉的 Protel 98。Protel 98 以其出众的自动布线能力获得了业内人士的一致好评。

1999 年推出的 Protel 99 及后来的 Protel 99 SE 让 Protel 用户耳目一新，因为在其中新增了很多全新的功能。

在电子行业的 CAD 软件中，它当之无愧地排在众多 EDA 软件的前面，是电子设计工程师的必修软件。它较早地在国内开始使用，在行业内的普及率也最高，有些高校的电子专业还专门开设了课程来学习它，几乎所有的电子公司都要用到它，许多大公司在招聘电子设计人才时在其条件栏上常会注明要求应聘者会使用 Protel 系列软件。

而 Protel DXP 2004 是 Altium 公司推出的较新版本，是一款 Windows NT/XP 的全 32 位

电子设计系统。Protel DXP 提供一套完全集成的设计，这些工具很容易将设计从概念形成最终的板设计。与以前的版本相比较，Protel DXP 的功能进一步增强，最吸引设计者的是 Protel DXP 的改进型自动布线规则，它大大提高了布线的成功率和准确率。

0.1.2 Protel DXP 2004 的特点

Protel DXP 2004 是完全一体化电子产品开发系统的一个新版本，是业界第一款、也是唯一一种完整的板级设计解决方案。Altium Designer 是业界首例将设计流程、集成化 PCB 设计、可编程器件（如 FPGA）设计和基于处理器设计的嵌入式软件开发功能整合在一起的产品，是一种同时进行 PCB 和 FPGA 设计以及嵌入式设计的解决方案，具有将设计方案从概念转变为最终成品所需的全部功能。

Altium 公司作为 EDA 领域里的一个领先公司，在原来 Protel 99 SE 的基础上，应用最先进的软件设计方法，率先推出了一款基于 Windows 2000 和 Windows XP 操作系统的 EDA 设计软件 Protel DXP。Protel DXP 在前版本的基础上增加了许多新的功能。新的可定制设计环境功能包括双显示器支持，可固定、浮动以及弹出面板，强大的过滤和对象定位功能及增强的用户界面等。Protel DXP 是第一个将所有设计工具集于一身的板级设计系统，电子设计者从最初的项目模块规划到最终形成生产数据都可以按照自己的设计方式实现。Protel DXP 运行在优化的设计浏览器平台上，并且具备当今所有先进的设计特点，能够处理各种复杂的 PCB 设计过程。通过设计输入仿真、PCB 绘制编辑、拓扑自动布线、信号完整性分析和设计输出等技术融合，Protel DXP 提供了全面的设计解决方案。

Protel DXP 2004 是 Altium 公司于 2004 年推出的最新版本的电路设计软件，该软件能实现从概念设计，顶层设计直到输出生产数据以及这之间的所有分析验证和设计数据的管理。当前比较流行的 Protel 98、Protel 99 SE 就是它的前期版本。

Protel DXP 2004 已不是单纯的 PCB（印制电路板）设计工具，而是由多个模块组成的系统工具，分别是 SCH（原理图）设计、SCH（原理图）仿真、PCB（印制电路板）设计、Auto Router（自动布线器）和 FPGA 设计等，覆盖了以 PCB 为核心的整个物理设计。该软件将项目管理方式、原理图和 PCB 图的双向同步技术、多通道设计、拓扑自动布线以及电路仿真等技术结合在一起，为电路设计提供了强大的支持。

与较早的版本 Protel 99 相比，Protel DXP 2004 不仅在外观上显得更加豪华、人性化，而且极大地强化了电路设计的同步化，同时整合了 VHDL 和 FPGA 设计系统，其功能大大加强了。

0.2 Protel DXP 2004 安装

使用光驱打开 Protel DXP 2004 安装光盘，运行“setup/setup.exe”文件，出现图 0-1 所示的 Protel DXP 2004 安装界面。

选择“Next”选项继续安装，选择同意 Protel DXP 2004 安装协议，如图 0-2 所示。

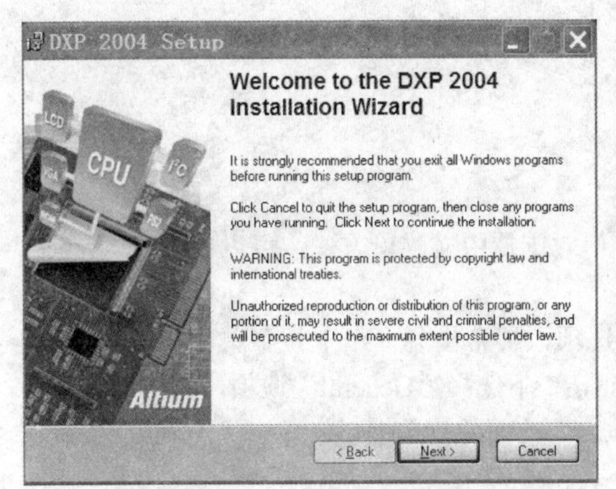

图 0-1　Protel DXP 2004 安装界面

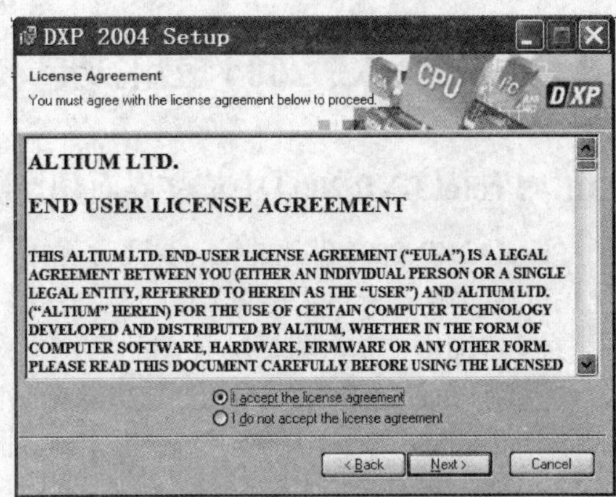

图 0-2　Protel DXP 2004 安装协议选择

默认输入自身信息和使用 Protel DXP 2004 权限进行下一步安装，如图 0-3 所示。

选择 Protel DXP 2004 安装路径，这里选择默认路径安装，如图 0-4 所示。

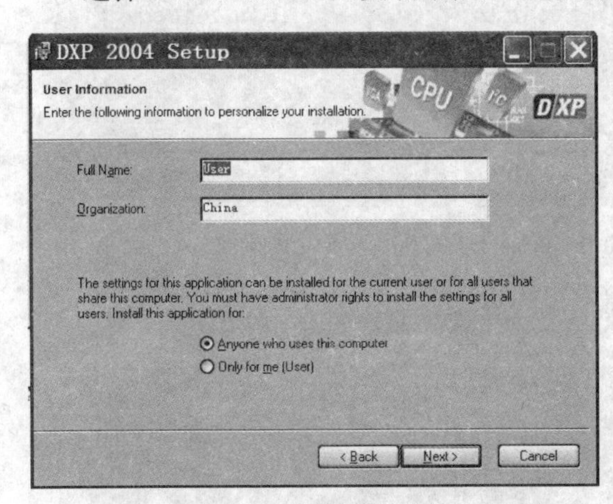

图 0-3　Protel DXP 2004 程序使用权限设定

图 0-4　Protel DXP 2004 安装路径选择

选择"Next"选项开始安装，耐心等待几分钟，如图 0-5 所示。

Protel DXP 2004 安装完成，如图 0-6 所示。

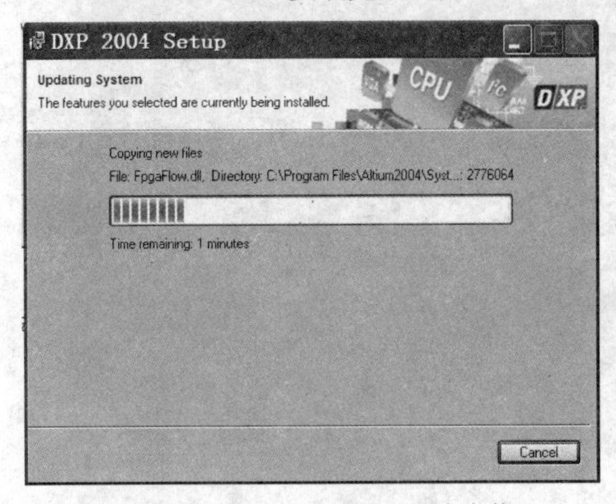

图 0-5　Protel DXP 2004 正在安装

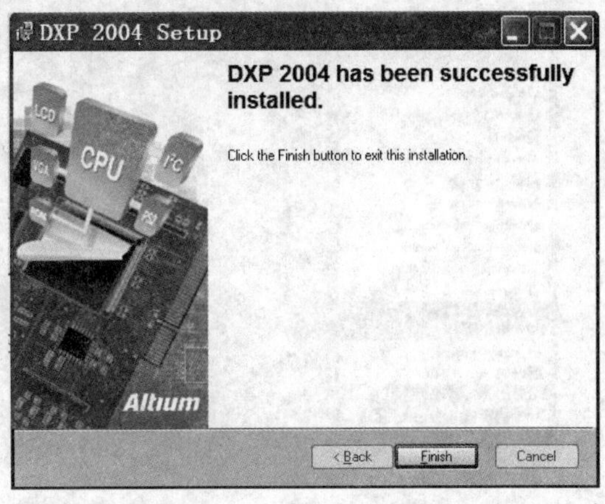

图 0-6　Protel DXP 2004 安装完成

0.3 Protel DXP 2004 应用初步

0.3.1 Protel DXP 2004 中英文界面切换

Protel DXP 2004 默认的设计界面为英文，但它支持中文菜单方式，可以在“Preferences（优先设定）”中进行中、英文菜单切换。

在主界面中，单击菜单左上角的“DXP”选项，屏幕出现一个下拉菜单，如图 0-7 所示，选择“Preferences”对话框，在“DXP System”下选择“General”选项，在对话框正下方“Localization”中选中“Use localized resources”前面的复选框后，单击“Apply”按钮完成界面转换，如图 0-8 所示。

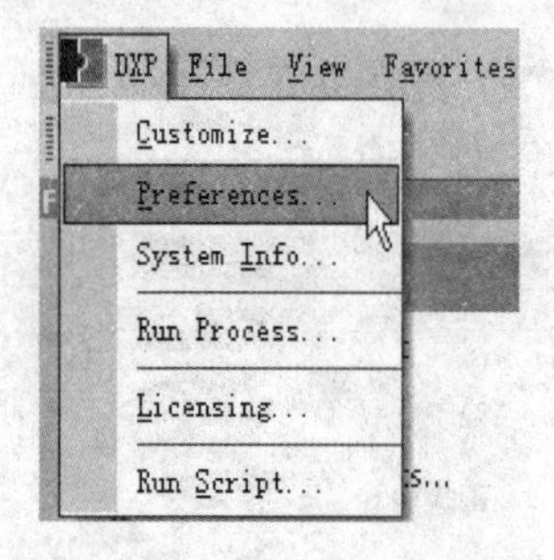

图 0-7 Protel DXP 2004 菜单

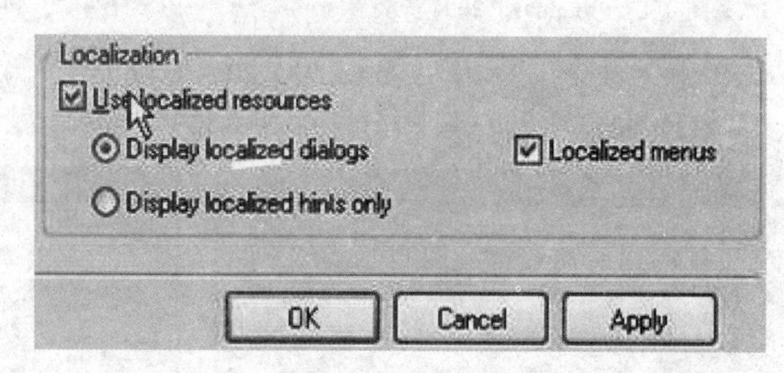

图 0-8 Protel DXP 2004 设置中文界面

设置完毕后，重新启动软件，系统的界面就更换为中文界面，如图 0-9 所示。

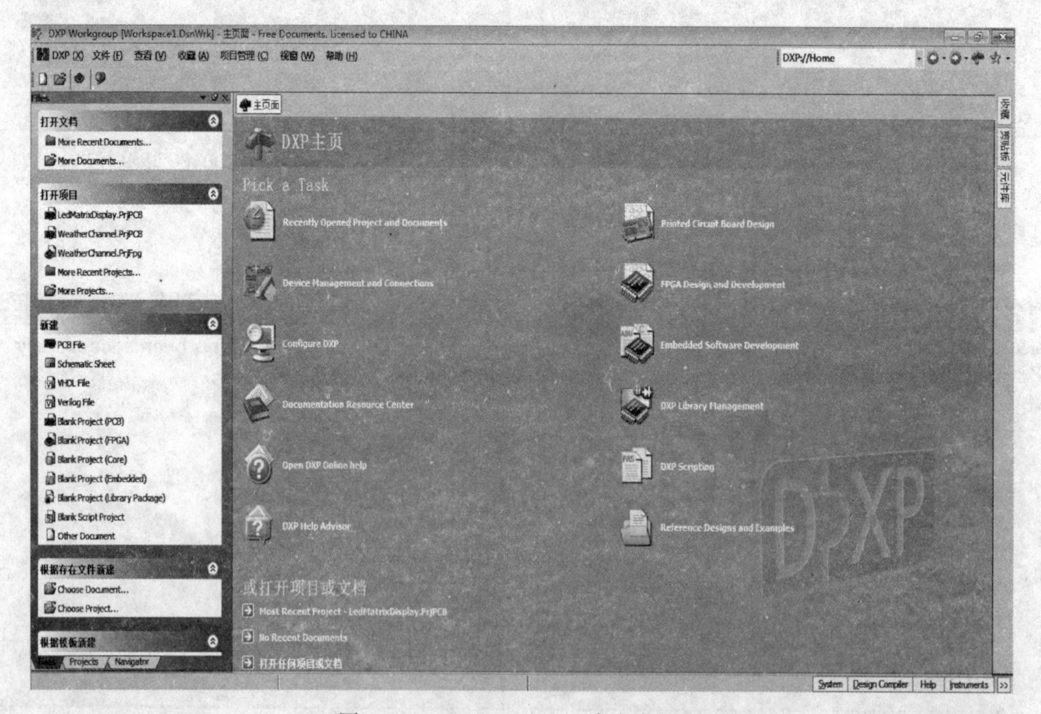

图 0-9 Protel DXP 2004 中文主界面

0.3.2　进行 Protel DXP 2004 系统设置

从 Windows 开始菜单选择“所有程序”→“Altium”→“Protel DXP 2004”。当打开 Protel DXP 2004 后，将显示最常用的初始任务，如图 0-10 所示。

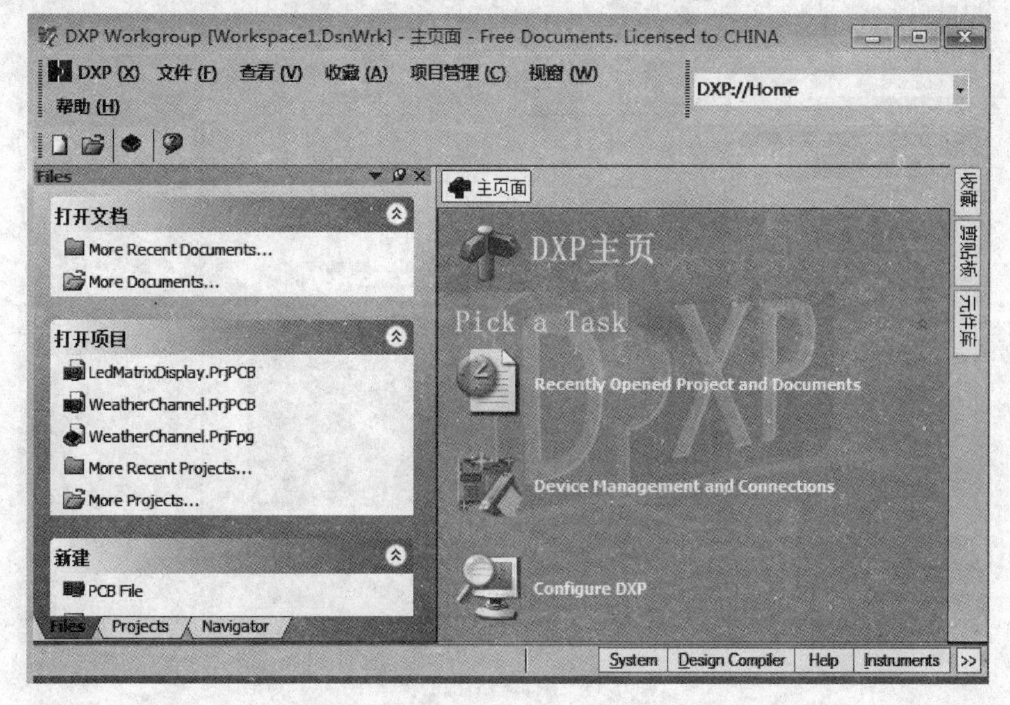

图 0-10　Protel DXP 2004 主窗口版面

如图 0-10 所示，主窗口的上方为菜单栏、工具栏和导航栏；左边为工作区面板；中间为工作区窗口，列出了常用的工作任务；右边也是工作区面板，包括收藏、剪贴板及元件设置等面板；左下角为状态栏和控制栏。

建立设计文件夹后，能在编辑器之间转换，例如，原理图编辑器和 PCB 编辑器。“The Design Explorer”将根据当前所工作的编辑器来改变工具栏和菜单。一些工作区面板的名字最初也会显示在工作区右下角。在这些名字上单击将会弹出面板，这些面板可以通过移动、固定或隐藏来适应的工作环境。

图 0-11 展示了当几个文件和编辑器同时打开并且窗口进行平铺时的“The Design Explorer”。

Protel DXP 2004 将所有的设计文件和输出文件都作为个体文件保存在硬盘。可以使用 Windows Explorer 来查找。项目文件可以建立与包含设计文件的连接，这样使得设计验证和同步成为可能。

在 Protel DXP 2004 中，一个项目包括所有文件夹的连接和与设计有关的设置。一个项目文件，例如 xxx.PrjPCB，是一个 ASCII 文本文件，用于列出在项目里有哪些文件以及有关输出的配置，例如打印和 CAM。那些与项目没有关联的文件称为“自由文件(free documents)”。与原理图样和目标输出的连接，例如 PCB、FPGA、VHDL 或库封装，将添加到项目中。一旦项目被编辑，设计验证、同步和对比就会产生。例如，当项目被编辑后，项目中的原始原理图或 PCB 的任何改变都会被更新。

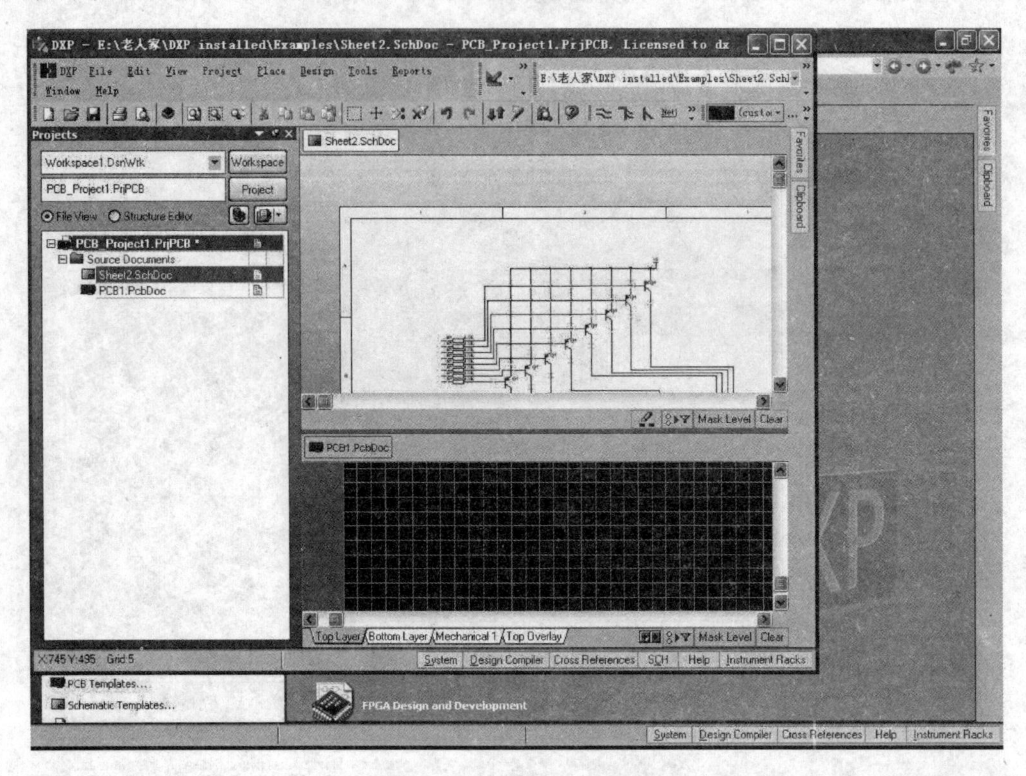

图 0-11　编辑器平铺的窗口图

建立一个新项目的步骤对各种类型的项目都是相同的。将以 PCB 项目为例。首先要创建一个项目文件，然后创建一个空的原理图图样以添加到新的项目中。在这个指导书的最后将创建一个空白 PCB 并将它同样添加到项目中。

1．创建一个新的 PCB 项目

1）在设计窗口的“Pick a Task”区中单击“Create a new Board Level Design Project”。

另外，也可以在“Files”面板中的“New”区单击“Blank Project (PCB)”。如果这个面板未显示，选择“File”→“New”，或单击设计管理面板底部的 Files 选项卡。

2）Projects 面板如图 0-12 所示。新的项目文件 PCB Project1.PrjPCB，与“No Documents Added”文件夹一起列出。

3）通过选择“File”→“Save Project As”来将新项目重命名（扩展名为*.PrjPCB）。指定要把这个项目保存在硬盘上的位置，在文件名栏里键入文件名“Multivibrator.PrjPCB”并单击“Save”。

图 0-12　Projects 面板

2．创建一个新的原理图图样

1）在“Files”面板的“New”单元选择“File”→“New”并单击“Schematic Sheet”。一个名为“Sheet1.SchDoc”的原理图图样出现在设计窗口中，并且原理图文件夹也自动地添加（连接）到项目。这个原理图图样在

“Projects”选项卡中的紧挨着项目名下的“Schematic Sheets”文件夹下。

2）通过选择“File”→“Save As”来将新原理图文件重命名（扩展名为*.SchDoc）。指定要把这个原理图保存在硬盘中的位置，在文件名栏键入“Multivibrator.SchDoc”，并单击“Save”。

3）当空白原理图样打开后，将注意到工作区发生了变化。主工具栏增加了一组新的按钮，新的工具栏出现，并且菜单栏增加了新的菜单项，现在就在原理图编辑器中了。

可以自定义工作区的许多模样。例如，可以重新放置浮动的工具栏。单击并拖动工具栏的标题区，然后移动鼠标重新定位工具栏。改变工具栏，可以将其移动到主窗口区的左边、右边、上边或下边。

如果想添加到一个项目文件中的原理图图样已经作为自由文件夹被打开，那么在“Projects”面板的“Free Documents”单元“schematic document”文件夹上用鼠标右键单击，并选择“Add to Project”。现在这个原理图图样在“Projects”选项卡中的紧挨着项目名下的“Schematic Sheets”文件夹下，并连接到项目文件。

3．设置原理图选项

在开始绘制电路图之前首先要做的是设置正确的文件夹选项。完成步骤如下所述。

1）从菜单选择“Design”→“Options”，打开文件夹选项对话框。在此唯一需要修改的是将图样大小（sheet size）设置为标准A4格式。在“Sheet Options”选项卡找到“Standard Styles”栏。单击输入框旁的箭头将看见一个图样样式的列表。

2）使用滚动栏来向上滚动到A4样式并单击选择。

3）单击“OK”按钮关闭对话框，更新图样大小。

4）为将文件再全部显示在可视区，选择“View”→“Fit Document”。

在Protel DXP中，可以通过按菜单热键（在菜单名中带下划线的字母）来激活任何菜单。以后任何菜单项也将有可以用来激活该项的热键。例如，对于选择“View”→“Fit Document”菜单项的热键就是在按了〈V〉键后按〈D〉键。许多子菜单，诸如“Edit”→“DeSelect”菜单，是可以直接调用的。要激活“Edit”→“DeSelect”→“All”菜单项，只需要按〈X〉键（用于直接调用“DeSelect”菜单）及〈A〉键。

4．原理图参数设置

1）从菜单选择“Tools”→“Preferences”（热键〈T〉，〈P〉）打开“原理图参数”对话框。这个对话框允许设置全部参数，这些将应用到将继续工作的所有原理图图样。

2）单击“Default Primitives”选项卡以使其为当前，勾选“Permanent”。单击“OK”按钮关闭对话框。

3）在开始绘制原理图之前，保存这个原理图图样，因此选择“File”→“Save”（热键〈F〉，〈S〉）。

在后面的章节中将会通过不同的项目来详细介绍Protel DXP 2004的各种功能及应用。

0.3.3　实训

1．在Windows XP环境下安装DXP软件并激活。

2．对DXP软件的界面进行熟悉和了解。

3．掌握DXP系统设置的基本方法。

项 目 篇

项目 1 声控变频电路的设计

1.1 项目描述

1.1.1 声控变频电路的特点

本书采用的声控变频电路包含了 28 个独立元件，涉及 4 个不同元件库，能够很好地锻炼初学者识别元件库和元件，熟悉元件连接，简单设置布局基础技能。本电路为入门篇电路，MK1 将收到的信号通过以 LF356N 为核心的放大电路进行放大，得到不同的电平并由此控制电容的充电电流从而得到一定范围内的频率输出，以 NE555P 为核心的振荡电路中的可调电阻可以改变振荡参数，进而改变输出频率的变化范围。本电路用到了模拟电路和数字电路的相关基础知识，需要有模拟电路和数字电路基础，其电路参数也只能针对低频声音信号进行应用。

1.1.2 声控变频电路的流程图

声控变频电路流程图如图 1-1 所示。

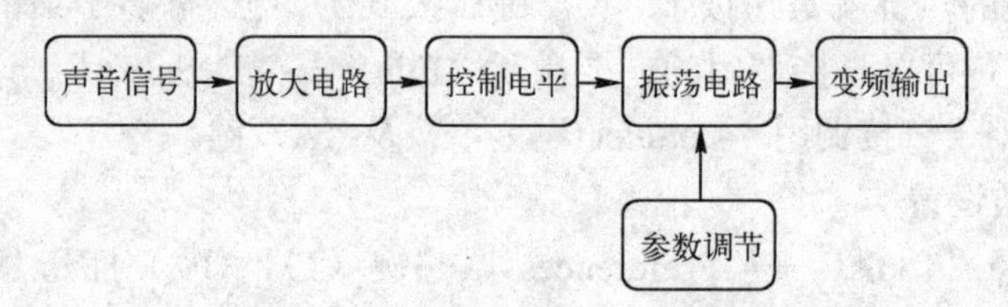

图 1-1 声控变频电路流程图

1.2 项目资讯

1.2.1 元件库的搜寻

元件库是 DXP 中使用非常频繁的工具库。任何能够用 DXP 编辑的电路元件必须先在元件库中存在它的信息，换句话说，DXP 是建立在元件库基础上的电路描述。

打开元件库面板菜单，如图 1-2 所示。

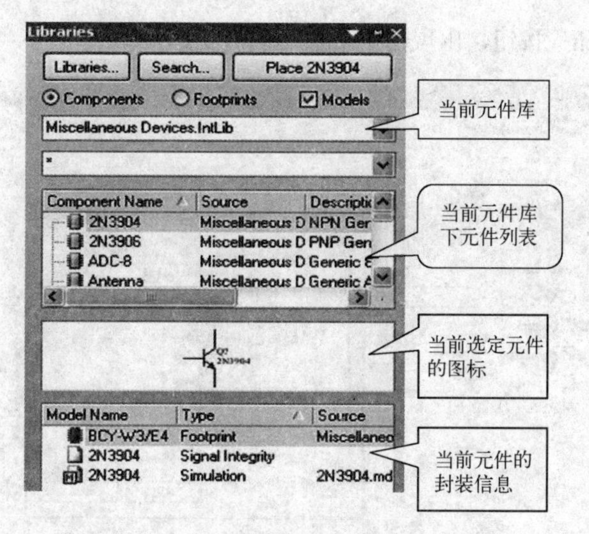

图 1-2　元件库面板菜单

元件库中一共包含 3 个按钮，分别是“Libraries”、“Search”和“Place”。

其中，“Libraries”按钮可以查看元件项目信息，已添加的元件库信息和元件库路径，如图 1-3 所示。

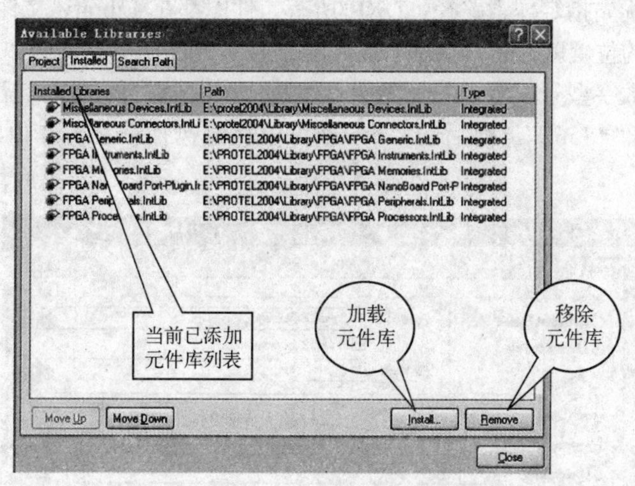

图 1-3　元件库弹出菜单

需要注意的是，不同类型的元件需要从不同的元件库装载。例如电阻、电容等常用元件来自系统默认的“device”元件库，而运算放大电路来自“amplifier”元件库，振荡器来自“timer circuit”元件库，所以，一个复杂的电路图常常需要加载多个元件库才能完成。整个 DXP 软件中带有上万个元件库和百万个电子元件，如有需要，读者还可以自己从网上下载新的元件库进行完善。

面对众多的元件库，设计人员往往无法确认要使用的元件究竟在哪个库文件中，这就必须借助第二个“Search”按钮。

“Search”的功能和计算机中的文件搜索相似，读者只需要知道元件的型号、名称、封装信息中的一个或几个，整体或部分，就可以进行元件库定位。

首先单击“Search”按钮，出现图 1-4 所示的对话框。

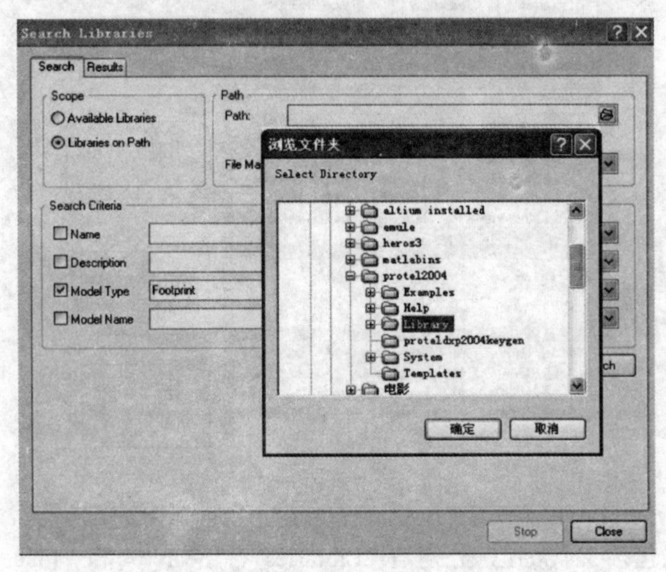

图 1-4 “Search”对话框窗口 1

在对话框中，优先指定搜索路径，DXP 所有元件库都在 Library 文件夹中，只需要指定该文件夹在硬盘中的位置就行了。接下来，给出被搜索元件的信息，例如或非门 7402，读者通常只能记住这个数字型号，至于芯片名字具体是什么很少关心，那么就在“name”选项前面点上勾，并输入“*356*”，前后的“*”号可以代替包括空字符在内的任意长度字符，如图 1-5 所示。

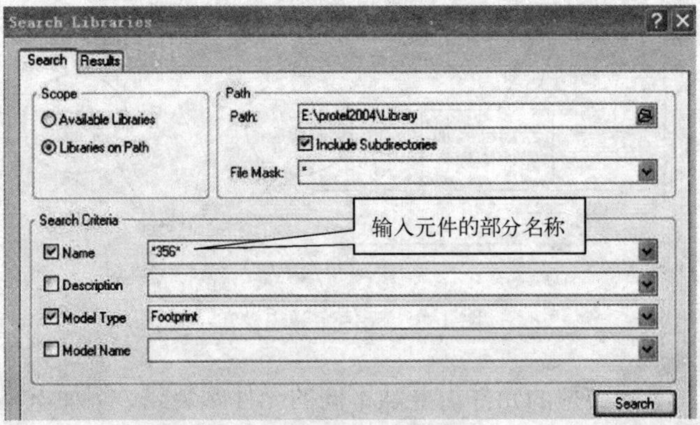

图 1-5 “Search”对话框窗口 2

最后单击图 1-5 右下方的“Search”命令，即可出现结果，如图 1-6 所示。

搜索会把所有符合要求的元件库信息罗列在“result”栏中，单击其中一个，可以看到具体的元件名、元件图标和元件封装图。但需要注意，这时候找到的仅仅是元件库，元件图标和封装是帮助设计人员查看库中元件是否是自己所寻找的元件，所以一定不要忘了单击加载（install Library）按钮，真正放置元件，需要借助 Library 面板的第 3 个按钮——“Place”按钮。

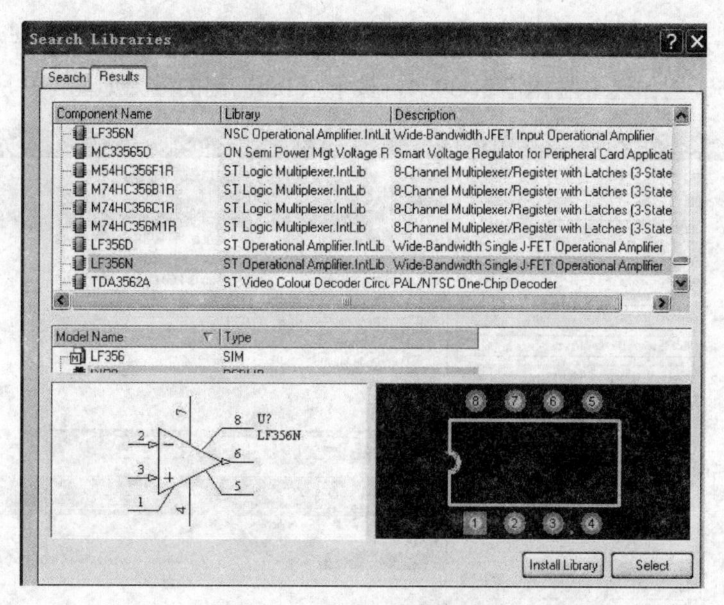

图 1-6 “Search”命令的结果

只要成功加载了元件库信息，就可以在 Library 面板的元件库栏下拉列表中找到该元件库，如图 1-7 所示。

在列表中选定该元件库（即将它设置为了当前元件库），然后再从该元件库中找到真正需要的具体元件，如图 1-8 所示。

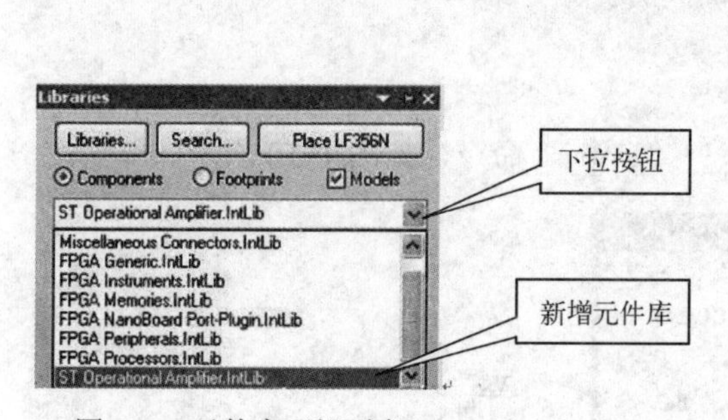

图 1-7　元件库下拉列表

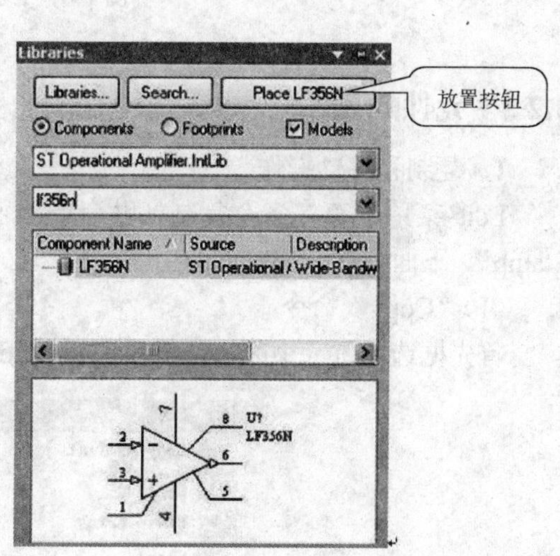

图 1-8　在当前元件库中找到元件

1.2.2　独立元件的摆放

完成元器件库的装载之后，就可将所需要的元器件放置到原理图的编辑平面上。

使用〈Tab〉键的技巧：在将元器件放置在图样前，元器件符号可随鼠标移动，这时如果按下〈Tab〉键可以更改元器件的参数：包括元器件的名称、大小和封装等。通常一个原理图中会有相同的元器件，如果此时修改属性，那么相同的元器件的属性系统也会自动更改，这样会减少不必要的错误，如忘记元器件的属性等，又不需要放完元器件后再一起修改属性，节省操作。例如选中晶体管 2N3904，按下〈Tab〉键的效果如图 1-9 所示。

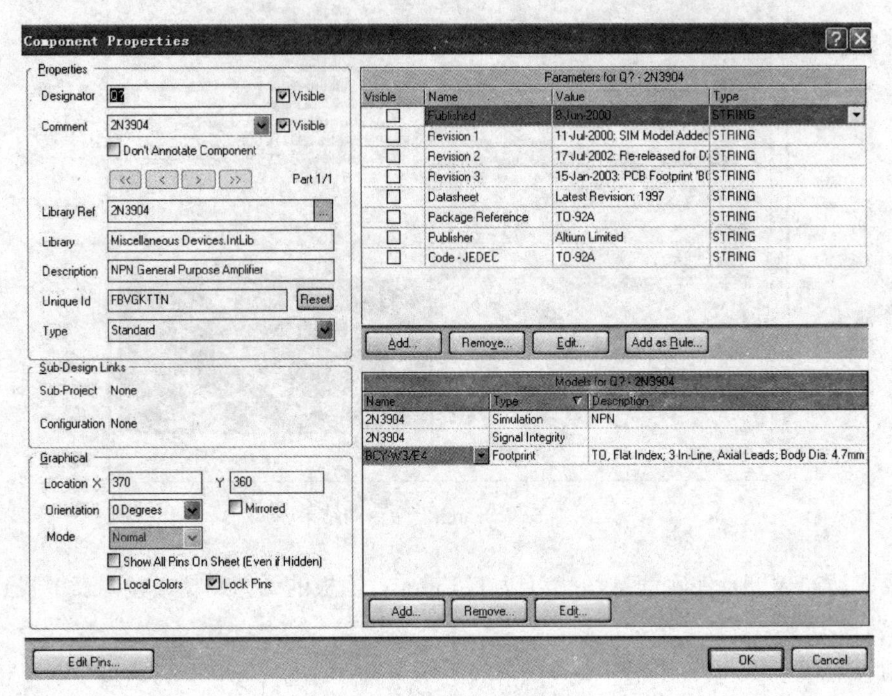

图 1-9 “元件属性”对话框

1.2.3 元件的操作

1. 复制和移动操作

Edit 菜单中存在多个复制粘贴命令，包括“Copy”→“Paste”，“Duplicate”，“Rubber Stamp”。下面依次介绍它们的用法。

（1）“Copy”命令

首先框选任意一个区域，然后选择“Edit”→“Copy”命令，如图 1-10 所示。

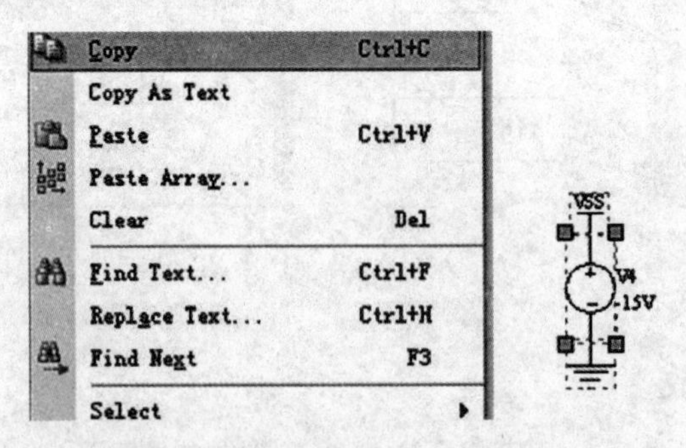

图 1-10 执行“Edit→Copy”命令

接下来单击“Paste”命令，即可出现跟随十字光标移动的被复制元件或区域，如图 1-11 所示。

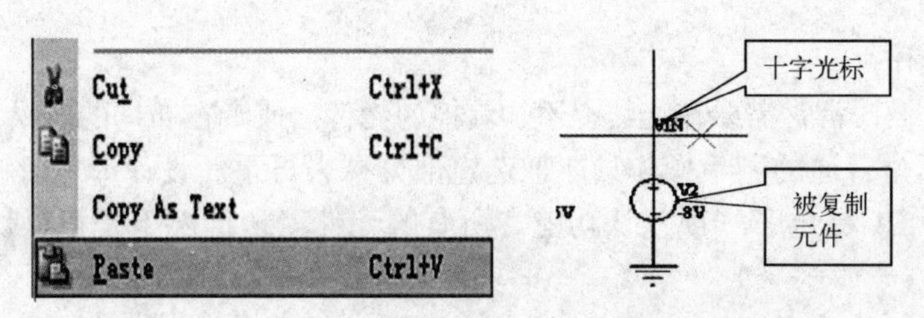

图 1-11　执行“Paste”命令的结果

（2）“Duplicate”命令

这个命令会直接在选定区域附近产生粘贴，不需要再用粘贴。

（3）“Rubber Stamp”命令

选定一个区域，执行“Edit”→“Rubber Stamp”命令，会出现一个十字光标，用这个光标单击刚才选定的区域，该区域会跟随十字光标移动，直到再次单击为止。

（4）使用〈Ctrl〉键进行移动的技巧

当个别元件及所连导线需要整体移动，同时需要改变导线的长度和方向时，则可采用此方法拖动引脚线。操作方法是先按住〈Ctrl〉键，再单击要移动的元件，然后放开“Ctrl”键，这时拖动鼠标，导线会随着元件一起移动（相当于“Edit”→“Move”→“Drag”命令的效果）。这样就不用在移动之后重新绘制导线连接。

2．基本切割、删除操作

（1）删除操作

在设计中，经常需要删除不用的元件或导线，“Edit”菜单提供了删除命令，如图 1-12 所示。

Edit　View　Project　Place　Design
Undo　Ctrl+Z
Redo　Ctrl+Y
Cut　Ctrl+X
Copy　Ctrl+C
Copy As Text
Paste　Ctrl+V
Paste Array...
Clear　Del
Find Text...　Ctrl+F
Replace Text...　Ctrl+H
Find Next　F3
Select
DeSelect
Delete

图 1-12　删除命令

只要选定一个区域，再执行此命令，就可以抹去该区域。但删除是一个非常常用的操作。如果每次删除操作如果都要进“Edit”菜单操作，仍然感觉过于麻烦，这里有个小技巧：设计人员通常在选定删除区域以后，直接单击键盘上的〈Delete〉键，效果是一样的。

（2）切割操作

在画图的时候，常常需要在连线上添加漏掉的元件，或者在布局的时候，需要将多余的连线去掉。然后，普通的删除操作只能把选定部分抹去再重新设计，这时候用切割操作其实更为方便。DXP 提供了一项默认功能，所有的元件默认情况下是可以切割导线的，如图 1-13 所示。

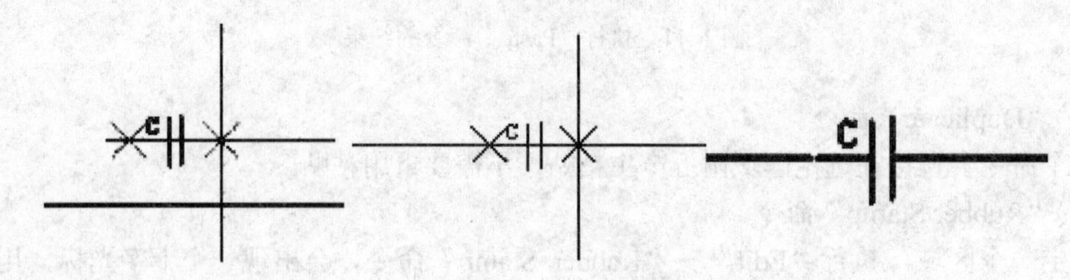

图 1-13 元件切割导线过程

（3）导线切割

如果一条导线只有一部分需要抹去，则可以用“Edit”→“Break Wire”命令，如图 1-14 所示。

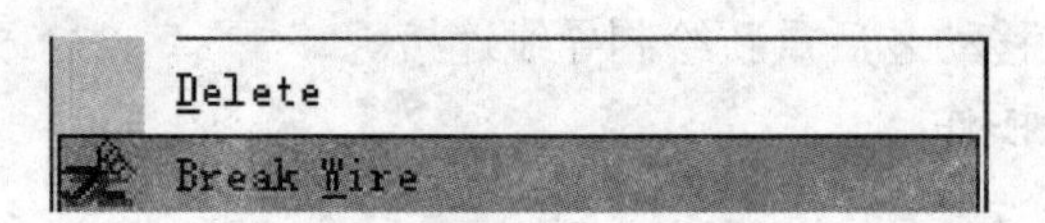

图 1-14 “Break Wire”命令

“Break Wire”默认切割 3 个单位长度的导线，切割点具有栅格捕捉功能。如果需要切割长度不同的导线或者不需要捕捉栅格功能，可以在“Tool”菜单的属性对话框中进行设置，如图 1-15 所示。

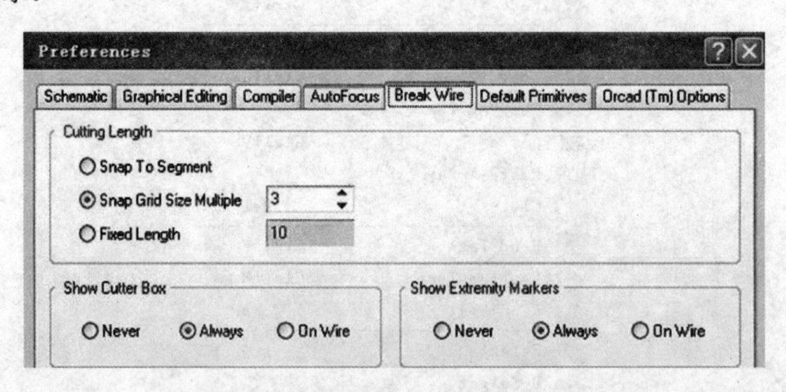

图 1-15 “Tool”属性对话框中的切割导线设置

采用默认设置的切割操作，先单击“Break Wire”，出现一个虚线框，把该框移动到某一段导线上，再单击，即可完成切割（直到用鼠标右键取消为止），如图 1-16 所示。

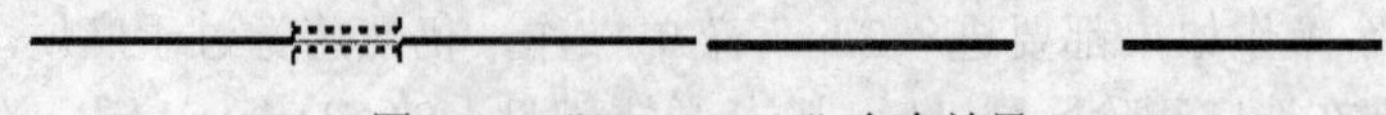

图 1-16 “Break Wire”命令效果

1.2.4 元件的注释

在元件属性对话框中有个“Comment”子选项，里面的字符就是对元件的注释。元件都有自己的默认注释，例如电阻注释为“res”，无极性电容注释为“cap”等。如果需要不同的注释，只要修改属性对话框中的“Comment”子项内容即可，如果只针对个别元件需要单独注释，只要单击图样上的注释名，即可进行编辑，如图 1-17 所示。

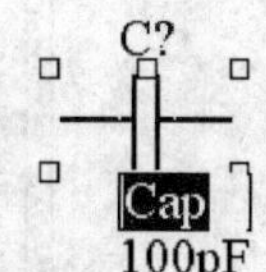

图 1-17 直接编辑元件注释

1.2.5 基本的连接操作

1．导线和元件的连接

导线是最基本的连接工具，将元件的引脚连接起来。DXP 专门提供了米字形连接标志，提醒设计人员是否已经建立连接，如图 1-18 所示。

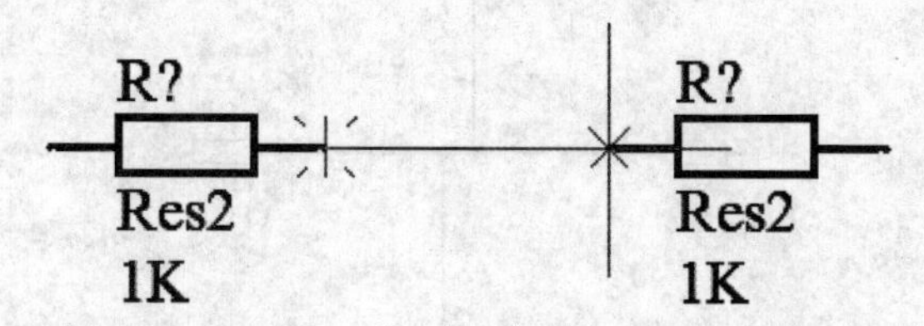

图 1-18 出现米字形连接标记

在出现这个米字形标志的时候单击，即可完成导线连接。如果没有这个标志，哪怕导线到引脚距离很近，也没有真正形成连接，初学者在放大原理图的时候会发现，米字形标志已经出现但导线和引脚并没有真正连在一起，会误以为连接不成功，其实这也是不正确的认识，这个标志实质上就是电气连接成功的标志。

2．导线与导线的连接

只要出现连接点即表示连接成功，如图 1-19a 所示。

在电路中常常需要进行十字交叉连接，但初学者极有可能出现图 1-19b 所示方式连接，这种交叉不等于连接。

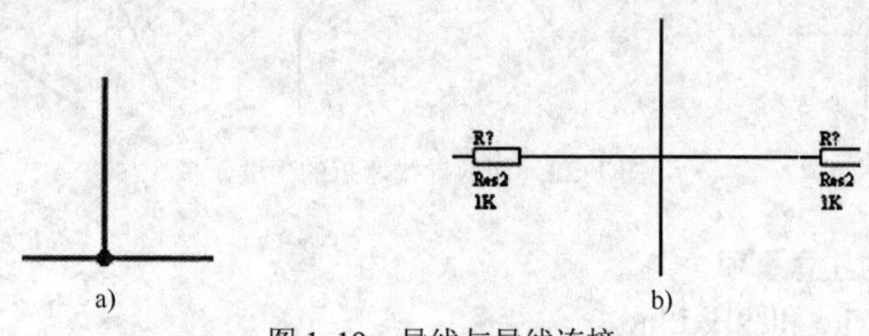

图 1-19 导线与导线连接
a) 成功连接 b) 不成功连接

如果在“Tool”菜单的属性对话框中选择显示跨接（“display cross-over”，则图 1-19a 的图将出现图 1-20 所示的图形。

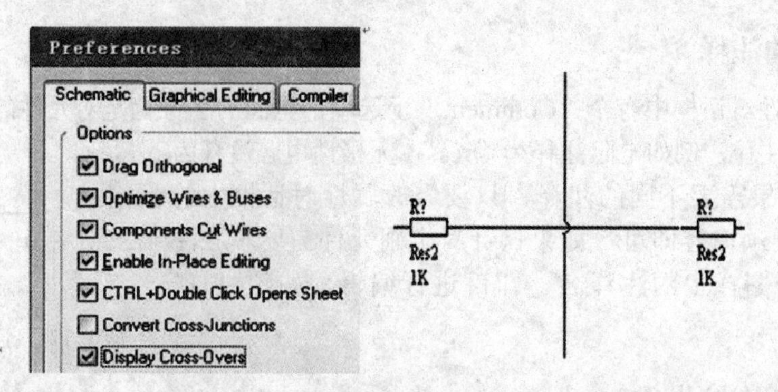

图 1-20　显示跨接对话框与显示跨接效果

要想实现交叉连接，可以采用分离的画法，如图 1-21 所示。

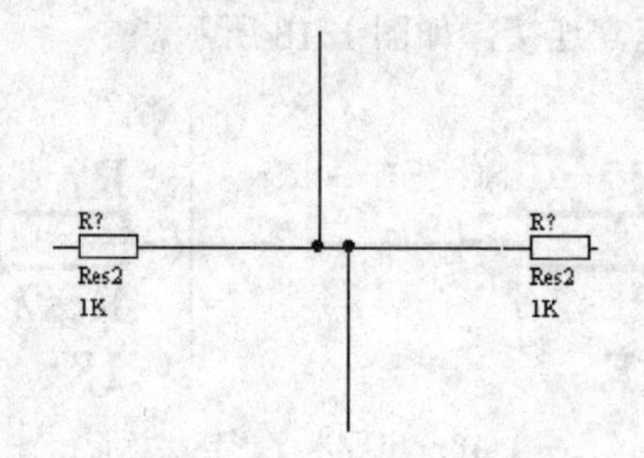

图 1-21　用两个节点实现交叉连接图

3．连接线角度切换

单击导线按钮“≈”以后，会出现一个十字光标。相应的在编辑界面正下方会出现绘线角度提示信息，默认角度为 90°，用〈Shift+Space〉组合键可以切换到 45°，再次按下组合键可以切换到任意角度，如图 1-22 所示。

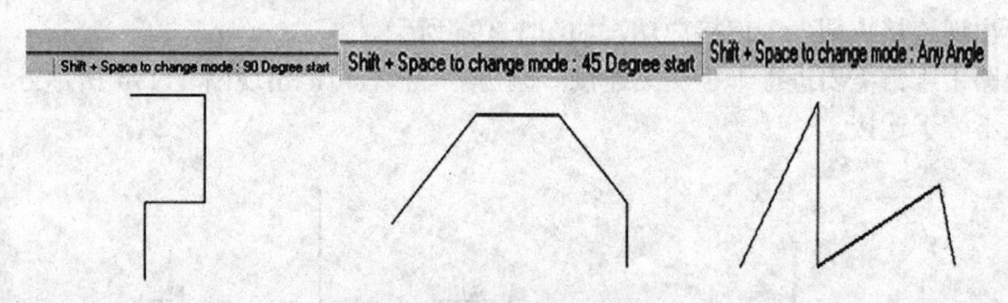

图 1-22　切换导线弯折的角度

4．连接操作的注意事项

1）区分导线 Wire 和线段 Line。

2）绘制导线时，导线不要超过元件引脚端点与引脚线重叠。

3）捕捉栅格（“Snap Grid”）与可视栅格（“Visible Grid”）最好相同，若栅格（“Grids”）的精度太高，而可视栅格取得较大，则绘制导线时会在导线端点与引脚端点之间留下空隙，造成连接失败。

4）画导线时不要一段一段地画，尽量一笔连通。

1.2.6 元件的编辑

从菜单来讲，元件编辑不是属于“Edit”菜单的子选项。但是在这里将它作为“Edit”菜单的最后一项提出，是因为它本身的重要性。

原理图中元件的编辑主要通过属性对话框来完成，这里用一个最简单的电阻来举例，用鼠标右键单击原理图中某电阻元件“R1 5k”，单击属性对话框，出现图 1-23 所示的对话框。

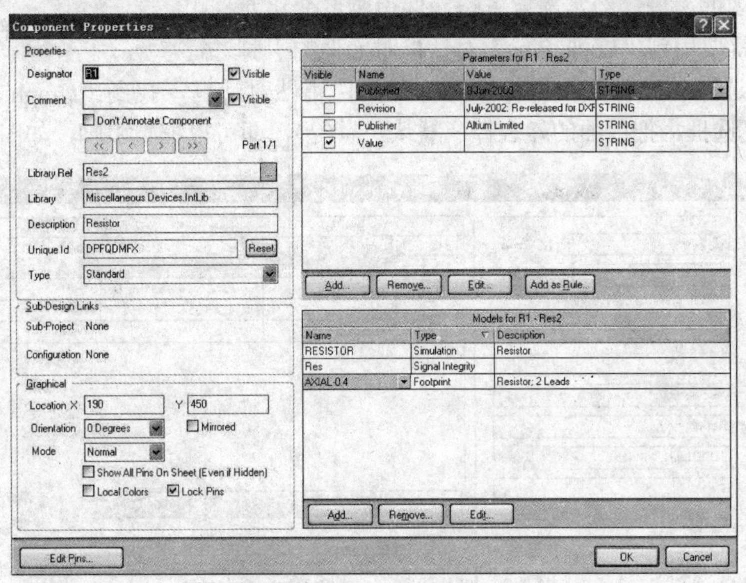

图 1-23 “元件属性”对话框

对话框左上部分介绍了元件的基本信息，包括标记（“Dedsignator”）、名称（“Comment”）、元件库参照（“Library Ref”）、元件库（“Library”）、描述（“Description”）。左下方是元件图形信息，包括所在坐标（“Location”）、旋转角度（“Orientation”）、模式（“Mode”）、是否锁定引脚（“Lock Pins”）。

右上方的内容是元件参数值，即电阻阻值，右下方是元件仿真信息。

1．元件旋转

其中经常编辑的属性是左下方的“Orientation”、“Lock Pins”和右边的参数信息、仿真信息。

绘制电路的时候，常常需要将元件进行翻转以方便画图或连接。元件翻转有两个方案可以实现。

第 1 种是在放置元件的时候，在单击鼠标之前用〈Space〉键进行角度变化，每按下一次〈Space〉键，元件就会顺时针依次旋转 90°，再单击就可以完成变角度的放置了，如图 1-24 所示。

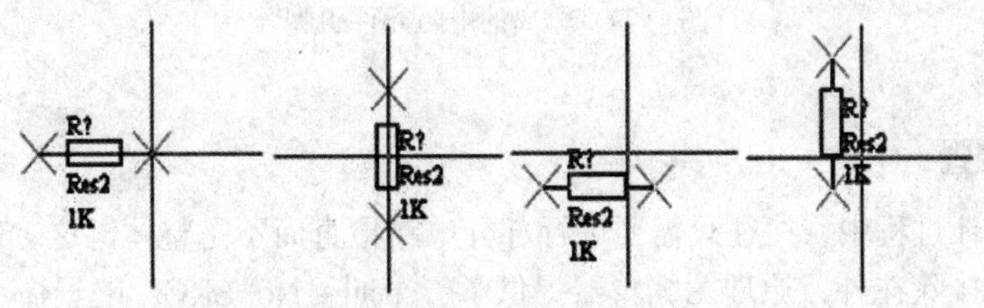

图 1-24 用〈Space〉键变化元件放置角度

第 2 种方案是在元件属性对话框中用“Orientation”直接选择旋转角度，可以选择的项目有“0”、“90”、“180”和“270”4 种，如图 1-25 所示。

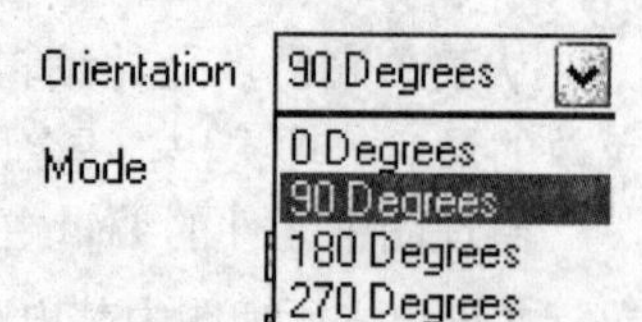

图 1-25　元件旋转下拉菜单

2．引脚锁定

在进行原理图设计的时候，元件的引脚位置是可以变化的，这并不影响编译仿真的功能。事实上，为了方便进行连接和处于设计美观的考虑，经常需要省略元件引脚或变化元件引脚的方位。这就要用到“Lock Pins”对话框对元件的引脚进行编辑。首先框选具体元件，用鼠标右键打开元件属性对话框，找到“Graphical”子项下的“Lock Pins”复选框，把前面的勾去掉（默认是有勾），即可以编辑引脚，如图 1-26 所示。

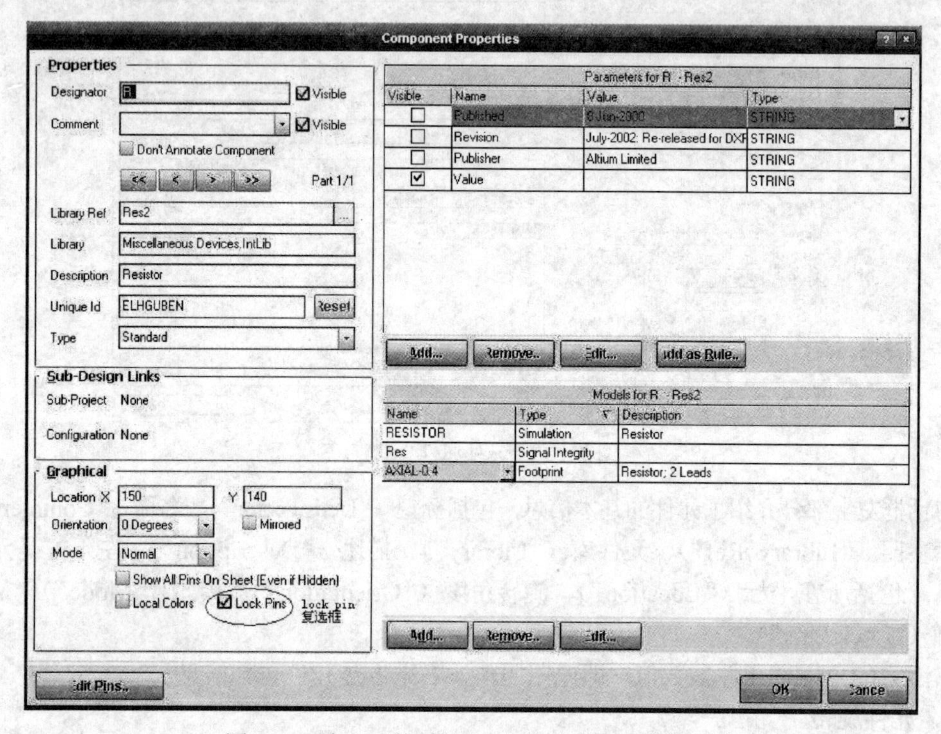

图 1-26　在“元件属性”对话框中去掉引脚锁定

例如有个电阻，把引脚锁定去除后，可以分别编辑其两个引脚，如图 1-27 所示。

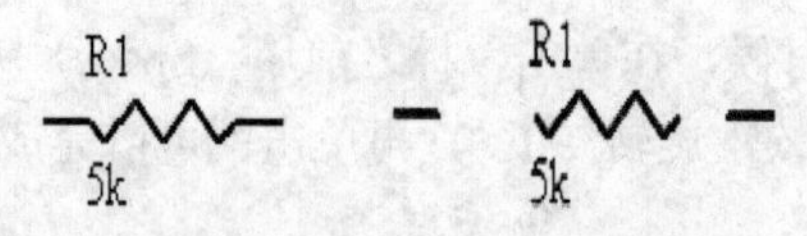

图 1-27　分离的电阻元件引脚

1.2.7　ERC 检查

在原理图设计过程中，往往只需要进行部分电路检查而不是整体，这时候就非常需要将无需检查的部分排除在外，原理图编辑器提供了一个叫“No ERC”的子命令，该命令的菜单位置如图 1-28 所示。

此处用一个简单的原理图来说明此命令的用法。图 1-29 中一个电阻的其中一个引脚没有具体连接，也没有进行“No ERC”设置，故编译出现了错误。

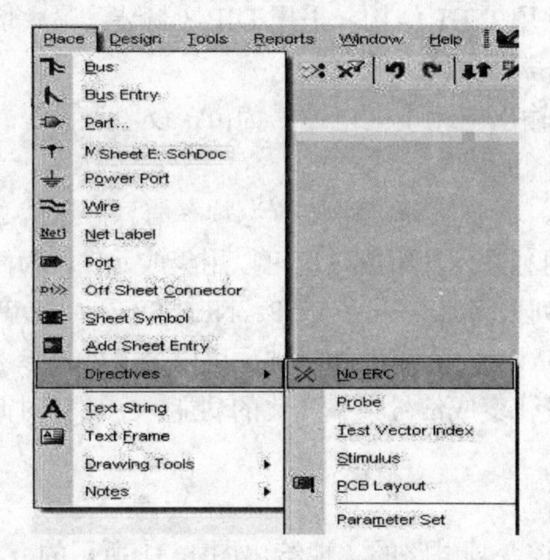

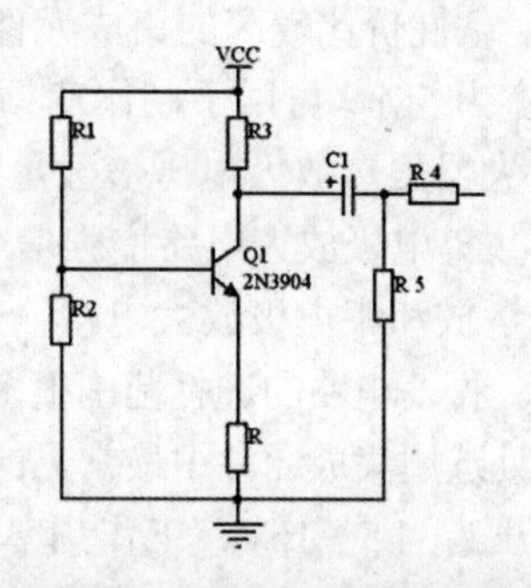

Messages

Class	Document	Source	Message
[Error]	Sheet1.SchDoc	Comp...	Signal PinSignal_C1_1[0] has no driver
[Error]	Sheet1.SchDoc	Comp...	Signal PinSignal_C1_2[0] has no driver
[Error]	Sheet1.SchDoc	Comp...	Signal PinSignal_Q1_1[0] has no driver
[Error]	Sheet1.SchDoc	Comp...	Signal PinSignal_Q1_2[0] has no driver

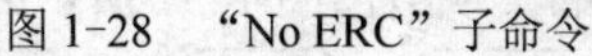

图 1-28 “No ERC”子命令

图 1-29 原理图电气检查错误报告

必须是有连接错误才会出现出错报告，如果只有警告项是不会弹出“message”消息框的。

现在再用“Directives”→“No ERC”子命令放置“No ERC”标志，它是一个红色小叉，如图 1-30 所示。

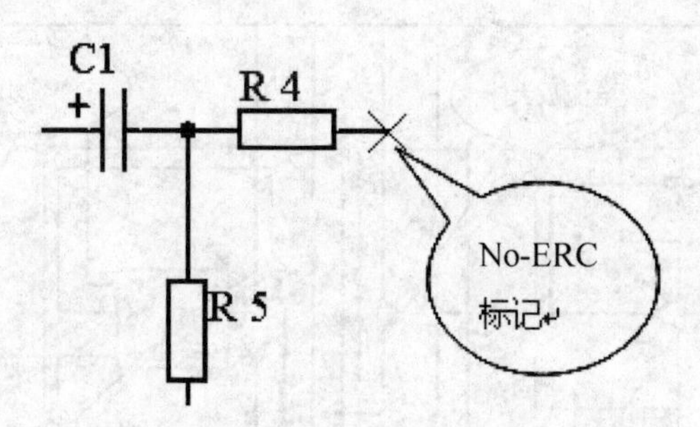

图 1-30 放置了“No ERC”标记的原理图

现在再次编译原理图，就不再报告错误了。

1.3 项目实施

1.3.1 实施步骤及要求

1．声控变频电路元件需求

根据图 2-1，电路首先要转换声音信号为电信号，目前常用元件为传声器元件，在独立元件库中可以找到。

传声器元件收集到的电信号比较微弱，为了方便进行后续信号处理必须先进行放大。放大电路的方案很多，从放大效果来看，晶体管的单管放大增益往往不足以达到要求，多管放大电路需要的独立元件数量较多，容易造成元件拥挤，排列困难，此处可以采用运放电路进行放大，以提供高增益同时缩减独立元件数量。这里采用的是以 LF356N 为核心的电路。LF356N 是一款性价比较高的集成元件，内部使用 JFET 结构，采用 DIP-8 封装，最大增益为 106dB，带宽为 5M，可用于制作宽频带、低噪声放大器。

运算放大器虽然放大电压倍数足够高，但输出电流不大，通常为μA 级，为了提高信号功率，可加共集电极放大电路增强信号功率。

由前级运放和集电极放大电路输出的信号，需要后续电路转换为频率信息，这就必须用到振荡电路。振荡电路的选择范围很多，可以用独立元件组成，也可以用集成元件，为简化电路结构，此处选用集成元件中最常见的 555 系列振荡器——NE555P。NE555P 采用 DIP-8 封装，工作电压为 4.5～16V，工作频率为 0～0.5MHz，无需外部时钟，可以调节外部参考电平来改变频率输出范围，它能够实现将信号幅度变化变成信号频率变化的功能，主要针对低频信号应用。

2．声控变频电路设计

根据元件需求分析的结果，此处可以对声控变频电路的实现给出图 1-31 所示的方案。

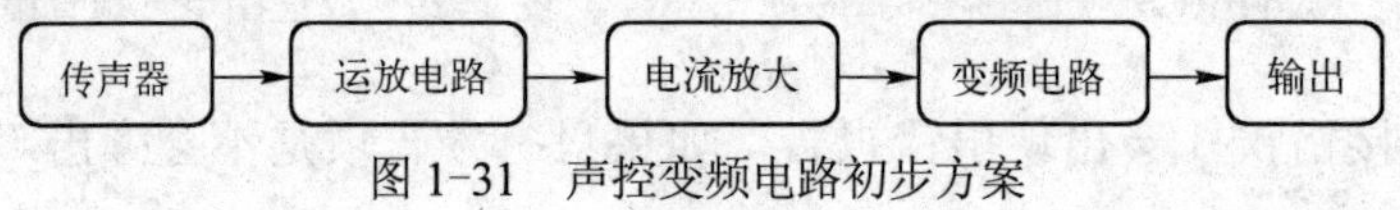

图 1-31　声控变频电路初步方案

接下来，参考相关资料，运用所学电路知识，设计出一个完整的声控变频电路，如图 1-32 所示。

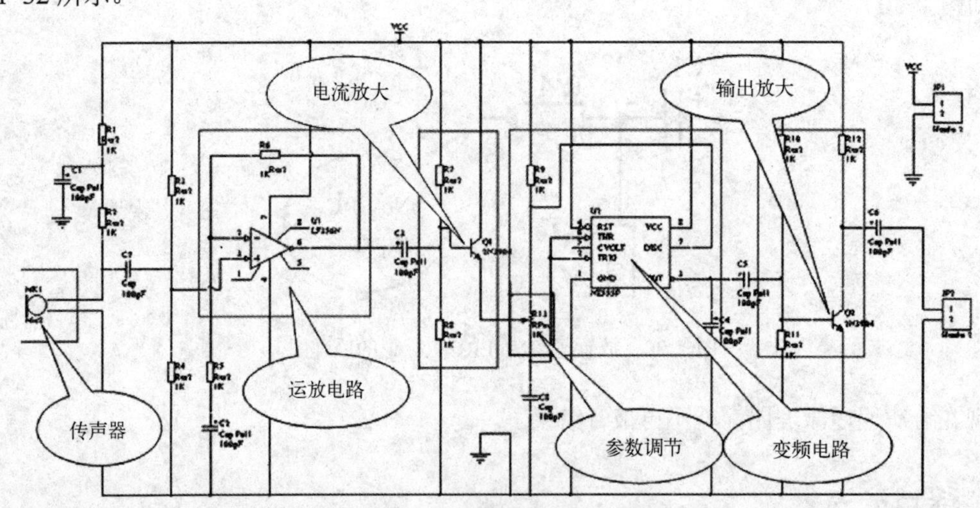

图 1-32　声控变频电路设计示例图

采用元器件。普通电阻（“res2”）：10kΩ，两只；20kΩ，两只；2.4kΩ，3 只；1kΩ，两只；5.1kΩ，1 只；8.2kΩ，1 只；10kΩ可调电阻，两只；极性电容 10μF，3 只；100μF，两只；NPN 晶体管，两只。

3．建立项目文件

1）建立工程文件，文件名：声控变频电路。

打开 DXP 软件，单击“File”→“New”→“PCB Project”，如图 1-33 所示。

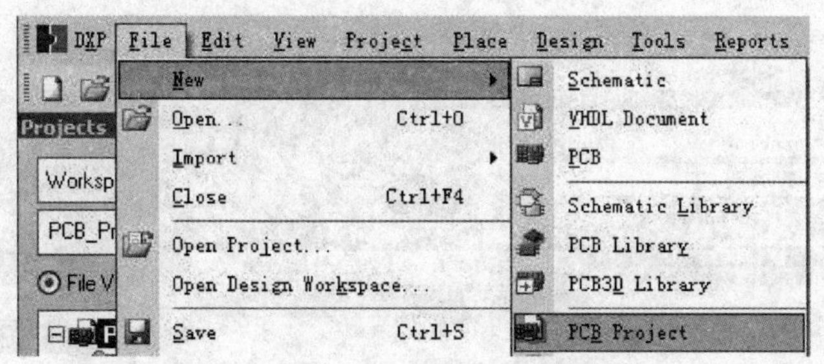

图 1-33 新建工程文件菜单命令

建好工程以后，默认名为“PCB_Project1.PrjPCB”，在文件窗口用鼠标右键单击此文件，可以看到一些子选项，里面有“Save Project As”，单击可以对文件重命名，如图 1-34 所示。

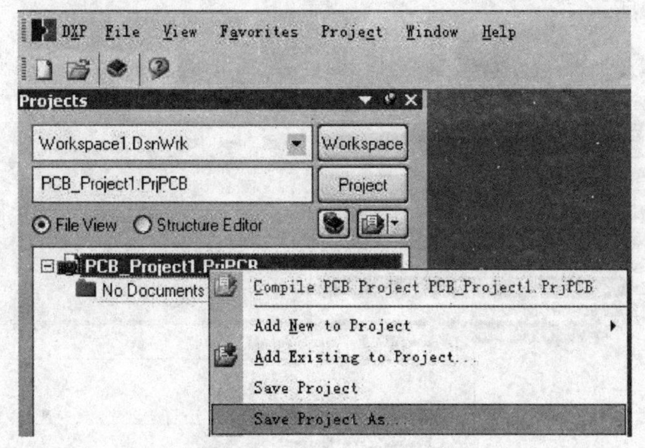

图 1-34 重命名工程文件

输入新的工程文件名，如图 1-35 所示。

图 1-35 输入新的工程文件名

2）为工程添加原理图文件，文件名：声控变频电路。

建好工程文件以后，用鼠标右键单击此文件，将看到“Add New to Project”子选项，里面有“other”、“Schematic”和“PCB”3 种文件，这里选择“Schematic”（原理图），如图 1-36 所示。

图 1-36 为工程添加文件

添加成功以后，就有一个默认名为“Sheet1.SchDoc”的文件，同样的，可以选择对文件重命名，如图 1-37 所示。

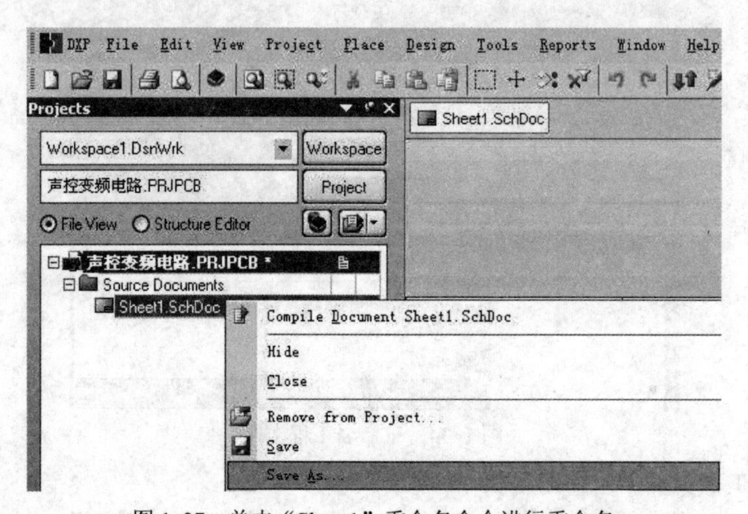

图 1-37 单击“Sheet1”重命名命令进行重命名

4. 灵活运用本章项目资讯中的知识完成原理图设计

（1）搜索元件，加载必要元件库

首先调出元件库菜单，元件库对话框可以从“View”菜单，也可以从“Design”菜单中找到，如图 1-38 所示。

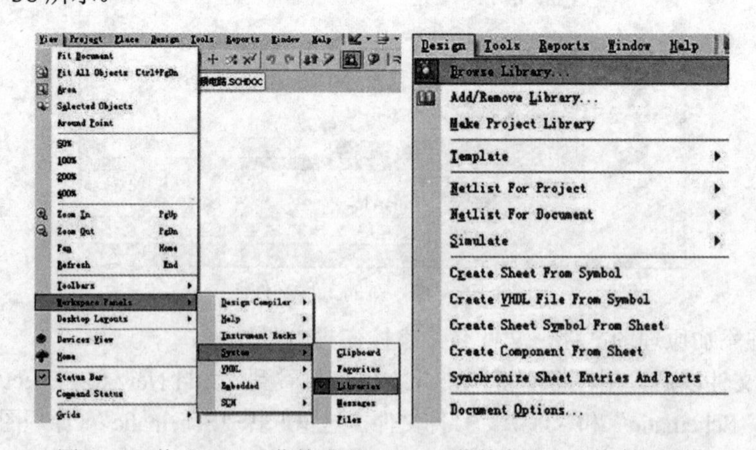

图 1-38 从“View”菜单或“Design”菜单中调出元件库对话框

然后搜索独立元件——传声器（“mic”）、电阻（“res”）、电容（“cap”）和晶体管（“*”）。这就需要用到独立元件库（“Miscellaneous Devices.IntLib”），独立元件库是软件自动加载的 8 个默认元件库之一，可以从元件库对话框的下拉列表中找到，如图 1-39 所示。

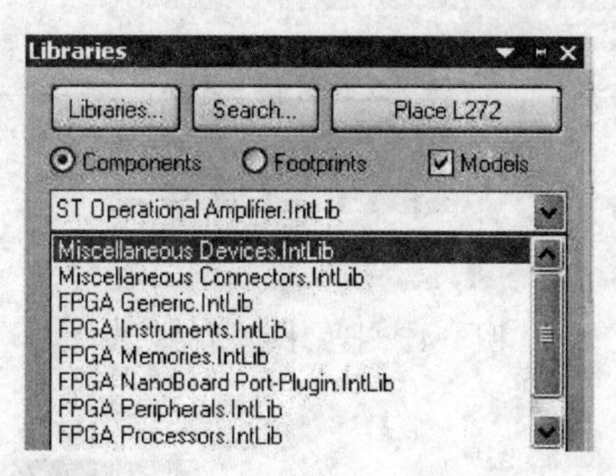

图 1-39　元件库对话框中的独立元件库

选中独立元件库，在匹配项中分别输入“mic”、“res”、“cap” 和 “*”，可以找到相应的元件，如图 1-40 所示。

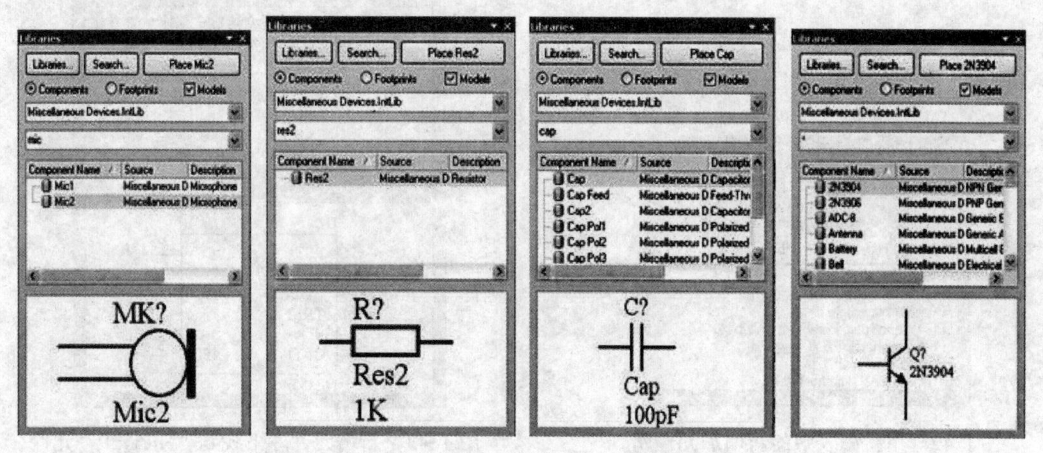

图 1-40　在独立元件库中找到不同的独立元件

注意，在找电容的时候要区分极性电容和普通电容，极性电容为“cap lop”，元件示意图中有极性标志“+”。

接下来，要找出其他元件，比如集成元件。此处以 NE555P 为例，说明如何寻找。

单击元件库对话框中的“Search”按钮，“Search”的用法参照项目资讯 2.2.1。接下来输入元件名“ne555p”或“ne555*”或“*555*”，都可以找到元件，完成搜索后，单击加载元件库，如图 1-41 所示。

新增加的元件库名为“TI Analog Circuit.IntLib”，重新打开元件库对话框下拉列表，发现最后一个元件库正是它，如图 1-42 所示。

同样，选中该元件库，在匹配项中输入“NE555P”，就可以看到这个元件，如图 1-43 所示。

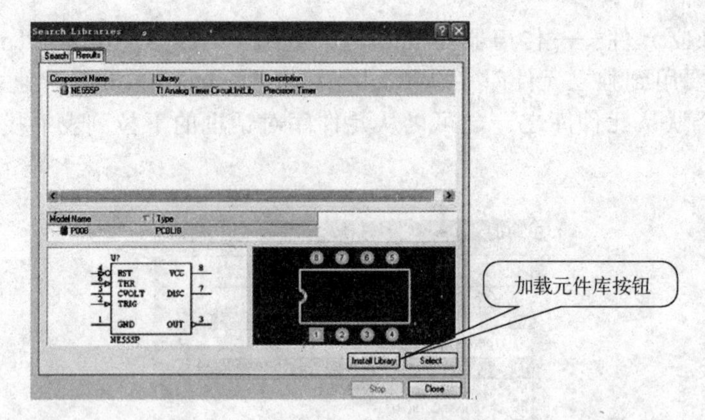

图 1-41　搜索找到所需元件

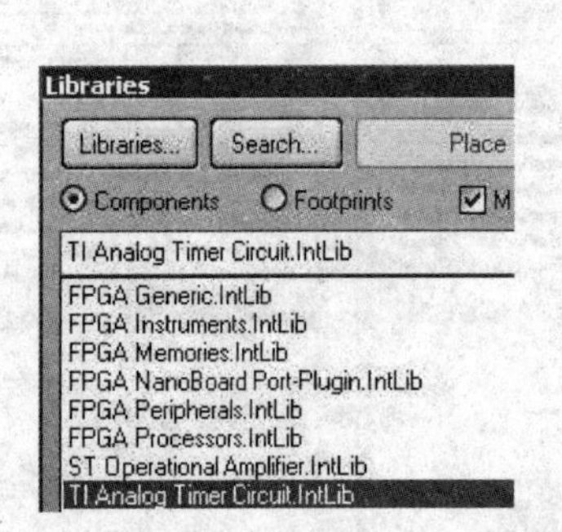

图 1-42　下拉列表中的新增加元件库

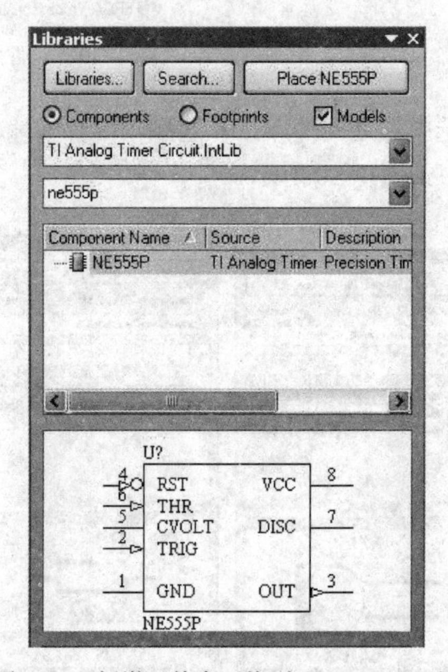

图 1-43　新增元件库下找到“NE555P”元件

以此方法同样可以找到元件“LF356N”。这样，文件就有了所需的元件库，剩下的工作就是选择不同元件库，放置不同元件了。

（2）逐步放置元件

按图 1-44 所示信号流程放置核心元件。

放置核心元件的时候要注意拉开元件距离，以方便在空白区域放置其他元件，放置元件的时候按照图样中的元件朝向摆放。加上其他元件后如图 1-45 所示。

（3）完成全部连接

注意调整一下各元件的具体位置，尽量少用长导线，一则防止连线过多交叉，二则防止浪费图样空间。其次要注意电源网络的连接，尤其部分元件有单独电源网络，不能漏掉，如图 1-46 所示。

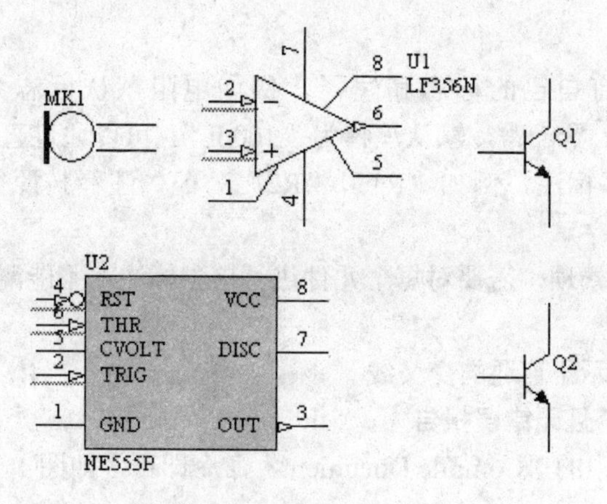

图 1-44　按信号流程放置几个核心元件

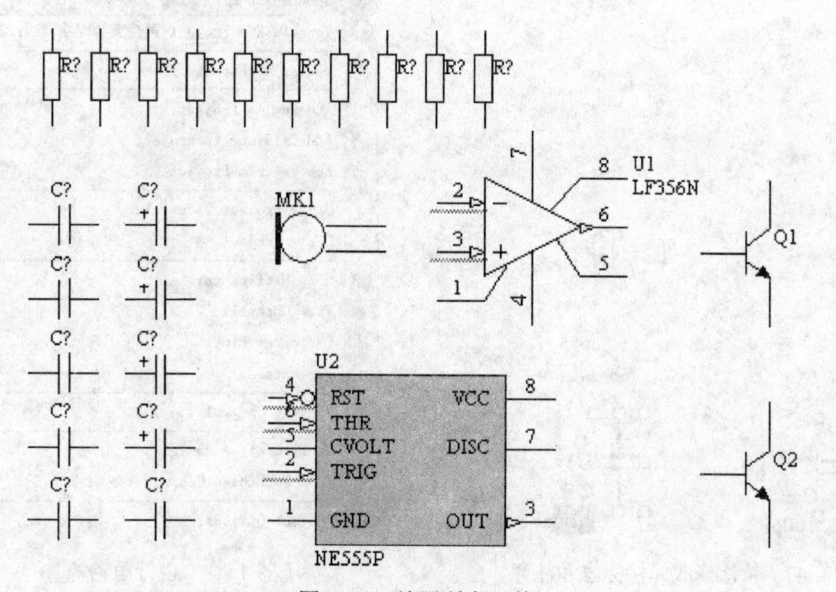

图 1-45　放置所有元件

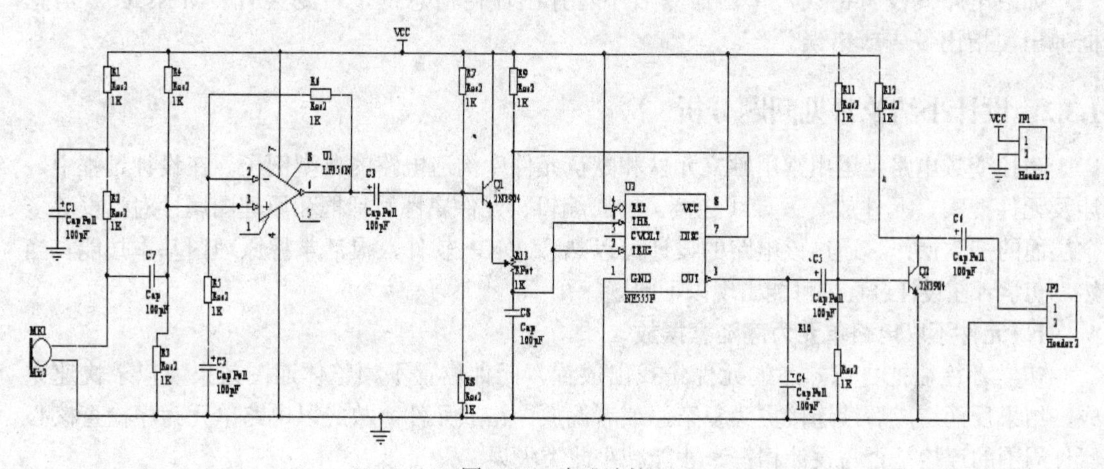

图 1-46　完成连接

（4）标注所有元件

所有独立元件都有自己的标志和注释，例如电阻默认标志为“R?”，默认注释为“1K”，电容默认标志为“cap?”，默认注释为“100pF”。可以通过直接编辑修改这些东西，将同类元件按数字顺序标注，例如“R1”，“R2”……，注释按照需要修改为具体值，如图 1-47 所示。

注意此项工作比较繁琐，需要对每个元件进行单独标注，不能漏掉，也不能重复，否则会造成电路检查失败。

（5）用显示跨接表示不连通的交叉线

5．进行原理图检查且无错误报告

用“Project”菜单中的“Compile Document”命令即可，如图 1-48 所示。

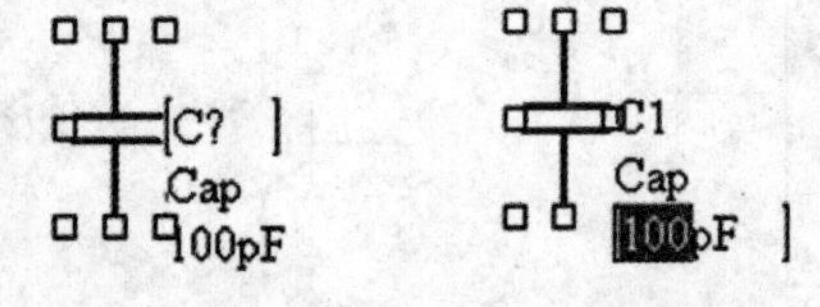

图 1-47　依次修改元件标志和注释

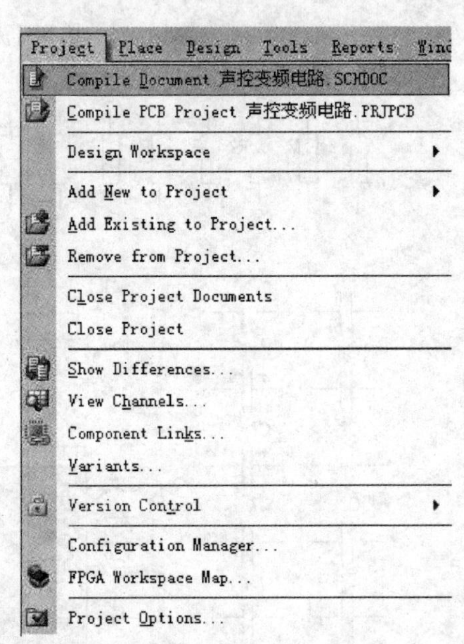

图 1-48　进行电路检查

如果电路图没有错误，单击命令后不会弹出任何消息框，否则会有“Message”消息框弹出，指出警告或错误。

1.3.2　设计小结及常见问题分析

声控变频电路是运用常用独立元件和默认元件库构造电路的典型例子。在设计过程中，涉及元件搜索、元件放置、导线连接、引脚编辑、元件属性对话框和原理图属性对话框等多个层面的基本操作。通过该电路的设计可以熟悉 DXP 软件，灵活掌握原理图基本技能。当然，初学者在设计过程中可能出现以下问题。

1．元件不以电路单元为序随意摆放

初学者往往把自己熟悉的元件先找出放置，元件位置不顾整体连图效果，以求快速完成，结果反而造成后续连接更为复杂，或者漏放、错放元件。故应以电路单元为序检查核心器件周围的连接是否与设计相符，才能减少此类失误。

2．设计前未进行布局思考，元件前松后紧，影响整图效果

原理图既是设计图又是工程图，要求整洁明了，元件、线路清晰，在进行元件放置之前应考虑整体的布局效果，不能将过多元件集中在一小块图区，造成阅图困难。

3．没有仔细分辨无极性和极性电容造成错误或连接时未按正确方向连接极性电容

极性电容和无极性电容都属于独立元件库，独立元件库中有很多常用元件都有多个型号，在使用前一定要看清元件图标和封装信息，避免发生根本性错误。

4．未对所有元件进行数字标注

所有同类元都应有自己的数标，比如电阻“R1”,“R2”……这是为了区分每个具体元件，同时形成正确的连接网络。初学者往往忽略掉原理图中的一些小元件，忘记或者漏掉其数字标注，这会直接导致电气检查失败。

5．交叉连接处没有连接点，未交叉连接处出现连接点

由于原理图编辑器有将十字交叉自动变换为跨接的默认设置，而且交叉连接点往往被初学者忽略，造成本来没有连通的线实际连通或者本来连通的线实际没有连通。

6．部分元件引脚未进行导线连接

声控变频电路中有几个元件的部分引脚无需连接，直接悬空即可。但初学者可能因此漏掉一些需要连接的引脚，建议在完成初步连接后应检查每个元件引脚的连接是否与设计相符，这样的检查也可以避免元件的漏放、错放。

7．忘记放置电源网络或地线网络

在完成元件放置和导线连接后，初学者可能忘记放置电源或地，造成电气检查失败。这就需要有良好的电路观察力：整图的电源和地通常不会被忽略，但可能存在独立电路有单独的电源或地，漏放会导致电路根本性错误。

8．在电气检查前没有将原理图置于工程文件之下

原理图是隶属于工程的子文件，对 DXP 软件而言，没有工程的原理图称为自由图文件，自由图文件在电气检查时会报告没有激励源，如图 1-49 所示。

[Error]	声控变频电...	Com...	Signal PinSignal_C1_2[0] has no driver	06:21:04...	2012-3-21	7
[Error]	声控变频电...	Com...	Signal PinSignal_C2_1[0] has no driver	06:21:04...	2012-3-21	8
[Error]	声控变频电...	Com...	Signal PinSignal_C2_2[0] has no driver	06:21:04...	2012-3-21	9
[Error]	声控变频电...	Com...	Signal PinSignal_C3_1[0] has no driver	06:21:04...	2012-3-21	10
[Error]	声控变频电...	Com...	Signal PinSignal_C3_2[0] has no driver	06:21:04...	2012-3-21	11
[Error]	声控变频电...	Com...	Signal PinSignal_C4_2[0] has no driver	06:21:04...	2012-3-21	12

图 1-49　电气检查出错报告

其实图中的“has no driver”并不是告诉设计人员没有电源或地的连接，只要把该图放置在某个工程文件之下，再次检查就不会报告此类错误了。

1.3.3　想一想、做一做：两级阻容耦合放大电路的设计

1．想一想

通常放大电路的输入信号都是很弱的，一般为毫伏或微伏级，输入功率一般在 1mW 以下，为了推动负载工作，需要把几个单独放大电路连接起来，使信号逐级得到放大从而在输出端获得足够的功率驱动负载。由几个单独放大电路连接起来的称为多级放大电路，在多级

放大电路中，每个单级放大电路的连接方式称为耦合，如果耦合电路采用电阻、电容元件，则叫阻容耦合。阻容耦合是低频放大电路中最常见、最常用的放大电路。

图 1-50 为两级阻容耦合放大电路图。

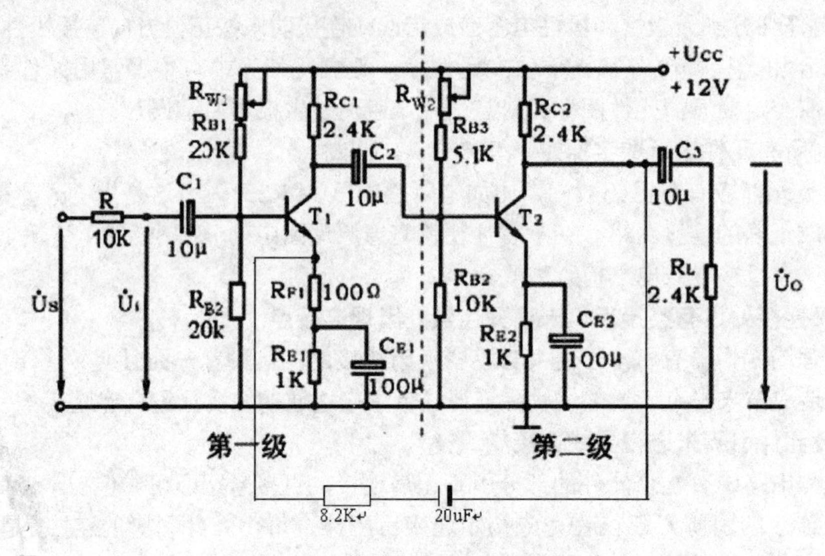

图 1-50　两级阻容耦合放大电路图

图中以晶体管“T1”、“T2”为核心分别组成单级放大电路，两级都是共射放大，最终输出与输入同相，两级静态工作点相互独立，可调电阻“Rw1”、“Rw2”分别可调单级放大电路的静态工作点以使得两级放大的输出达到最大。整个电路的放大倍数等于单级放大电路放大倍数的积；整个电路的输入阻抗为第一级放大电路的输入阻抗；整个电路的输出阻抗为第二级放大电路的输出阻抗。为控制放大增益，防止信号失真，还可以加入负反馈，如图 1-51 所示。

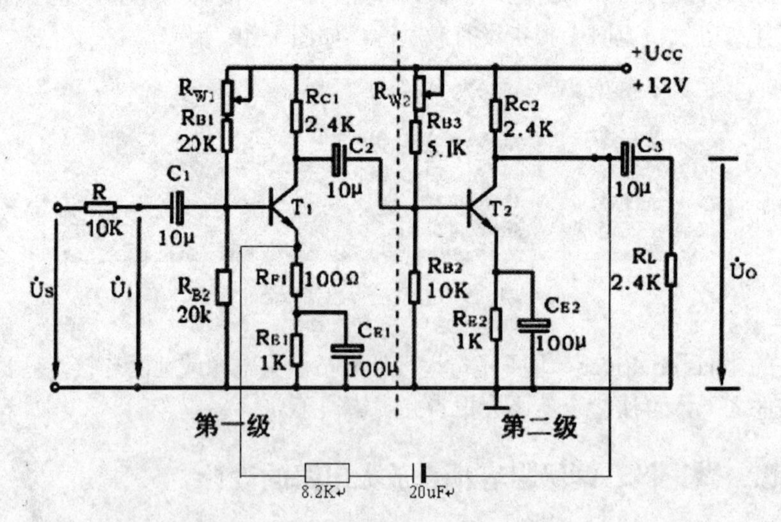

图 1-51　负反馈两级阻容耦合放大电路

图中第一级和第二级间加入了反馈支路，构成串联电压负反馈。按此图连接的实物电路如图 1-52 所示。

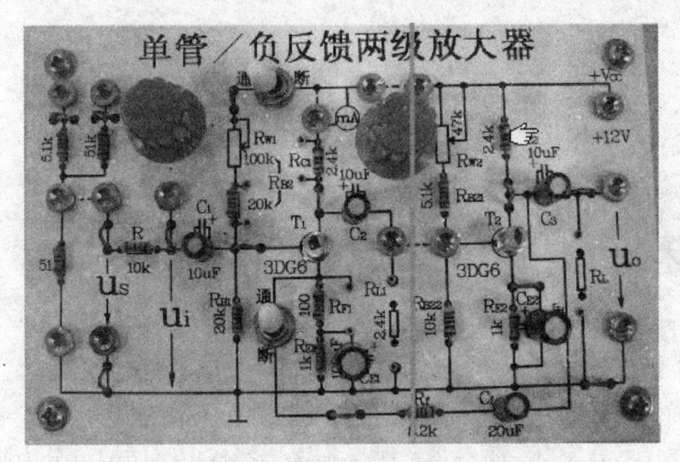

图 1-52　负反馈两级阻容耦合放大电路的实物图

2．做一做

1）仿照声控变频电路的项目实施步骤，完成两级阻容耦合放大电路的原理图绘制。

2）使用网络标号标注第一级、第二级放大的部分的输入、输出端口。

3）标出所有元件的参数值。

4）编译原理图无任何错误。

项目 2　振荡器电路的设计

2.1　项目描述

1．什么是振荡器

振荡器是用来产生重复电子信号（通常是正弦波或方波）的电子元件。其构成的电路称为振荡电路，能将直流电转换为具有一定频率交流电信号输出的电子电路或装置。种类很多，按振荡激励方式可分为自激振荡器、他激振荡器；按电路结构可分为阻容振荡器、电感电容振荡器、晶体振荡器和音叉振荡器等；按输出波形可分为正弦波、方波和锯齿波等振荡器。广泛用于电子工业、医疗和科学研究等方面。

2．振荡器的基本原理

振荡器的基本工作原理框图如图 2-1 所示。

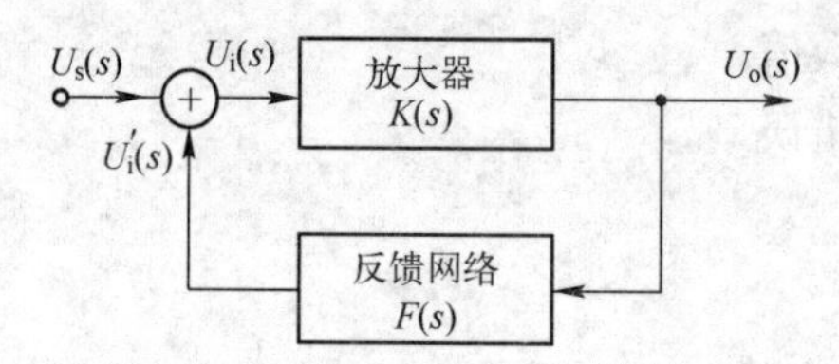

图 2-1　振荡器的基本工作原理框图

根据此框图，可以得出电路能够形成稳定的输出这一结论（具体计算参照相关书籍，此处不单独介绍）。其核心是通过正反馈让电路的输出逐渐变大，并最终实现幅度平衡和相位平衡；其本质是将电源能量转换为振荡信号，所以无需任何输入，即“⊕”符号左边的输入 $u(s)$值为 0。

3．振荡器的主要类型

振荡器的电路形态复杂多样，按频率参数的主要控制元件，可分为 RC 振荡器见图 2-2；LC 振荡器见图 2-3；晶体振荡器见图 2-4；其他振荡器，基于 555 的振荡电路见图 2-5。

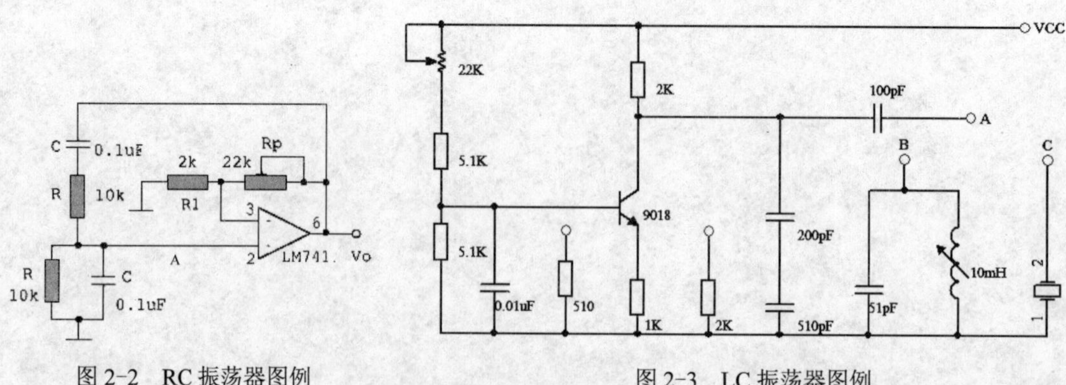

图 2-2　RC 振荡器图例

图 2-3　LC 振荡器图例

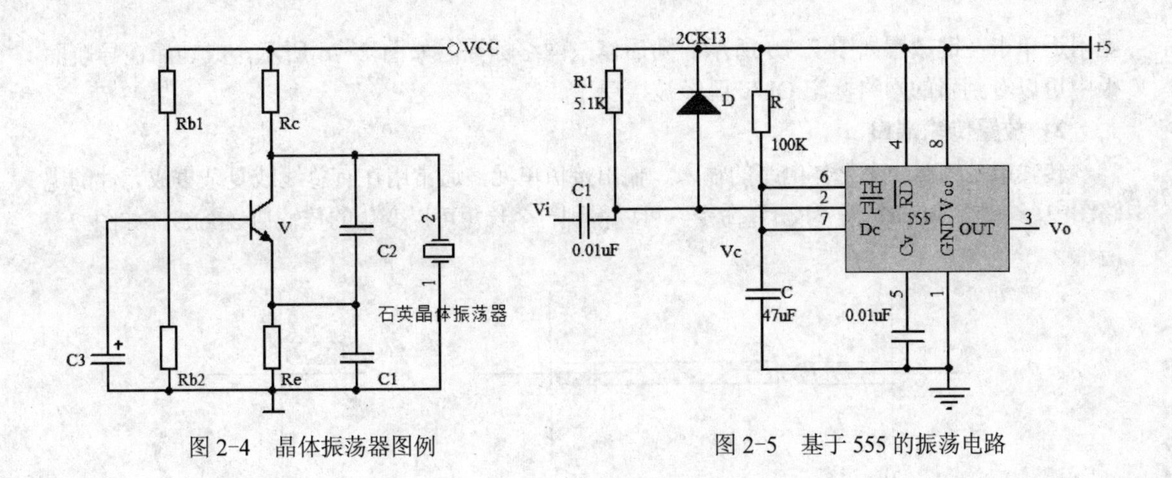

图 2-4　晶体振荡器图例　　　　图 2-5　基于 555 的振荡电路

2.2　项目资讯

2.2.1　放置网络标记和传输端口

1．放置网络标记

DXP 默认采用元件引脚作为某一段连接的网络名，也可以自己针对某一段连接定义网络名，这就需要放置网络标识。单击“place”→“netlabel”命令，如图 2-6 所示。

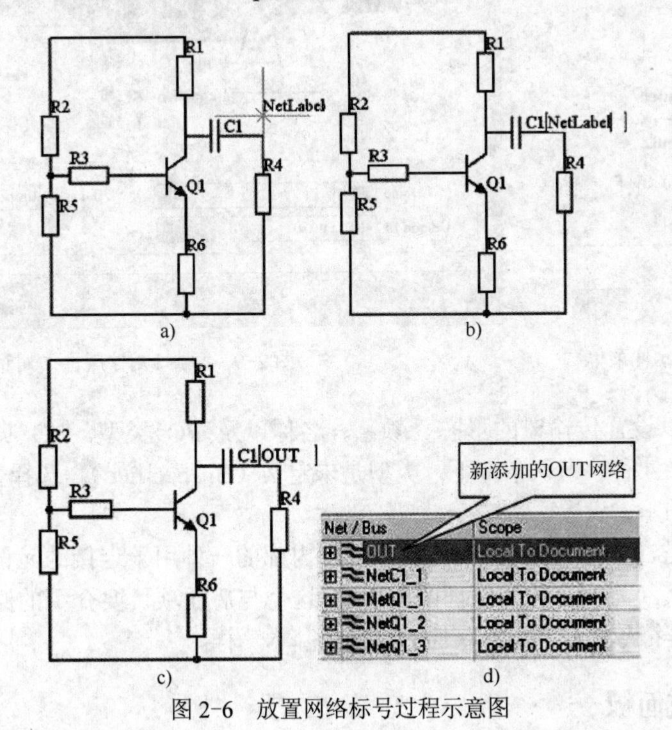

图 2-6　放置网络标号过程示意图

a) 放置光标　b) 放置网络标记　c) 修改网络标记　d) 网络标记被接受

单击“Place”菜单的“Net Label”命令，则放置光标出现如图 2-7a 所示，到合适的位置附近单击左键放置如图 2-7b 所示，随后修改网络标记名如图 2-7c 所示，成功后在导航面板中可以看到新的网络标记 OUT 已经被接受。

2．放置传输端口

传输口是针对一个整体电路的输入、输出接口单元，通常用在有总线或复杂集成元件的电路图中。单击“Place”→“Port”命令，可以得到一个长短可以变化的传输口（port），如图 2-7 所示。

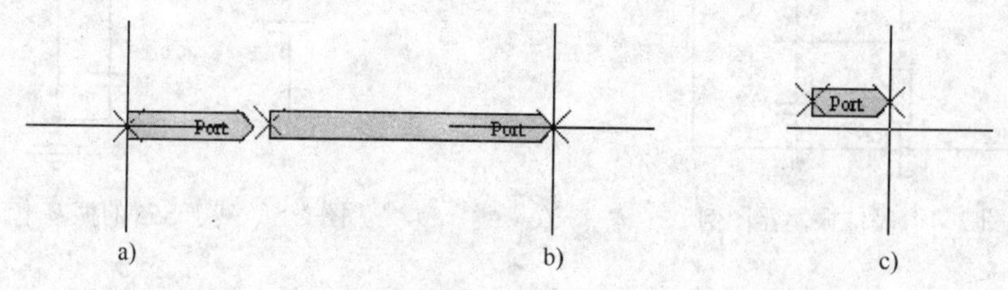

图 2-7　使用“Place→Port”命令放置端口过程示意图

单击光标即可确定传输口尺寸。放好后再用鼠标右键单击端口会出现图 2-8 所示的菜单。选中属性子选项（Properties）后，如图 2-9 所示。

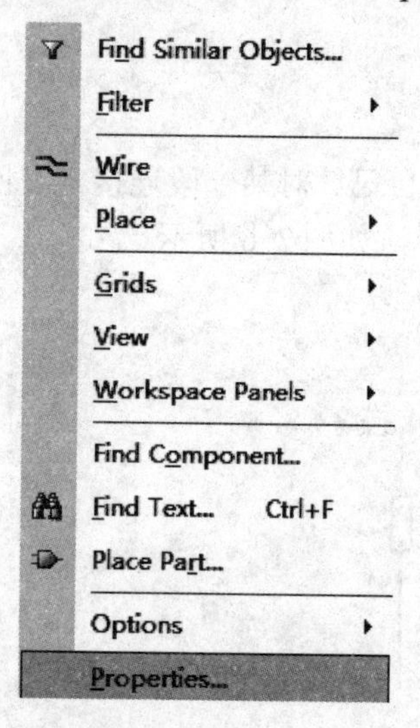

图 2-8　端口元件菜单

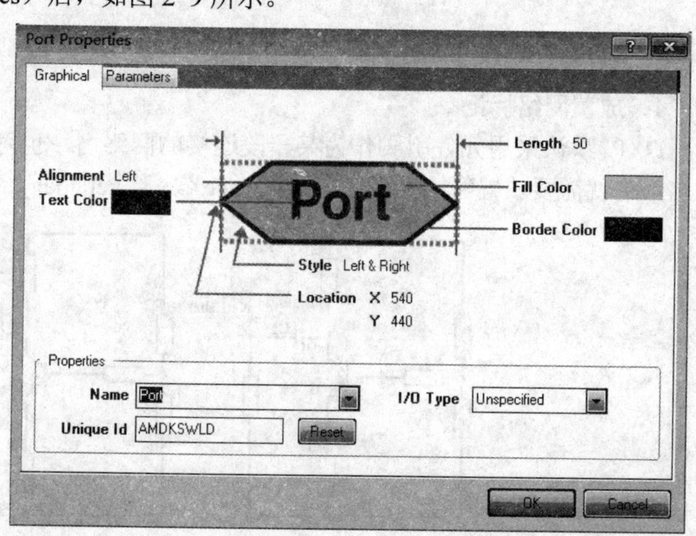

图 2-9　“端口元件属性”对话框

该对话框可以设置传输口的形态、颜色、名称以及 I/O 类型。I/O 类型包含输入、输出、双向和未定义 4 种，默认条件下，类型是未定义（Unspecified）。选择合适的 I/O 类型，是传输口最重要的基本设置。

需要注意的是，传输端口（Port）是原理图内部的一种用于连接的元件，不能进行原理图与原理图的连接（需要专门的原理图入口）。这个与后面项目要介绍的原理图入口是不一样的东西，尽管其符号都是 Port，属性对话框也基本一样。

2.2.2　查询导航面板

在工具栏中有一项是一种叫导航面板（Navigation）的视图。导航面板可以轻松定位元件或网络表连接，是检查电路设计、查找电路问题的方便工具。

此处用“File”→“Open”命令先打开一个555振荡器的项目，如图2-10所示。

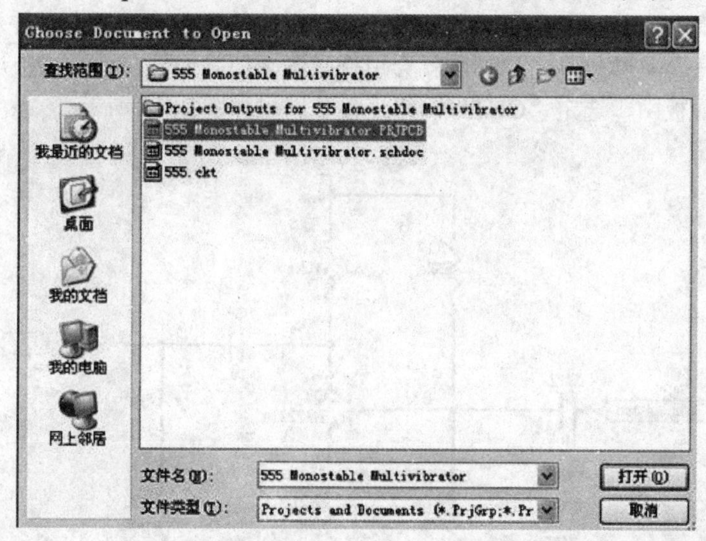

图2-10　打开已有工程文件

然后在屏幕左下方选中导航面板按钮（“Navigator”），如图2-11所示。

接下来单击交互式导航面板按钮，如图2-12所示。

图2-11　导航面板按钮

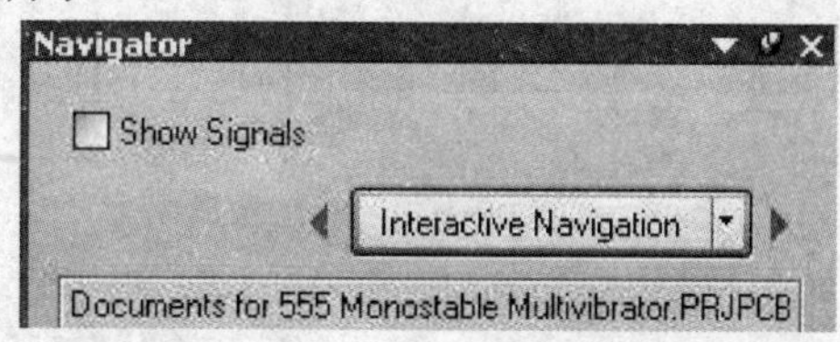

图2-12　交互式导航面板按钮

进入刚刚打开的工程文件中的原理图文件，可以看到电路中的元件和网络表信息，如图2-13所示。

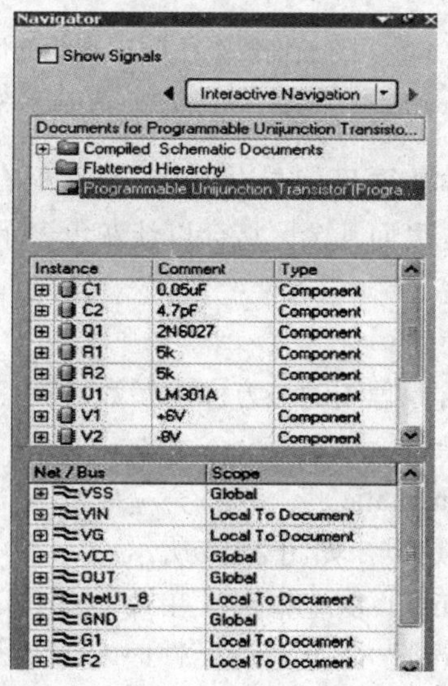

图2-13　导航面板中的元件和网络表信息

需要说明的是，这里面每一项的加号是可以再展开的，一个元件的加号下面是与之对应的引脚信息和仿真参数值，一个“net”加号下面是此网络所包含的所有元件及其连线。只要用鼠标双击任何一个具体信息，原理图就会用掩膜遮蔽掉其他信息而突出被选定信息。例如在某原理图导航面板中，选定“OUT”网络连接，结果如图 2-14 所示。

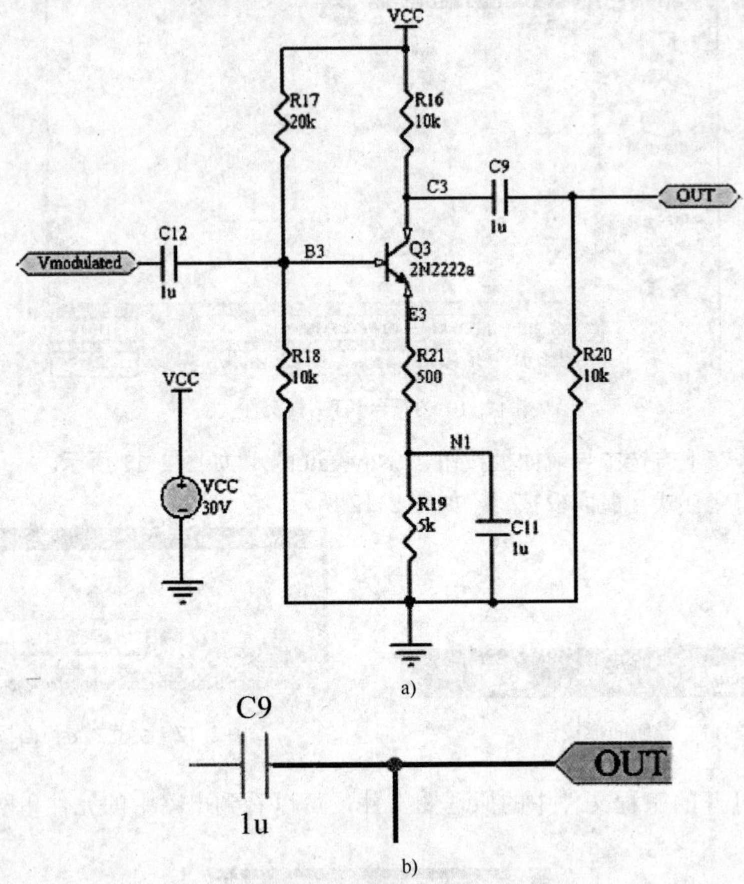

图 2-14　用导航面板查看 OUT 网络的信息

a) 有 out 网络的原理图　b) 高亮显示的 out 网络连接

图 2-14 的左边是原理图本来面目，右边是用导航面板查看的结果，查看时相关区域会自动放大，有关部分保持较高亮度而其余区域会以淡灰色表示。

2.2.3　原理图属性设置

原理图属性设置对话框包含原理图的方方面面参数设置，它有 7 个选项卡，每个选项卡下有丰富的设置内容，如图 2-15 所示。

1．原理图绘制选项卡（Schematic）

此选项卡下有 10 个基本复选框，如图 2-16 所示。

正交拖动（Drag Orthogonal）复选框对菜单命令“Edit→Move→Drag”命令有效，它表示执行“Edit→Move→Drag”命令拖动元件时与元件相连的导线与元件引脚成直角关系。

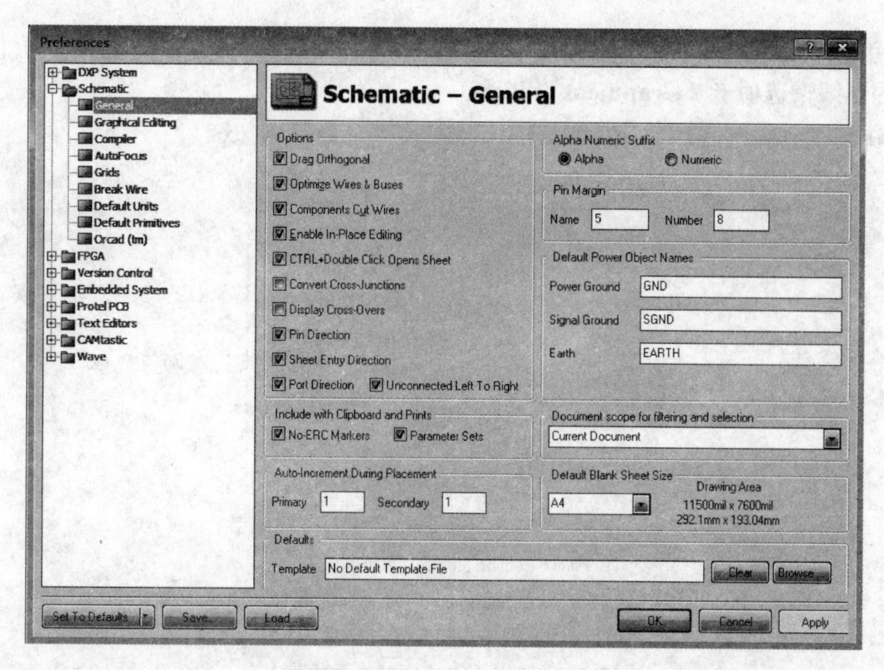

图 2-15 “原理图参数设置”对话框

英文	中文
Drag orthogonal	正交拖动
Optimize wires &buses	优化导线和总线
Components cut wires	元件自动切割导线
Enable in-place editing	直接编辑
Ctrl+double click option sheet	Ctrl+双击打开图纸
Convert cross-junction	转换十字节点
Disp cross-over	显示跨越
Pin direction	显示引脚信号方向
Sheet entry direction	显示图纸入口方向
Port direction	端口按方向排列
Unconnect left to right	端口从左向右排列

图 2-16 原理图选项卡下的复选框

优化导线与总线（Optimize Wires &Buses）功能是防止导线、总线之间的相互覆盖。

元件自动切割导线（Components Cut Wires）功能是当把一个元件放在导线中段时，该导线自动被元件的两个引脚分成两段。

直接编辑（Enable in-Place Editing）的功能是当光标指向已放置的元件标识、字符和网络标号等文本对象时，单击鼠标左键可以直接修改文本内容，而不需要进入参数设置对话框。若该项未选中，则必须在参数设置对话框中修改文本内容。

转换十字节点（Convert Cross-Junction）的功能是在两条导线的 T 型节点处增加一条导线形成十字交叉时，系统自动生成两个相邻的节点。

显示跨越（Display Cross-Over）的功能是在没有连接的十字交叉线交叉点显示弧形跨越。

显示引脚信号方向（Pin Direction）的功能是在元件的引脚上显示信号的方向。

2．图形编辑选项卡（Graphical Editing）

图形编辑选项卡下同样有若干复选框，其含义如图 2-17 所示。

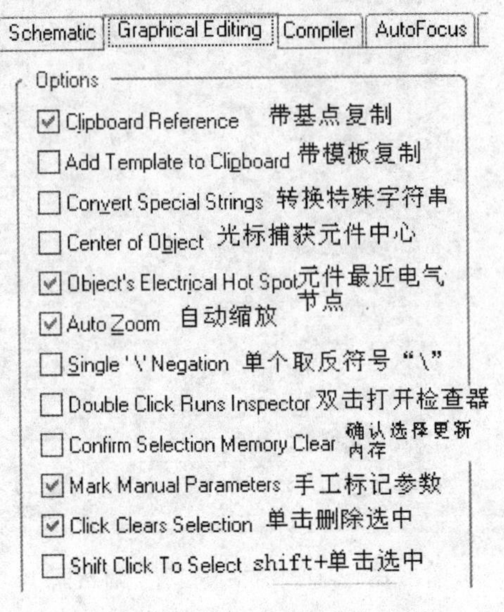

图 2-17　图形选项卡下的复选框

带模板复制（Add Template to Clipboard）的功能是在复制或剪切图件时，将当前文件所使用的模板一起进行复制。若要将原理图作为 Word 插图，应取消此项功能。

光标捕获元件中心（Center of Object），在选中该项后，移动元件时光标将捕获元件中心位置，需要说明的是，此项功能的优先权小于光标捕获最近电气点，即两个复选框都被勾选的条件下，优先执行捕获最近电气点功能。

光标捕获最近电气点（Object's Electrical Hot Spot）功能是移动对象时，光标自动跳到被移动对象最近的电气点上。

单击解除选中（Click Clear Selection）功能是，在原理图编辑窗口中在选中目标以外的任意位置单击，都可以解除选中状态。如果没有选中此项，则必须通过"Edit"→"Deselect"命令取消选中状态。

用鼠标双击打开检查器（Double Click Runs Inspector）选中后，在用鼠标双击一个对象时，打开的不是对象属性对话框，而是检查器面板（inspector）。

3．编译器参数设置

编译选项卡的内容如图 2-18 所示。

错误分组框（Error&Warning）主要设置是否对编译时的错误进行显示以及显示的颜色，DXP 默认设置是指显示错误，不显示警告。

提示显示（Hints Display）被勾选后，光标移动到图件上时会出现相应的提示信息。

自动放置节点分组框（Auto-Junction）有如下作用。

1）选中该选项后自动放置节点，该分组框是在画导线连接时，只要导线的起点或终点在另一条导线上构成 T 形连接、元件引脚与导线构成 T 形连接或几个元件的引脚构成 T 形连接时，系统会在交叉点上自动放置一个节点。但如果是跨过一条导线的十字形交叉，系统不会在交叉点放置节点，所以两条十字交叉的导线如果需要连接，应该手动放置节点。

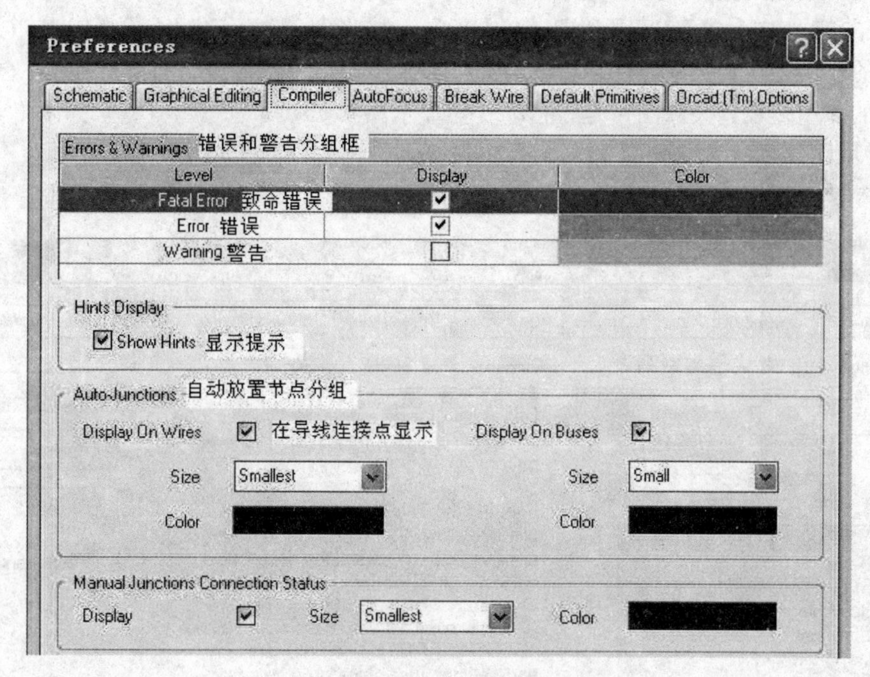

图 2-18　编译选项卡的内容

2）设置节点的大小。

3）设置节点的颜色。

4．自动变焦参数设置

单击自动变焦选项卡（Auto Focus），如图 2-19 所示。

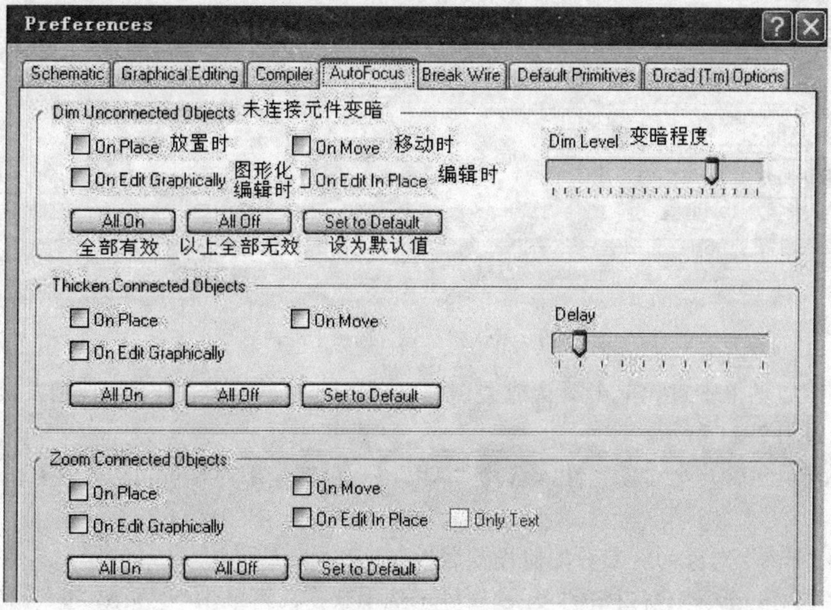

图 2-19　自动变焦选项卡下的内容

图 2-19 中，非连接图件变暗分组框（Dim Unconnected Options）的作用是设置非关联图件在有关的操作中是否变暗和变暗的程度；连接图件高亮分组框（Thicken Connected Objects）的作用是设置关联图件是否变为高亮显示；连接图件缩放分组框（Zoom Connected Objects）的作用是设置关联图件是否自动变焦显示。

5．常用图件默认参数设置（Default Primitives）

默认参数设置选项卡的内容如图 2-20 所示。

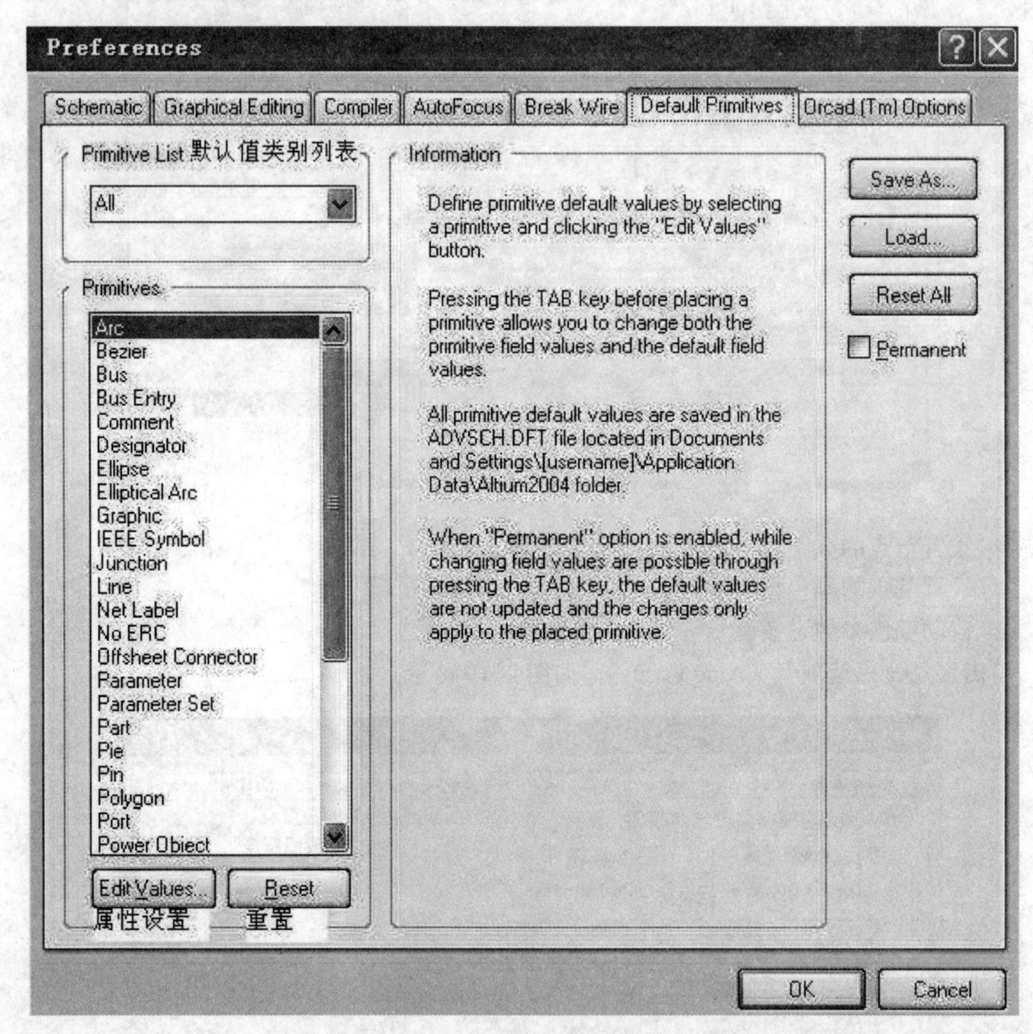

图 2-20　默认参数设置选项卡的内容

在上面的对话框中首先单击默认值类别列表（Primitive List）的下拉按钮，会打开一个下拉列表，如图 2-21 所示。

下拉列表里包含几个对象属性，选择“All”，则包括全部对象都可以在“Primitives”窗口显示出来。

下面以“Bus”对象为例来看如何设置属性。

单击使“Primitives”窗口里的“Bus”处于选中状态，再单击“Edit Values”按钮，打开属性设置对话框，如图 2-22 所示。

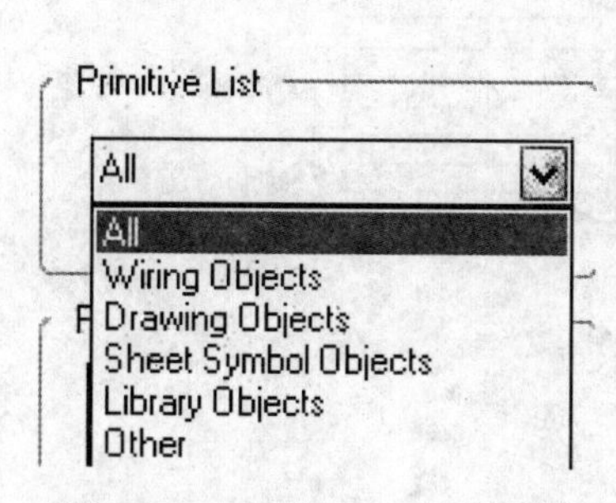

图 2-21　Primitive List 下拉列表

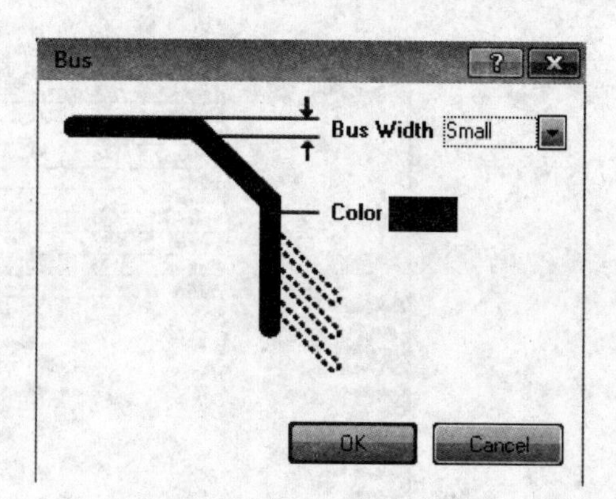

图 2-22　Bus 属性设置

对话框里可以设置“Bus”的宽度和颜色，然后单击“OK”按钮即可，若要恢复原来的设置，可以选中“Bus”再单击“Reset”按钮或者直接单击“Reset All”按钮，复位所有图件的属性。

2.2.4　元件清单报表

“Reports”菜单是原理图菜单中用于对外输出电子文档的专用菜单，它可以很方便地将原理图中的信息转化为可阅读的文档信息，是一个非常实用的信息加工命令菜单，如图 2-23 所示。

这里用简单原理图为例，来看看“Reports”菜单下面部分子项的作用。

1．元件清单

简单原理图图例如图 2-24 所示。

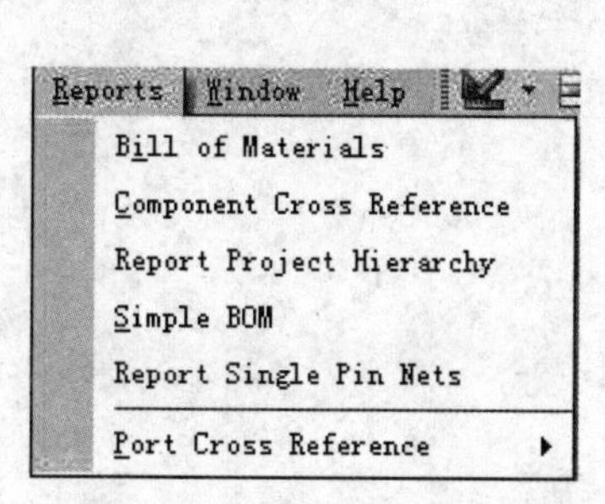

图 2-23　“Reports”菜单内容

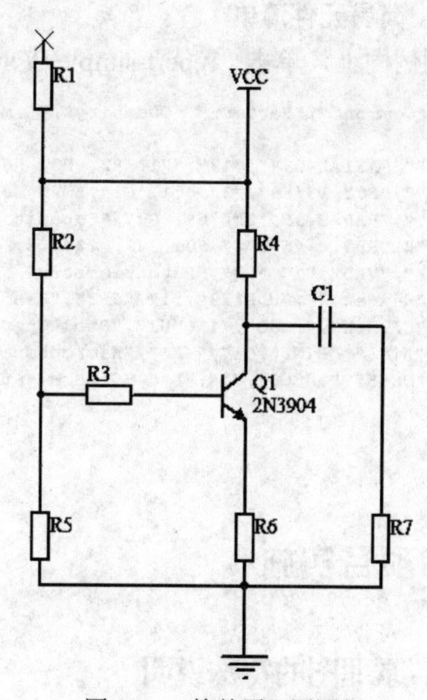

图 2-24　简单原理图图例

在进行元件命名操作后，单击“Reports”→“Bill of Materials”，如图 2-25 所示。

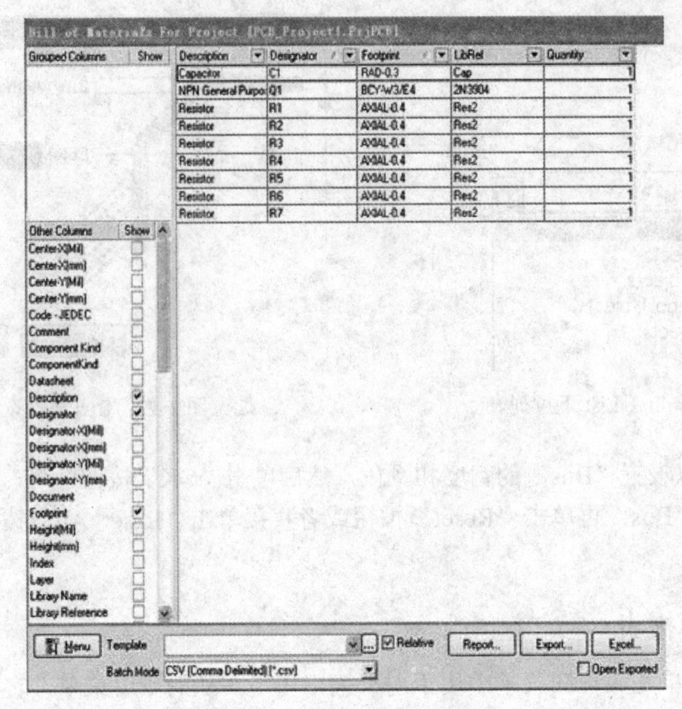

图 2-25 图例原理图的元件清单

需要说明的是，这个清单可以直接输出为 Excel 表，默认直接存放在 Example 文件夹的项目名称子文件夹中，本例中生成文件默认存放在“E:\protel2004\Examples\Project Outputs for PCB_Project1”目录下，名为“PCB_project1.excel”。

2．简易元件清单

图例同上，单击“report-simple BOM”后，如图 2-26 所示。

```
"Comment","Pattern","Quantity","Components"

"","AXIAL-0.4","12","R1, R2, R3, R4, R5, R6, R7, R8, R10, R11, R12, R13","Resistor"
"","BCY-W3/E4","2","Q1, Q2","NPN General Purpose Amplifier"
"","RAD-0.3","2","C4, C7","Capacitor"
"","RB7.6-15","6","C1, C2, C3, C5, C6, C8","Polarized Capacitor (Radial)"
"","VR5","1","R9","Potentiometer"
"Header 2","HDR1X2","1","JP2","Header, 2-Pin"
"LF356N","P008","1","U2","Dual Operational Amplifier"
"Mic2","PIN2","1","MK1","Microphone"
"NE555P","S08","1","U1","General-Purpose Single Bipolar Timer"
```

图 2-26 原理图的简易清单

2.3 项目实施

2.3.1 原理图的特殊说明

1．放置端口

振荡电路种类繁多，但以 LC 振荡电路最为常见，实际应用也最多，以一个压控振荡器为例，如图 2-27 所示。

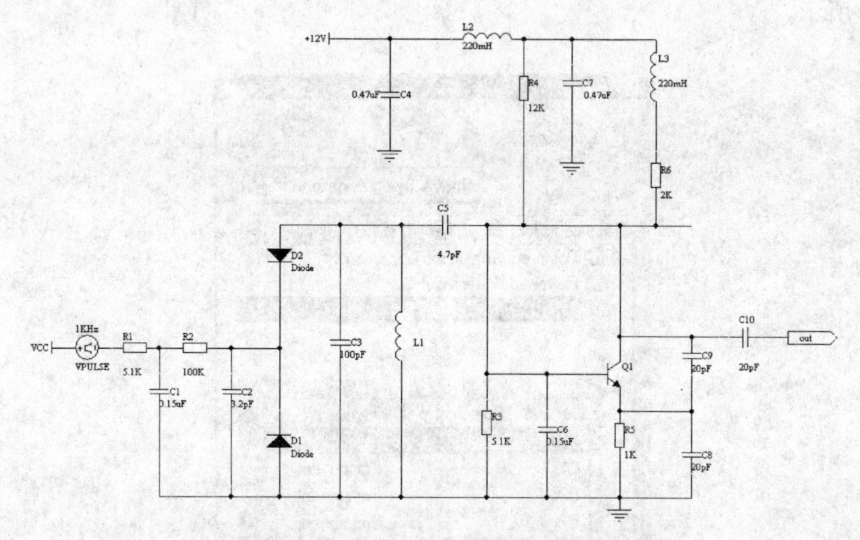

图 2-27　55～65M 压控振荡器原理图

图 2-27 中，在电路输出端放置了一个 I/O 端口，命名为“Out”，端口不是图件，不列入元件清单，而与引脚，导线一起从属于某个网络节点，如图 2-28 所示。

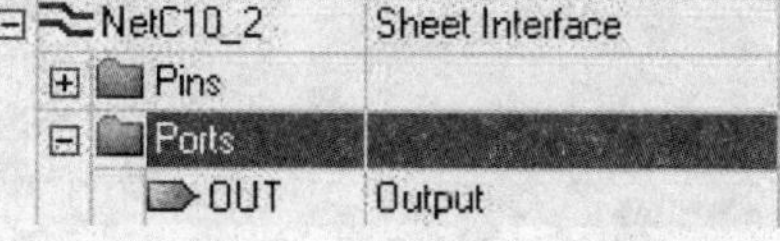

图 2-28 “Out”端口从属于 C10_2 节点

2．放置网络标号

原理图的网络表一般是靠 DXP 自动建立起来，只要完成了原理图相应元件和导线的绘制和连接，网络表就自动形成了。但是如果图中有特殊节点需要单独指定，则可以自己放置网络标号，使用“Place”→“Netlabel”命令即可。网络标号可以自己命名，它将替代该原理图默认网络中的相应节点名称，即以用户规定的网络名代替默认的网络名，如图 2-29 所示。

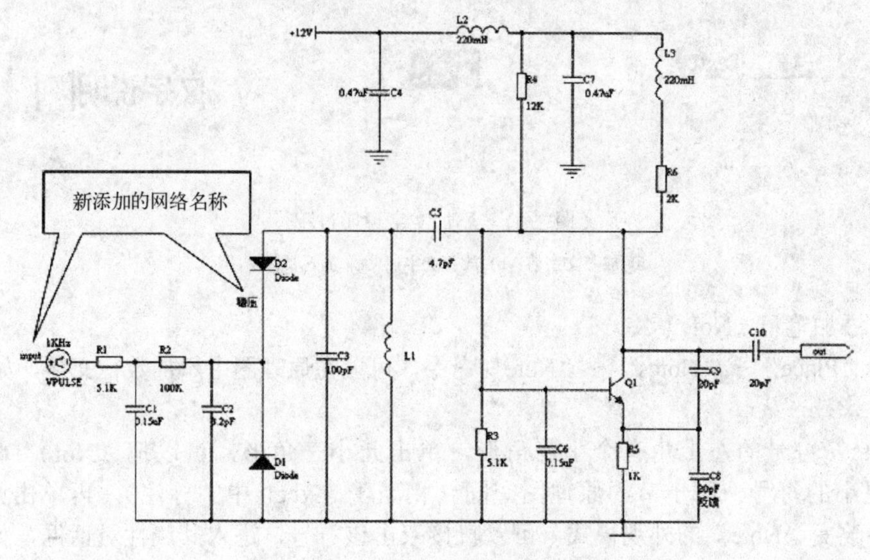

图 2-29　添加了网络标号的原理图

打开导航面板，执行“Interactive Navigation”命令，可以得到新添加网络名的网络表，如图 2-30 所示。

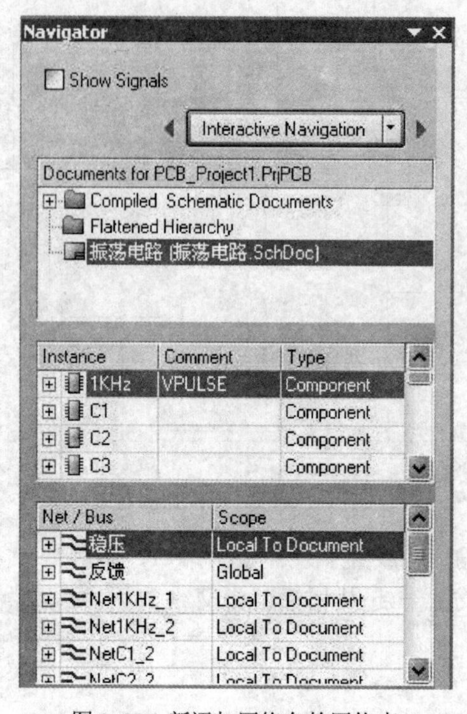

图 2-30　新添加网络名的网络表

3．添加其他说明

（1）添加文字说明

在原理图中，以用“Place”→“Text String”命令添加文字说明，如图 2-31 所示。

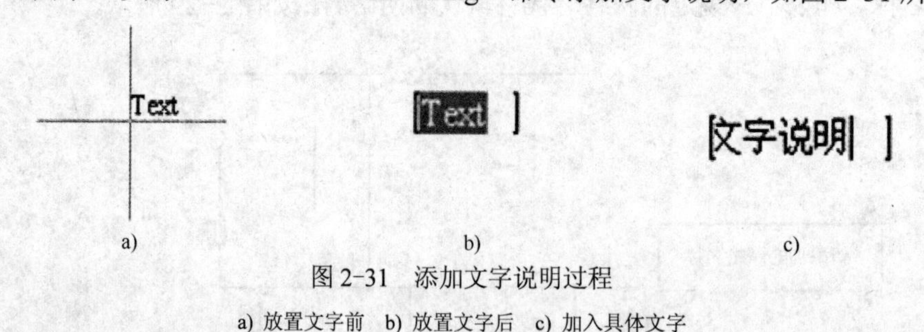

图 2-31　添加文字说明过程

a) 放置文字前　b) 放置文字后　c) 加入具体文字

（2）添加笔记（Note）

使用“Place”→“Notes”→“Note”命令，可以在原理图中添加数行文字，如图 2-32 所示。

“Note”符号的左上角有个小三角形，单击此小三角形，可以把“Note”收起，成为一个更小的符号，利于节约原理图空间（相当于 Excel 中的标注），再单击则可以展开。如要改变“Note”的外观模式，可以直接双击该符号，进入其属性对话框，如图 2-33 所示。

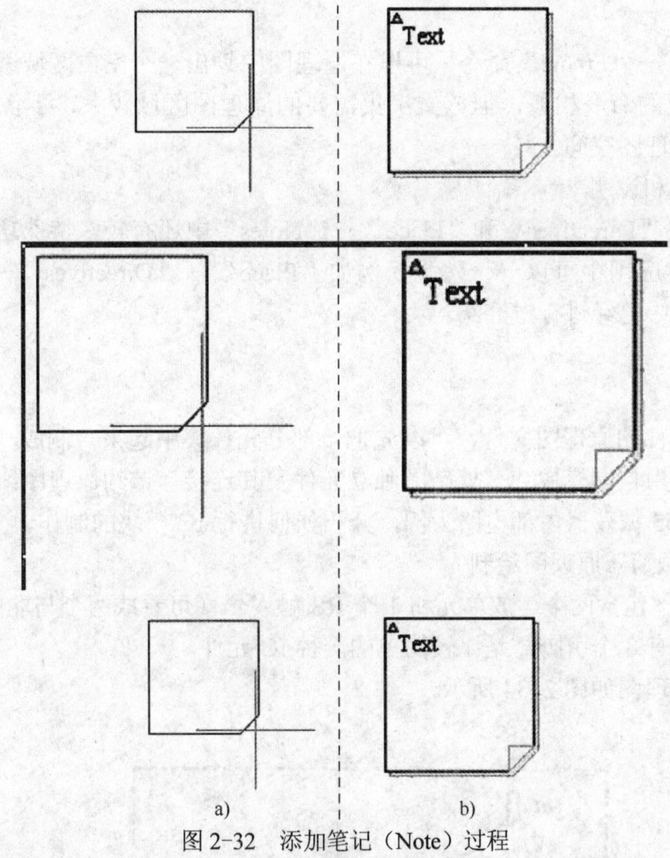

图 2-32　添加笔记（Note）过程

a) 放置 Note 时的光标　b) 放置 Note 完成

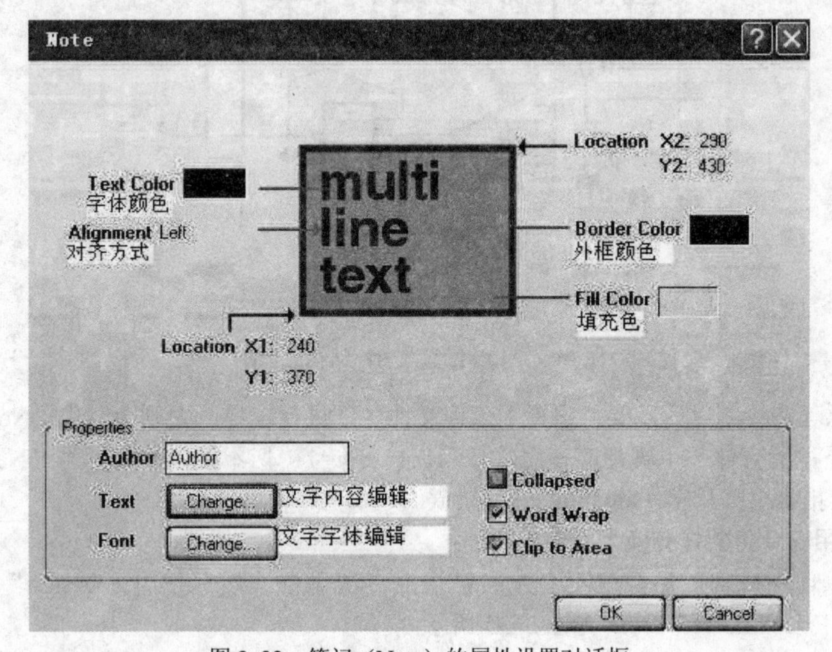

图 2-33　笔记（Note）的属性设置对话框

对话框中可以修改关于“Note”的多项内容，读者可自行尝试，此处不再一一赘述。

（3）添加文字集

使用“Place”→“Frame”命令，可以在原理图中划出一个空白区域添加较多文字，这一命令与添加笔记的命令相似，但该文字集需要的原理图区域较大，不像笔记那样可以收起，不利于节约原理图空间。

（4）其他添加和说明

在“Place”→“Directives”和“Place”→“Notes”中还有较多特殊功能，特殊用途的标记，读者在实际应用中可以一一熟悉，例如“Place”→“Directives”→“No ERC”命令，在前面的项目中已经进行过介绍。

2.3.2 自制元件

对于有较多元件的原理图文件，可以先把一部分元件集中起来，制成一个 IC 模块，从而在整体电路中使用自制模块代替繁杂的独立元件及其连接，节约原理图编辑空间，优化整体布局。下面用 555 振荡器内部电路为例，介绍如何进行 IC 模块的制作。

1. 完成 555 振荡器原理图绘制

555 振荡器内部包含两个运放单元和 1 个 RS 触发器（可看成两个与非门），另外还有几个晶体管，外部共有 8 个引脚，是比较简单的一种 IC 元件。

其内部结构原理图如图 2-34 所示。

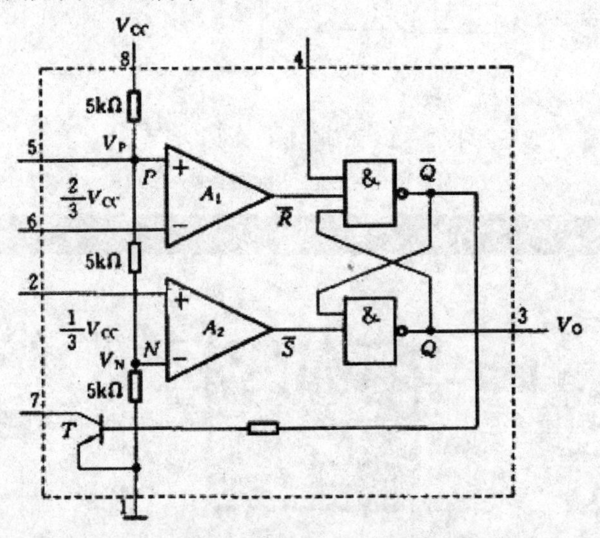

图 2-34　555 振荡器内部结构原理图

完成原理图绘制以后，要把它置于工程文件之下进行编译，否则会发生“No-Drivers”错误。另外，所有外部引脚都应使用端口（Port）符号，切不能以网络标号（Netlabel）代替，否则会报告引脚悬空（Floating Pin）错误。

2. 使用命令将图样转换为原件

编译原理图成功以后，就不会弹出错误报告消息框，然后使用“Design”→“Creat Component From Sheet”命令，如图 2-35 所示。

这时，就会自动出现一个询问对话框，该对话框设置关于新元件的引脚属性，如图 2-36 所示。

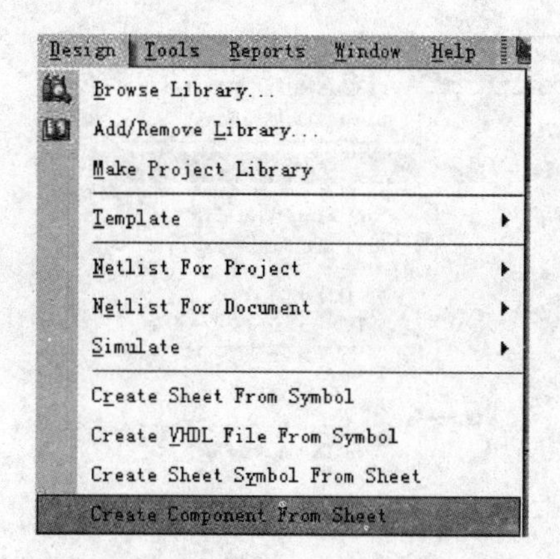

图 2-35　将原理图转换为元件符号的命令

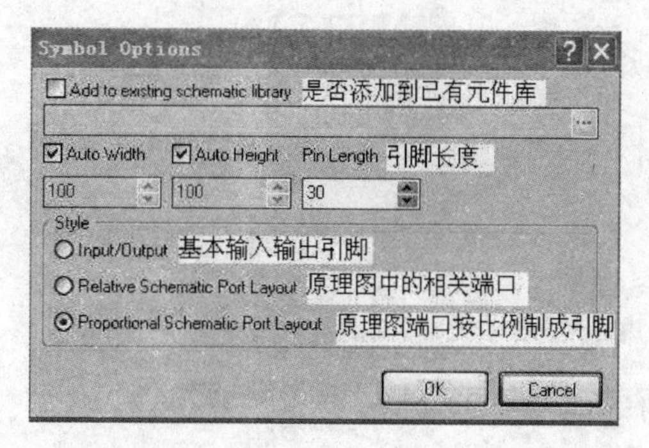

图 2-36　“自制元件引脚属性”对话框

在此对话框中选择“Relative Schematic Port Layout”选项，会自动弹出一个元件库编辑窗口（默认名 schlib1.schlib），在窗口中央出现一个新元件，效果如图 2-37 所示。

观察可知，新元件的引脚位置与原理图中的端口位置完全一致，引脚 I/O 特性也与端口的 I/O 特性一致，如果觉得引脚放置过于分散，可以手动调整其位置，或单击每个引脚编辑其属性，如图 2-38 所示。

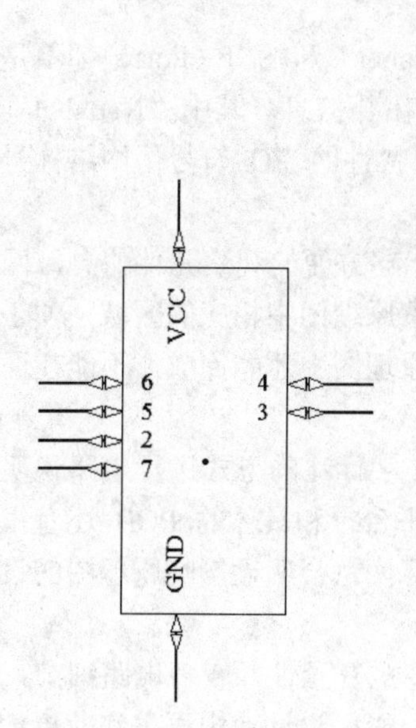

图 2-37　自制的 555 元件

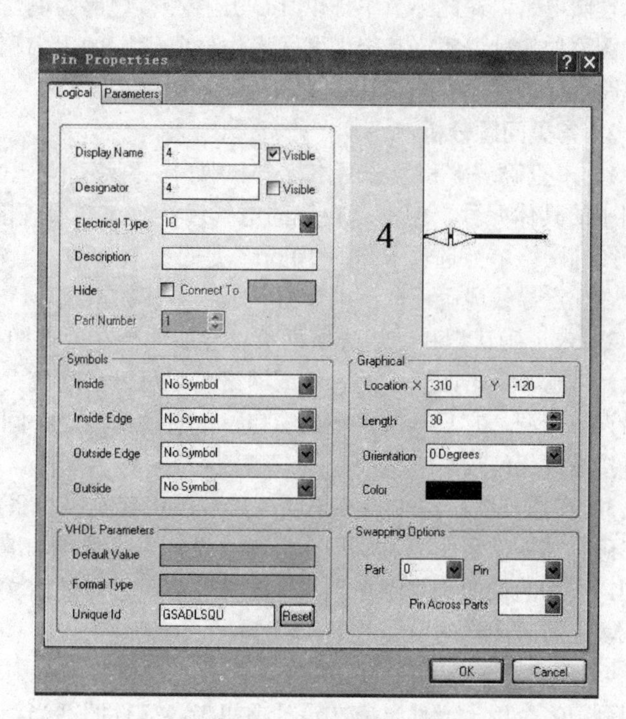

图 2-38　“引脚属性”对话框

在此对话框中，可以对引脚的放置位置、长度和 I/O 特性等重新定义，关于此属性对话框的编辑，将在后面的项目中再次进行介绍。经过引脚编辑后，新元件的效果如图 2-39 所示。

3．将新元件保存到自制元件库

用鼠标右键单击元件库编辑器的文件块，如图 2-40 所示。

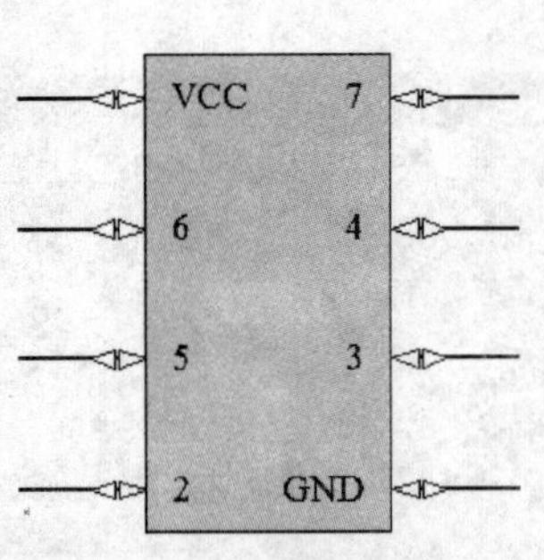

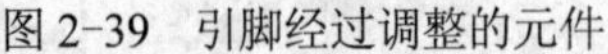

图 2-39　引脚经过调整的元件

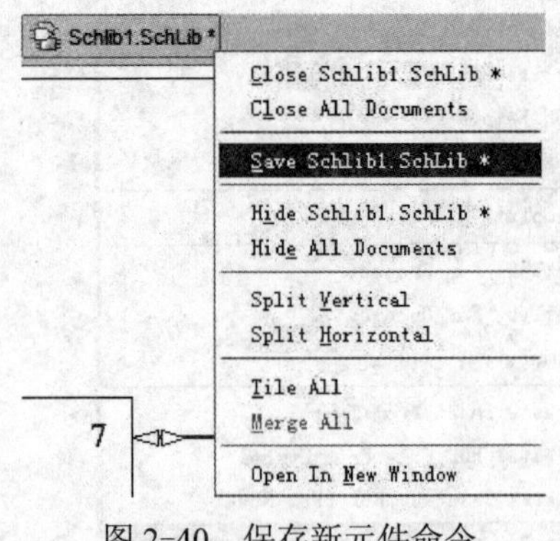

图 2-40　保存新元件命令

将其保存名设为自制元件库，后缀不变（仍为.schlib），即可在 DXP 的“example”文件夹下找到该文件。此文件可以像其他元件库一样被 DXP 元件库浏览器添加、删除、使用。

2.3.3　设计小结及常见问题分析

1．章节小结

振荡电路使用的元件可能较多，电路的组成也比一般电路复杂，但振荡电路仍然属于简单原理图电路，在此小节中，以 LC 压控振荡电路为例，介绍了如何使用导航面板，如何为原理图添加各种说明，其余大多数操作与项目 1 的内容相同或相似，读者可以针对不同的具体电路进行相关原理图设计。

2．常见问题分析

1）未正确理解和区分网络标号和端口。网络标号（Netlabel）和端口（Port）都不是原理图中的具体元件，但都有自己的电气属性，包含原理图的拓扑信息。其中“Netlabel”是原理图的网络节点选项卡，而“Port”是带有具体输入、输出特性的 I/O 符号；网络标号可以放在任意导线段附近，而端口必须放到导线的末端。

2）未正确认识和使用导航面板。导航面板在原理图中能够方便的观察元件信息，网络（Net）信息，单击面板中的元件或网络名，可以自动放大观察原理图中相应的区域，便于查找错误或漏洞，它只是一个观察窗口，信息的修改必须回到原理图中才能完成，不能在面板中直接修改任何信息。

3）在原理图中滥用文字说明。原理图中其实极少采用文字标注的方式进行电路说明，除非确有需要。事实上，原理图只是给设计人员使用的编辑平台，和具体的 PCB 还有很大区别，实物的说明无需添加到原理图文件中。过多使用文字标注，会明显影响原理图的设计区域，也妨碍图样的设计效果。

4）对含有较多元件的电路布局能力弱。振荡电路中较多重复元件，较多电路细节，如果用到 40 个以上元件，应在设计前思考各元件的适当距离，否则设计途中再去修改更加费时费力，如果用到 60 个以上元件，一方面可以进行原理图区域划分设计（即按电路功能和元件数量事先统筹规划原理图编辑区），另一方面可以考虑采用集成元件或自制元件库来替代部分独立元件。事实上，设计无线高频的实用电路大多采用集成电路形式，因为集成电路可以最大限度地减少元件之间，导线之间的相互干扰；而全部采用独立元件的振荡电路在实际应用中较为少见。

5）没有正确区分“Place”→“Drawing Tools”→“Line”与“Place”→“Line”的区别。这两个命令的执行效果都是在原理图中画出一段线条。不同的是，“Place”→“Drawing Tools”→“Line”画出的线条属于特殊标注类，没有任何电气属性，也不属于任何元件和网络，而“Place”→“Line”画出的线条就是导线，具有电气属性且属于特定网络，如图 2-41 所示。

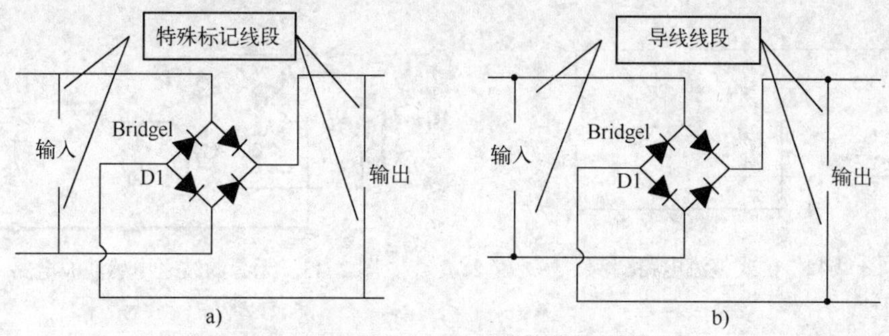

图 2-41　Drawing Tools-Line 与普通导线对比图

a) 使用特殊标记线段的图例　b) 使用导线线段的图例

可以看到，图 2-41a 中，用于标记的线段与原有导线相交时没有表征连接的黑点，而图 2-41b 使用了普通导线，与其他导线相交处有显眼的黑点。

6）在自制元件的过程中，没有合理设置“Port”造成编译错误。由于原理图中元件的引脚线具有电气属性，“Port”的属性必须与之匹配。例如如果是输入引脚，则“Port”也该是“Input”属性，否则会报告引脚与 Port 的 I/O 特性不相符合的错误。

2.3.4　想一想、做一做：整流滤波电源电路的设计

1．想一想

电源电路是各种应用电路中必不可少的一种电路，不少电路要求有自己的独立供电，而 DXP 中提供的默认电源并没有具体仿真参数（额定电压、额定电流和额定功率等），这就需要自己单独设计一个可以独立供电的电源电路。

电源电路以直流稳压电路最为常见，可以根据需要选择不同的元件参数，实现不同要求的对外直流供电。要得到一个直流源，通常的步骤为整流→滤波→稳压、放大，这就是整流滤波电源电路的设计方案。下面具体介绍各个步骤的内容。

（1）整流电路

整流电路有全波、半波之分，最常见的整流方案为桥式整流方案。桥式整流是对二极管半波整流的一种改进。半波整流利用二极管单向导通特性，在输入为标准正弦波的情况下，输出获得正弦波的正半部分，负半部分则损失掉；桥式整流是对二极管半波整流的一种改进，它属于全波整流，它不是利用副边带有中心抽头的变压器，而是用 4 个二极管接成电桥形式，使电压在正负半周均有电流流过负载，在负载形成单方向的全波脉动电压。桥式整流器对输入正弦波的利用效率比半波整流高一倍，它是使用最多的一种整流电路，既有全波整流电路的优点，而同时在一定程度上克服了它的缺点，如图 2-42 所示。

（2）滤波电路

整流电路输出的电压并非纯粹的直流，波形中含有较大的脉动成分，称为纹波，为获得比较理想的直流电压，就需要利用储能元件（如电容）来滤出整流输出的脉动成分。

常用的滤波电路有无源滤波和有源滤波两大类，无源滤波主要有电容滤波、电感滤波和复合式滤波；有源滤波的主要形式是 RC 滤波。

利用储能元件电感的电流不能突变特性，可以将直流中的纹波电压的影响减小，如图 2-43 和图 2-44 所示。

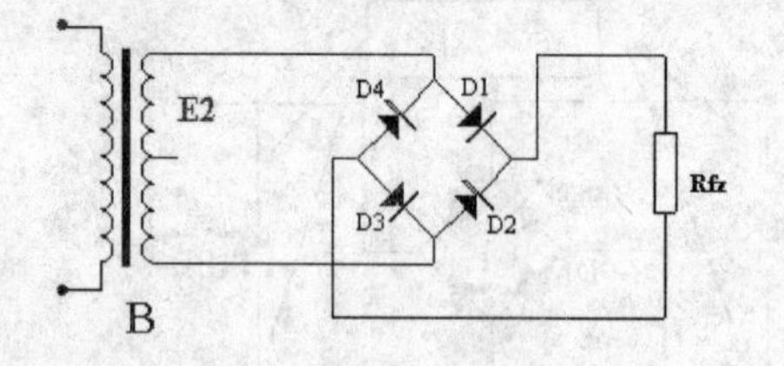

图 2-42　桥式整流电路图例

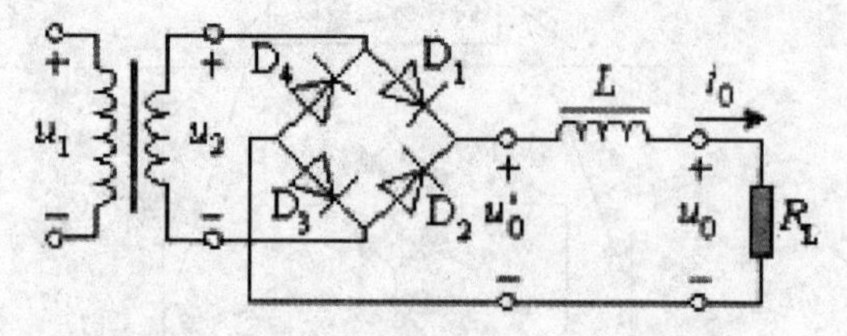

图 2-43　无源滤波之电感滤波电路

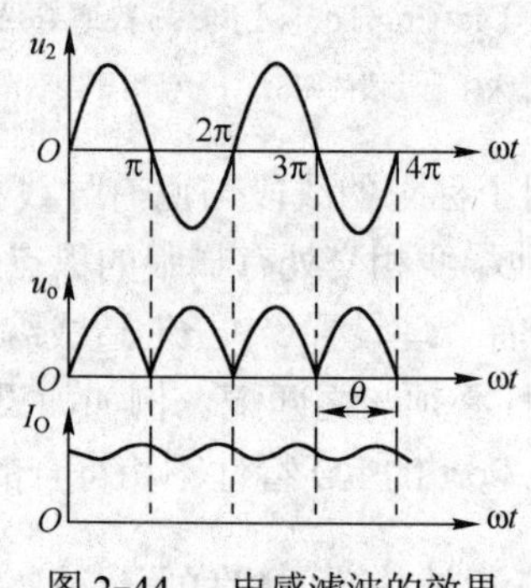

图 2-44　电感滤波的效果

同样的，可以利用电容的吸储电能特性，将纹波电压减小，这就是电容滤波，如图 2-45 所示。

有源滤波的图例较多，通常使用电阻和电容的参数搭配来实现滤波要求，如图 2-46 所示。

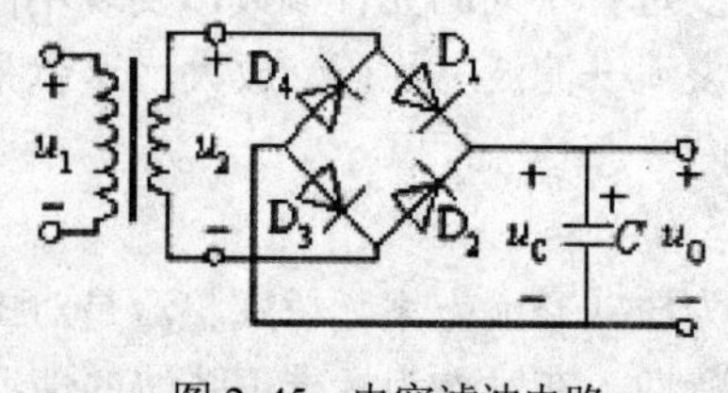

图 2-45　电容滤波电路

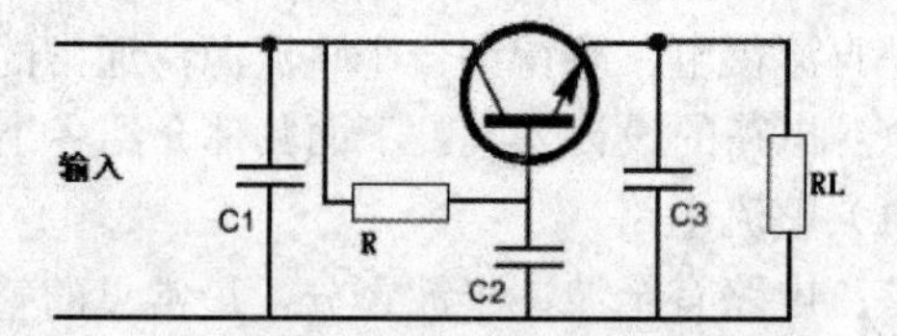

图 2-46　小型设备中的电子滤波电路

从成本和材料特性的综合考虑，电源电路可以采用电容滤波，效果较好，也比较简单实用。通常，电源电路中的滤波电容不止一个，这样可以得到更好的滤波效果。

（3）稳压电路

电源的输出电压要求稳定、可靠，这离不开稳压电路，稳压电路有独立元件电路，也有集成元件电路。稳压常用的独立器件为二极管、稳压二极管等，常用的集成元件为 780X 系列。780X 系列具有体积小、接入方便、稳压、功率放大效果好等优点。图 2-47 所示为 780X 元件内部电路图，图 2-48 所示为 780X 元件连接示意图。

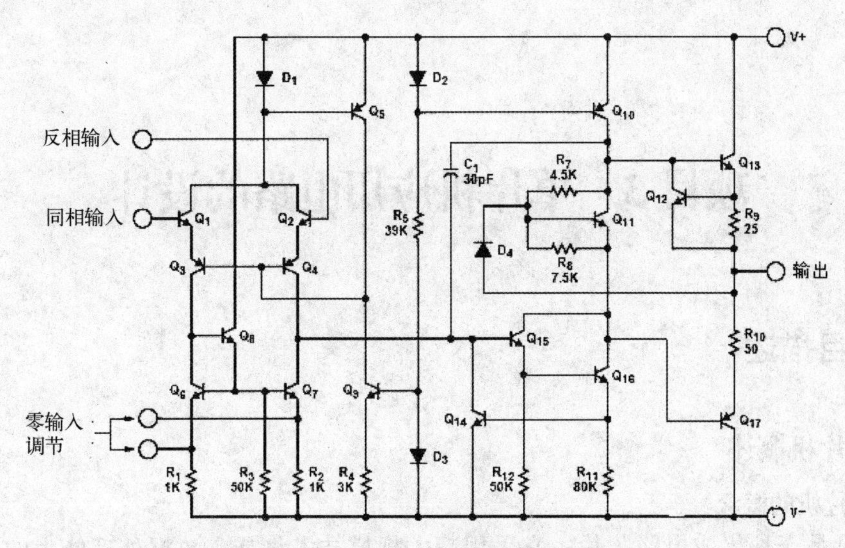

图 2-47　780X 元件内部电路图

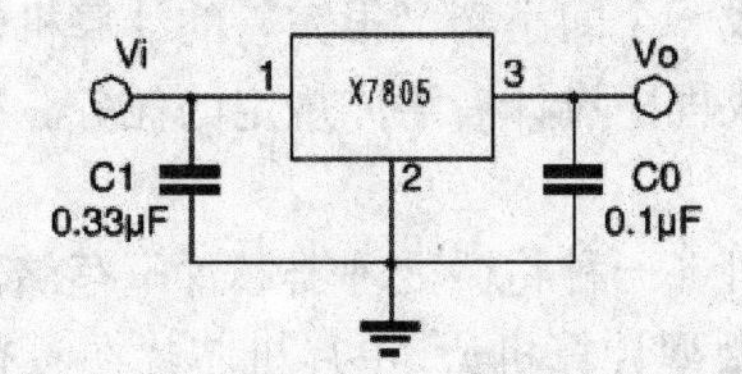

图 2-48　780X 元件连接示意图

（4）电源电路

整流滤波稳压电路如图 2-49 所示。

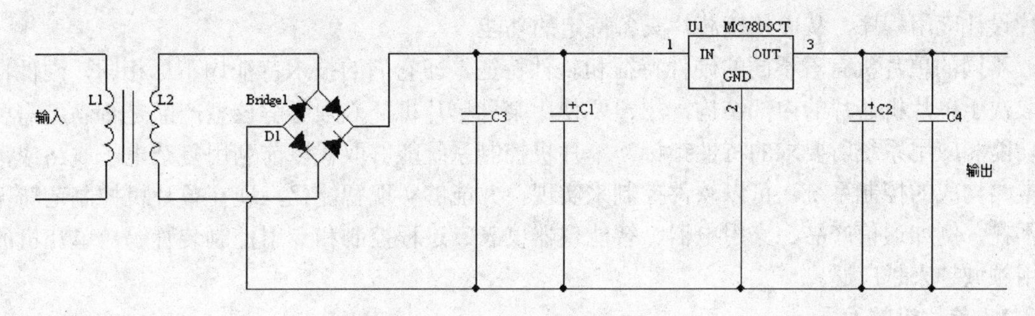

图 2-49　整流滤波稳压电路

2．做一做

1）参考想一想的内容，自制一个桥式整流、电感滤波、二极管稳压的电源电路原理图。

2）给这个原理图加上输入、输出端口。

3）对原理图的导航面板的网络表部分进行截图，并观察已经命名的网络标号是否存在。

4）给原理图加上适当的文字标注（至少包括普通文字标注）。

5）将此原理图命名为一个叫电源的元件，保存到自制元件库下。

项目3　单片机应用电路的设计

3.1　项目描述

3.1.1　单片机概述

1．单片机的概念

单片机是一种集成电路芯片。它采用超大规模技术将具有数据处理能力的微处理器（CPU），存储器（含程序存储器 ROM 和数据存储器 RAM），输入、输出接口电路（I/O 接口）集成在同一块芯片上，构成一个即小巧又很完善的计算机硬件系统，在单片机程序的控制下能准确、迅速、高效地完成程序设计者事先规定的任务。所以说，一片单片机芯片就具有了组成计算机的全部功能。

然而单片机又不同于单板机（一种将微处理器芯片，存储器芯片，输入、输出接口芯片安装在同一块印制电路板上的微型计算机），单片机芯片在没有开发前，它只是具备功能极强的超大规模集成电路，如果对它进行应用开发，它便是一个小型的微型计算机控制系统，但它与单板机或个人计算机（PC）有着本质的区别。

单片机的应用属于芯片级应用，需要用户（单片机学习者与使用者）了解单片机芯片的结构和指令系统以及其他集成电路应用技术和系统设计所需要的理论和技术，用这样特定的芯片设计应用程序，从而使该芯片具备特定的功能。

不同的单片机有着不同的硬件特征和软件特征，即它们的技术特征均不尽相同，硬件特征取决于单片机芯片的内部结构，用户要使用某种单片机，必须了解该型产品是否满足需要的功能和应用系统所要求的特性指标。单片机控制系统能够取代以前利用复杂电子线路或数字电路构成的控制系统，可以软件控制来实现，并能够实现智能化，现在单片机控制范畴无所不在，例如通信产品、家用电器、智能仪器仪表、过程控制和专用控制装置等，单片机的应用领域越来越广泛。

2．单片机的发展

单片机诞生于 20 世纪 70 年代，微电子技术正处于发展阶段，集成电路属于中规模发展时期，各种新材料新工艺尚未成熟，单片机仍处在初级的发展阶段，元件集成规模还比较小，功能比较简单，像 Fairchild 公司研制的 F8 单片微型计算机，它还需配上外围的其他处理电路方才构成完整的计算系统。

1976 年，Intel 公司推出了 MCS-48 单片机，这个时期的单片机才是真正的 8 位单片微型计算机，并推向市场。它以体积小、功能全和价格低赢得了广泛的应用，为单片机的发展奠定了基础，成为单片机发展史上重要的里程碑。

到了 20 世纪 80 年代初，单片机已发展到了高性能阶段，像 Intel 公司的 MCS-51 系列，Motorola 公司的 6801 和 6802 系列，Rokwell 公司的 6501 及 6502 系列等。世界各大公司均竞相研制出品种多功能强的单片机，约有几十个系列，300 多个品种，此时的单片机均属于真正的单片化，大多集成了 CPU、RAM、ROM、数目繁多的 I/O 接口和多种中断系统，甚至还有一些带 A/D 转换器的单片机，功能越来越强大，RAM 和 ROM 的容量也越来越大，寻址空间甚至可达 64kB，许多家用电器均走向利用单片机控制的智能化发展道路。

1982 年以后，16 位单片机问世，代表产品是 Intel 公司的 MCS-96 系列，16 位单片机比起 8 位机，数据宽度增加了一倍，实时处理能力更强，主频更高，集成度达到了 12 万只晶体管，RAM 增加到了 232 字节，ROM 则达到了 8kB，并且有 8 个中断源，同时配置了多路的 A/D 转换通道，高速的 I/O 处理单元，适用于更复杂的控制系统。

20 世纪 90 年代以后，美国 Microchip 公司发布了一种完全不兼容 MCS-51 的新一代 PIC 系列单片机，引起了业界的广泛关注，特别它的产品只有 33 条精简指令集吸引了不少用户。随后更多的单片机种蜂拥而至，1990 年，美国 Intel 公司推出了 80960 超级 32 位单片机，引起了计算机界的轰动，产品相继投放市场。

这样一来，单片机领域有 8 位、16 位甚至 32 位机。不过 8 位单片机仍以它的价格低廉、品种齐全、应用软件丰富、支持环境充分和开发方便等特点而占着主导地位。而 Intel 公司凭着他们雄厚的技术，性能优秀的机型和良好的基础。Atmel 公司发展的 C51 系列单片机目前仍是单片机中的经典范例。

3．51 单片机的引脚及功能介绍

（1）51 单片机内部模块

图 3-1 所示为 51 单片机内部模块示意图。

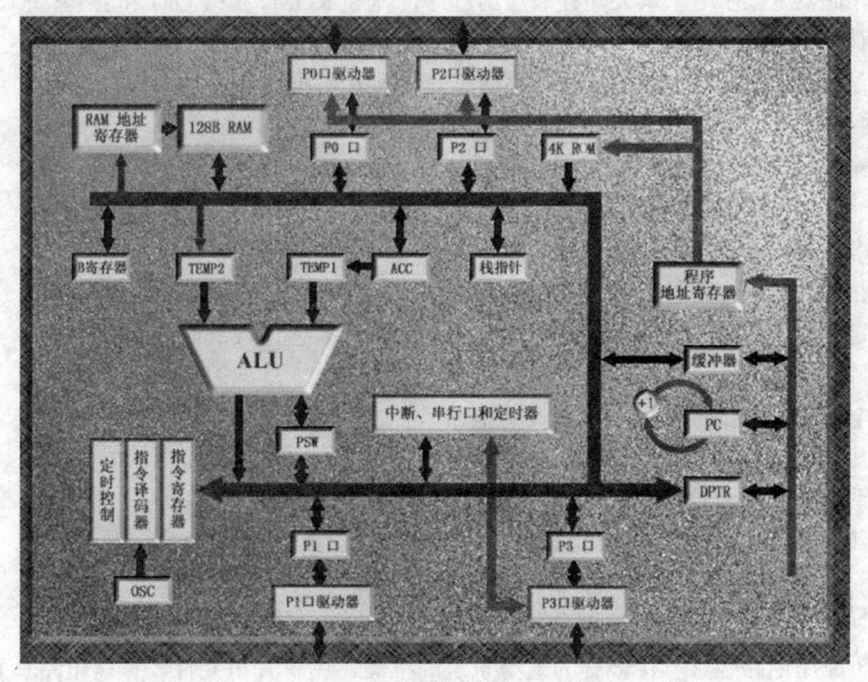

图 3-1　51 单片机内部模块示意图

（2）51 单片机外部引脚示意图如图 3-2 所示

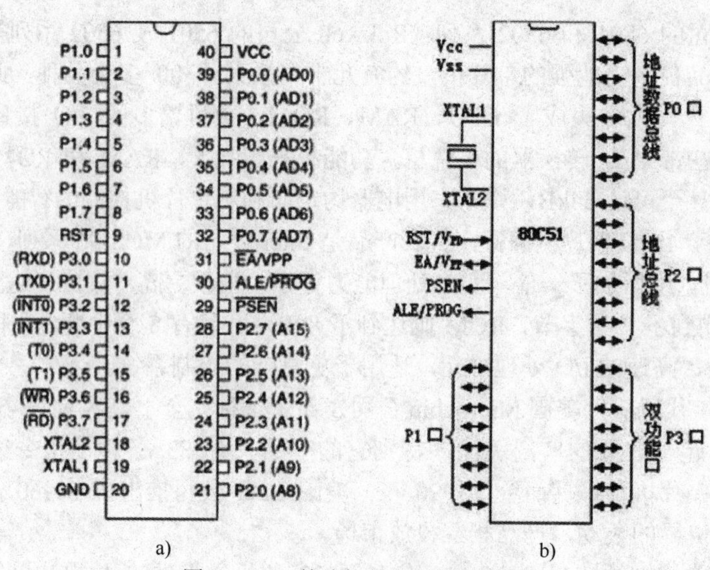

图 3-2　51 单片机外部引脚示意图

a) 引脚图　b) 引脚功能图

（3）技术参数

1）中央处理单元 CPU（8 位）。

中央处理单元 CPU 用于数据处理、位操作（位测试、置位和复位）。

2）只读存储器 ROM（4KB 或 8KB）。

只读存储器 ROM 用于永久性存储应用程序，掩膜 ROM、EPROM 和 E^2PROM。

3）随机存取器 RAM（256B）。

随机存取器 RAM 用于程序运行中存储工作变量和数据。

4）并行输入、输出口 I/O，P0～P4（32 线）。

并行输入、输出口用做系统总线、扩展外存和 I/O 接口芯片。

5）一个串行输入、输出口 UART（二线）。

一个串行输入、输出口串行通信、扩展 I/O 接口芯片。

6）两个定时器/计数器 T（16 位增量可编程）。

两个定时器/计数器 T 与 CPU 之间各自独立工作，当它计数满时向 CPU 中断。

7）时钟电路。

时钟电路分为内部振荡器、外接振荡电路。

8）中断系统。

中断系统五源中断、两级优先，可编程进行控制。

9）可以寻址 64KB 的程序存储器和的 64KB 的外部数据存储器。

3.1.2　单片机电路图

单片机应用电路包含一个被称为最小系统的框图，由单片机元件、振荡电路和复位电路构成。

复位电路的种类很多，这里列举几个例子，如图 3-3 和图 3-4 所示。

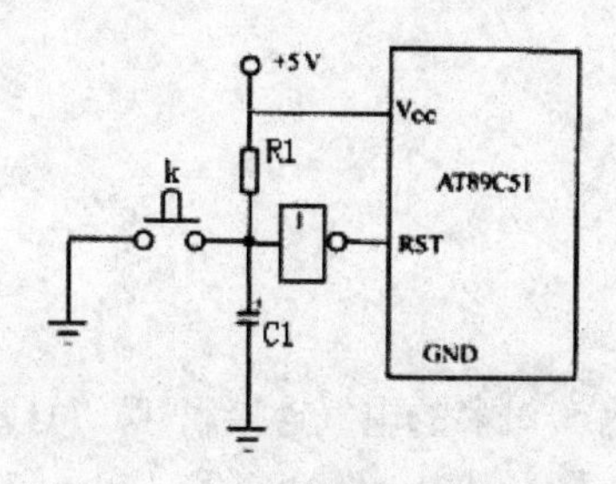

图 3-3　51 单片机上电复位电路

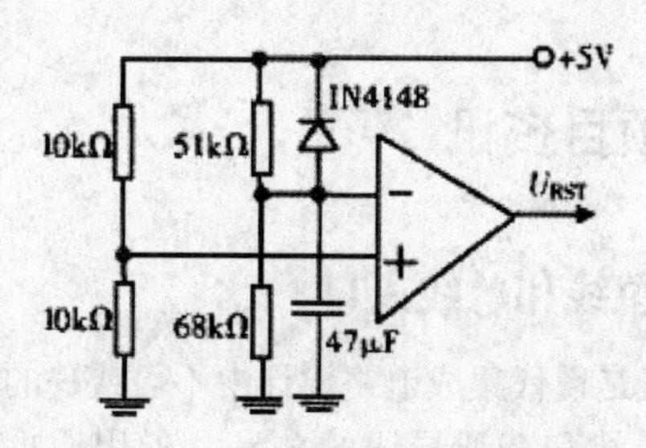

图 3-4　51 单片机比较器复位电路

振荡电路一般由一个晶振和两个小电容构成，它负责向单片机提供时钟信号，如图 3-5 所示。

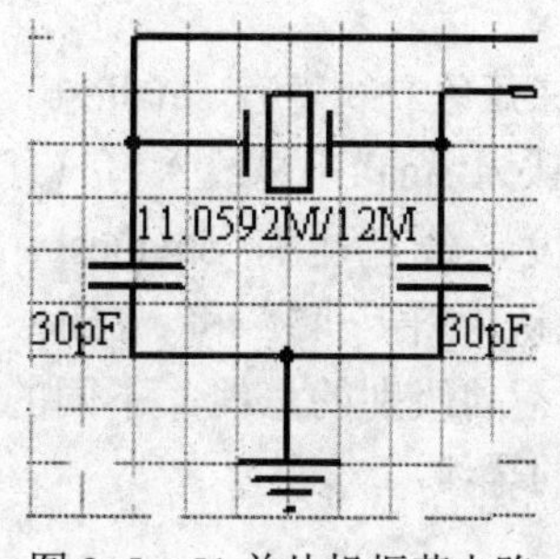

图 3-5　51 单片机振荡电路

51 单片机最小系统电路如图 3-6 所示。

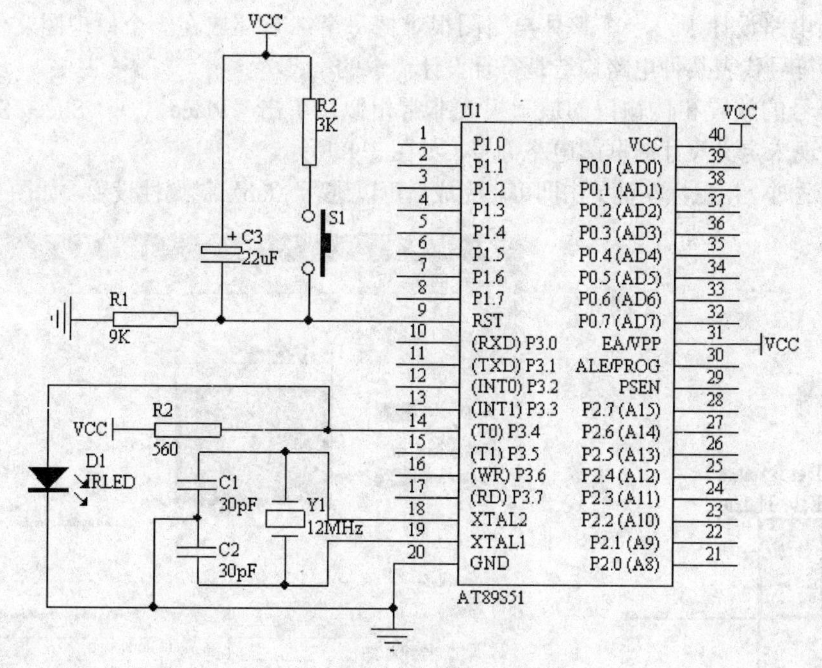

图 3-6　51 单片机最小系统电路

在最小系统之外，单片机还可以外接各种应用电路和元件电路，构成一个具有更强大功能的系统。其应用实例非常丰富，这里就不一一列举了。

3.2 项目资讯

3.2.1 总线和总线入口

总线是现代集成电路设计中不可或缺的单元，具有一对多的电气连接属性，总线入口是专门连接总线和普通导线的单元。使用原理图；“Place”→“Bus”命令和“Place”→“Bus Entry”命令可以分别放置总线和总线入口，如图 3-7 所示。

图中左边是总线，右边加上了总线入口（总线选择的默认色，默认线宽，总线入口选择的斜下 45° large 线宽）。

需要说明的是，总线默认为深蓝色，线宽有 smallest、small、medium 和 large 4 种，默认为 small；总线入口只有斜上 45° 和斜下 45° 两种角度，线宽也有 smallest、small、medium 和 large 4 种，默认为斜上 45° 和 smallest 线宽。不同的总线线宽可以代表不同级别的总线，不同的总线入口线宽可以代表不同级别的导线。

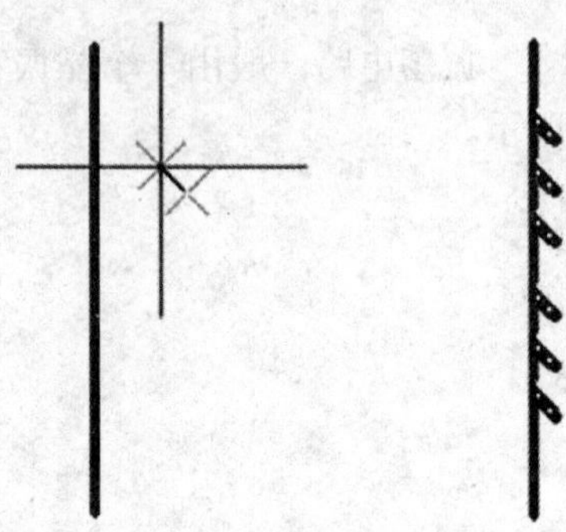

图 3-7　总线和总线入口

3.2.2 创建框图级电路

1．放置框图（Place→Sheet Symbol）

在复杂电路设计中，一个整体电路图很难把每个细节都放在一个原理图文件中表现出来，用框图符号代表某种电路构造是符合设计需求的。

框图符号的放置和传输口的放置模式非常相似，单击“Place”→“Sheet Symbol”命令，就会出现未定义尺寸的框图电路符号，如图 3-8 所示。

尺寸合适时，用鼠标左键单击即可。完成后可以进行〈tab〉键属性设置，如图 3-9 所示。

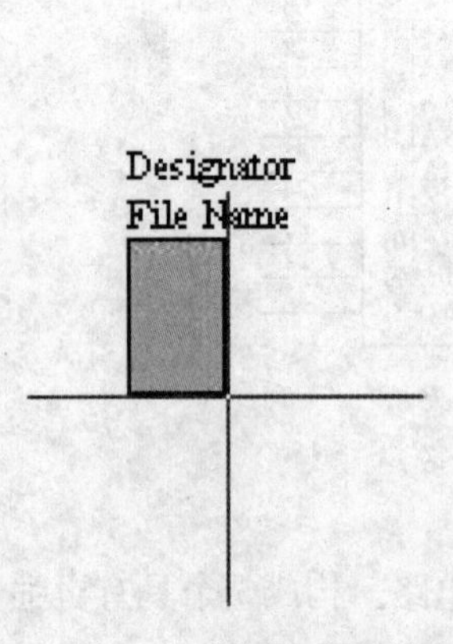

图 3-8　框图电路符号

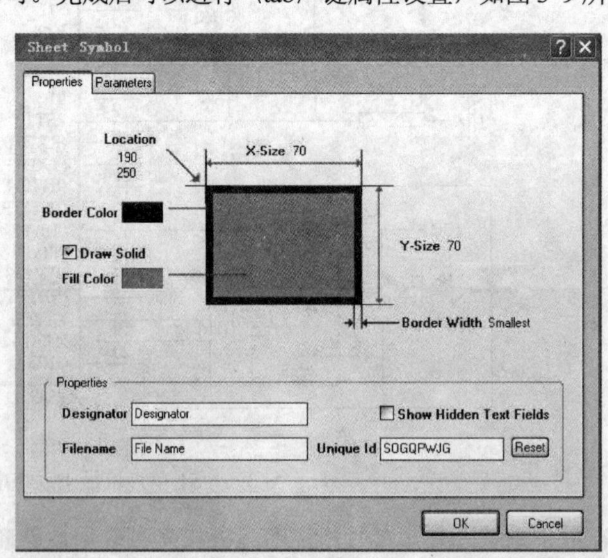

图 3-9　框图符号属性对话框

在对话框中，可以进行形状、颜色、名称和描述等设置。

需要注意的是，这里的设置只能改变框图的外在属性，它代表的电路不能通过属性设置来改变。通常用到框图电路符号的原理图具有层次特性，至少包含一个母图和子图，包含框图单元的原理图称为母图，给出框图内部电路的原理图称为子图，要改变框图所代表的电路，必须修改子图。

2．添加框图符号的电气接口（“Place”→“Add Sheet Entry”）

框图接口具有和传输口相似的外形和性质，不同的是，它只能在框图边沿添加，同时它也是框图所代表的电路与外界电路发生联系的唯一通道。

框图是一个矩形单元，4 个边沿都可以添加接口，如图 3-10 所示。

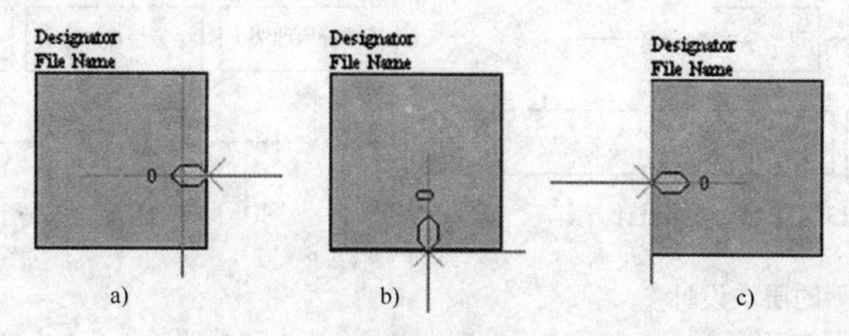

图 3-10　框图各边沿添加接口效果

用鼠标单击左键即可确定接口位置，接口属性菜单如图 3-11 所示。

单击属性项，如图 3-12 所示。

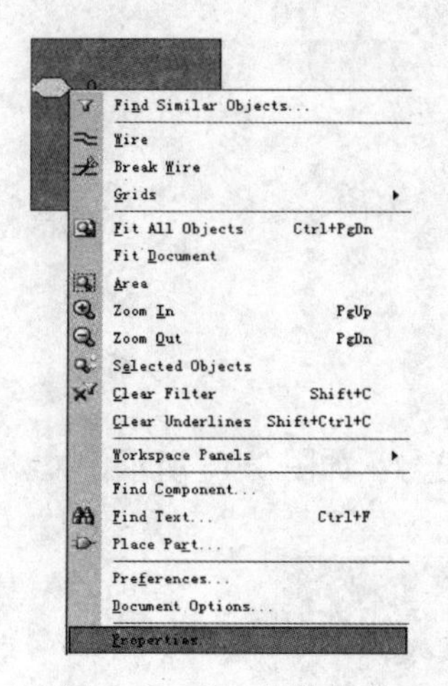

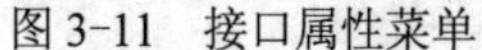

图 3-11　接口属性菜单

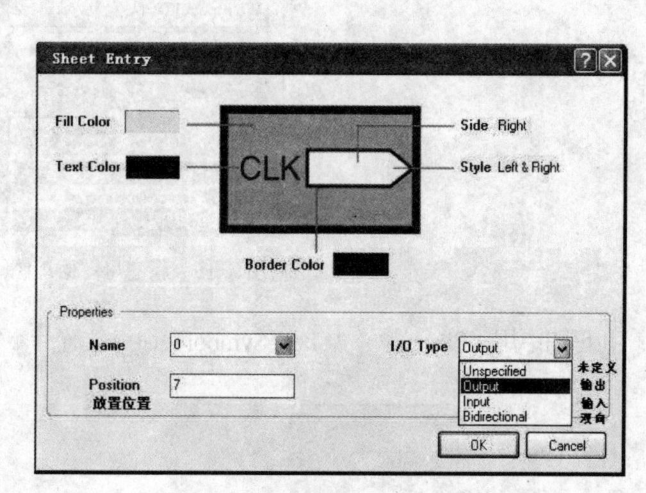

图 3-12　“框图接口属性”对话框

在对话框中，可以设置接口的外形、颜色、编号（第一个接口默认编号为 0，依此类推）、位置和 I/O 类型。I/O 类型共有未定义、输出、输入和双向 4 种。除位置外，其余设置与 Port 的属性对话框非常相似，放置位置参数可设定为 0～7 的任意整数。

3.2.3　自上而下的层次设计

对于一个非常庞大的原理图，称为项目，不可能将它一次完成，也不可能将这个原理图画在一张图样之上。DXP 提供了一个很好的项目设计工作环境，可以把整个非常庞大的原理图划分为一些基本原理图，或者说划分为多个层次，这样，整个原理图就可以分层进行设计，由此产生了原理图的层次设计方法。

1．原理图层次设计方案

原理图的层次设计方法实际上是一种模块化的设计方法，用户可以将电路系统根据功能划分为多个子系统，子系统下还可以根据功能再细分为若干个基本子系统。定义好子系统之间的相互关系，即可完成整个电路图的设计。

设计时，用户可以从电路系统开始，逐级向下设计，称为自上而下的设计方案，如图 3-13 所示，也可以从子系统开始，逐级向上设计，称为自下而上的设计方案，如图 3-14 所示。

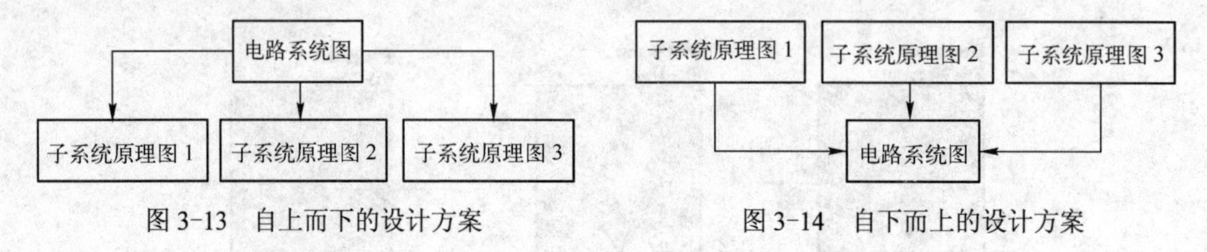

图 3-13　自上而下的设计方案　　图 3-14　自下而上的设计方案

2．自上而下的层次设计

首先新建一个工程文件，再在此工程之下建立一个原理图文件，并命名为母图，如图 3-15 所示。

图 3-15　新建母图原理图

在母图中用“Place”→“Sheet Symbol”命令放置两个框图符号，如图 3-16 所示。

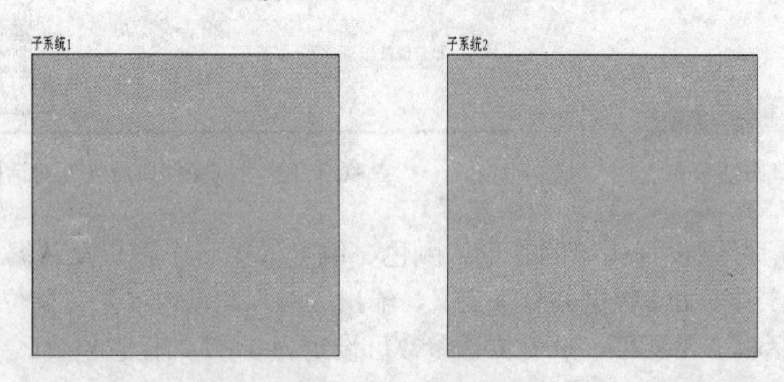

图 3-16　新建两个框图符号

紧接着放置子图入口，使用“Place”→“Add Sheet Entry”命令，如图 3-17 所示。

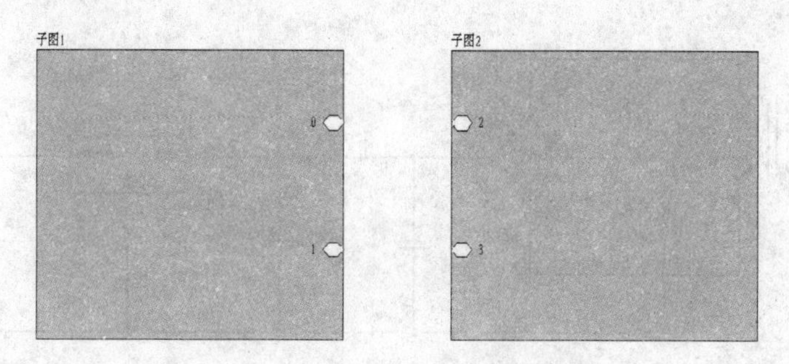

图 3-17　添加子图入口端子

然后进行入口端子的属性设置，并可以对入口端子进行命名，以提示其作用，如图 3-18 所示。

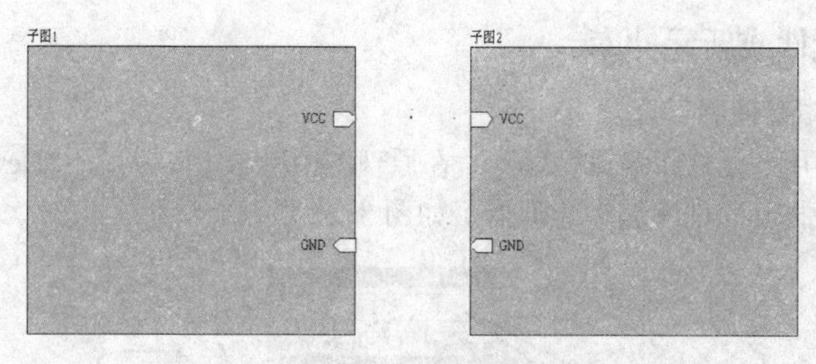

图 3-18　对子图入口进行属性设置和命名

需要注意的是，如果是电源和地的入口，要体现对接关系，VCC 一个输出，一个就必须是输入，GND 也一样，同一个子图的 VCC 和 GND 应该是不同的 I/O 类型，不可以随意设置。

接下来，要进行子图的设计，执行“Design”→“Create Sheet From Symbol”命令，出现十字光标，在子图符号“子图 1”上单击，则打开图示 I/O 类型转换对话框，如图 3-19 所示。

如果单击“Yes”按钮，则生成的子图中所有入口端子将与框图符号中的设置相反，这里选择“No”按钮。这时候，在母图文件下方将会出现文件子图 1，并出现一个新的原理图编辑区，在这个编辑区中，只有电源端子，如图 3-20 所示。

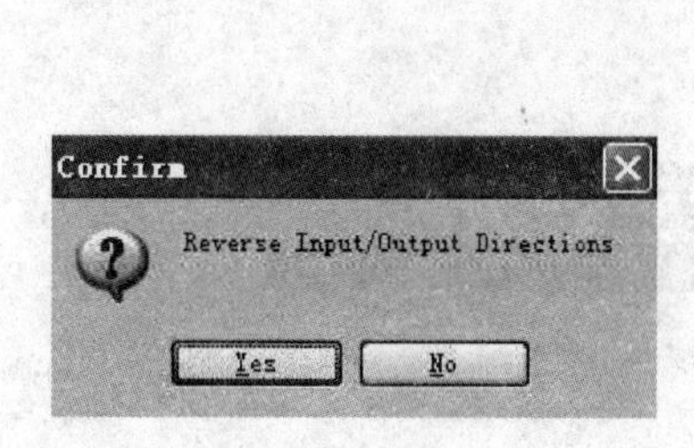

图 3-19　“I/O 口反向提示”对话框

图 3-20　新生成的子图 1 和子图 1 编辑界面

完成子图 1 的具体元件和连接，并保存，如图 3-21 所示。

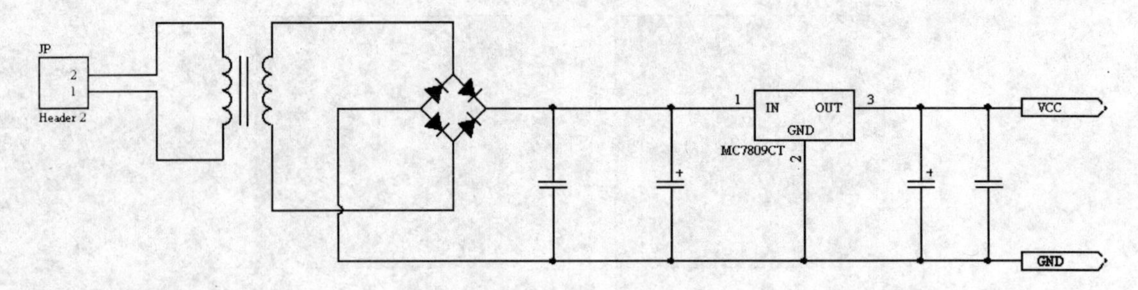

图 3-21　子图 1 的具体原理图

按同样方法可完成子图 2 的设计，最后执行“Project”→“Compile PCB Project”命令完成编译检查即可。

3.2.4　添加新元件或新元件库

1．原理图编辑管理器

添加新元件要用到元件库编辑管理器，在原理图中单击“File”→“New”→“Schematic Library”命令，可打开元件库编辑管理器，如图 3-22 所示。

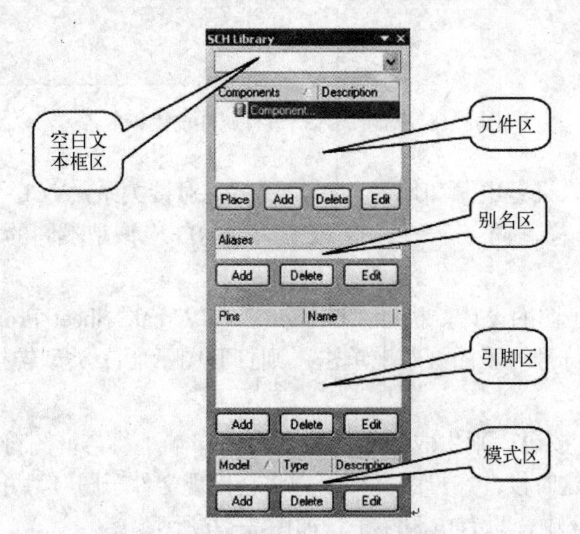

图 3-22　元件库管理器界面

在元件区，元件库编辑管理器有 4 个按钮，首先选用“Add”按钮来增加新元件，默认名为“component_1”，如图 3-23 所示。

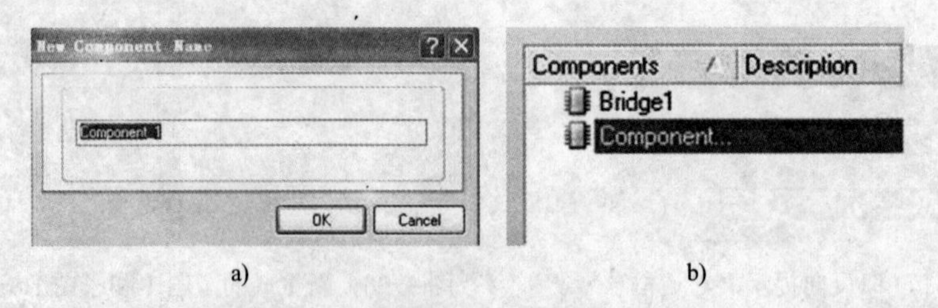

a)　　　　　　　　　　b)

图 3-23　用“Add”按钮添加元件

a) 添加新元件的默认名为 component_1　b) 在编辑管理器的元件区出现新元件

2．制作新元件

这里用一个 8 脚的 555 定时器元件为例来介绍制作步骤和方法。在元件库编辑器中使用“Place”→“Rectangle”（放置矩形）命令，将出现一个光标，再用鼠标左键确定其位置，如图 3-24 所示。

如果需要调整矩形框的大小，只需要将鼠标移动至框的边沿，即可随意调整框的尺寸，另外框线的粗细也可以直接双击矩形框来调整。

接下来，要放置元件的引脚，同样在元件库编辑器下，使用“Place”→“Pin”命令即可，引脚的序号从 0 开始，如果需要变换角度，在放置时可以用“Space”键切换，如图 3-25 所示。

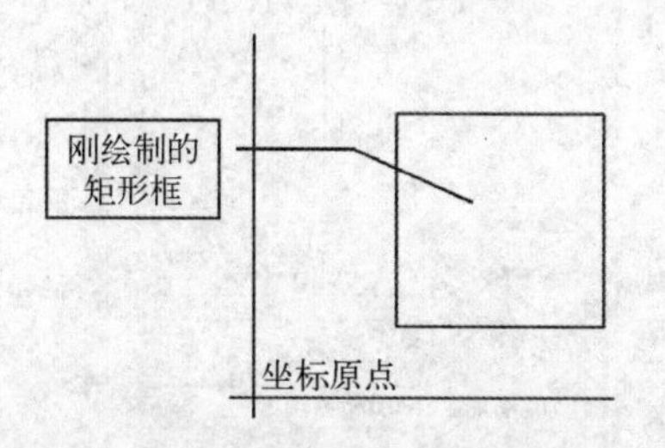

图 3-24　绘制元件的矩形轮廓

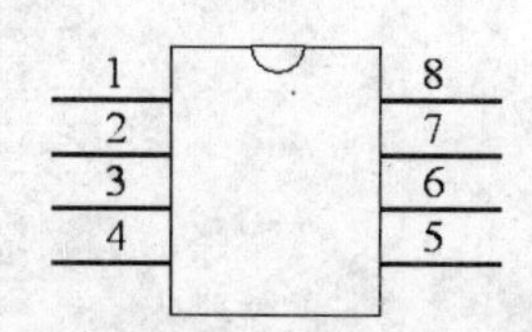

图 3-25　添加 8 个引脚

引脚放完以后，还要对每个引脚的属性进行单独设置，如电源、时钟和复位等特殊引脚，这就需要“引脚属性”对话框，双击单个引脚即可调出，如图 3-26 所示。

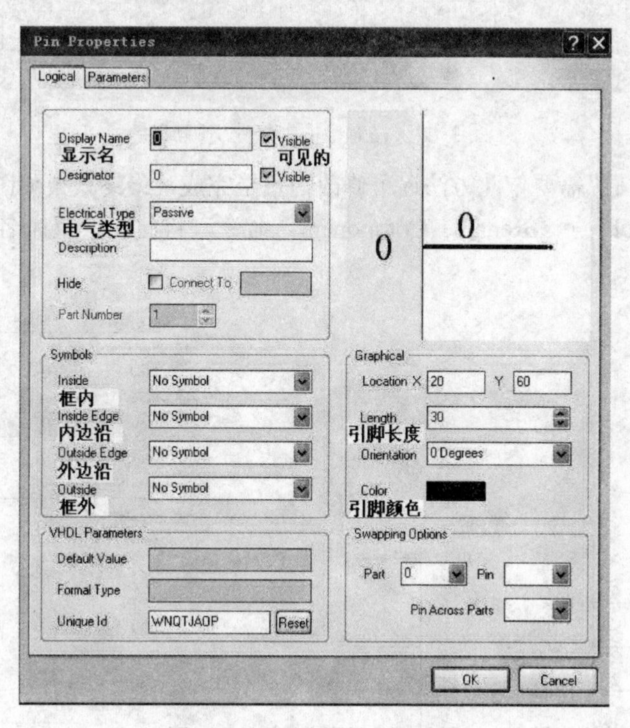

图 3-26 “引脚属性”对话框

现在，将“0”引脚的“Pisplay Name”改为“RST”，将“Electrical Type”从默认的

“Passive”改为“Input”，将“Outside Edge”从默认的“No Symbol”改为“Dot”，将“Outside”从默认的“No Symbol”改为“Right Left Signal Flow”，将旋转角从0调整为180°，如图3-27所示。

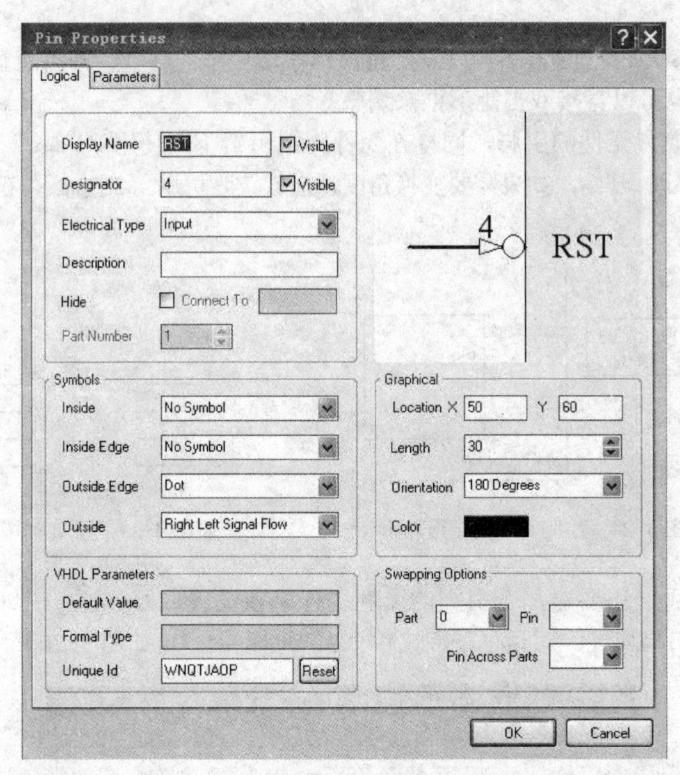

图3-27　在对话框中修改引脚属性

其余引脚可以按照需要依此方法逐个修改，直至完成，最终效果如图3-28所示。

然后执行“Tool”→“Rename Component”命令，将此元件重命名为“XINJ555”，如图3-29所示。

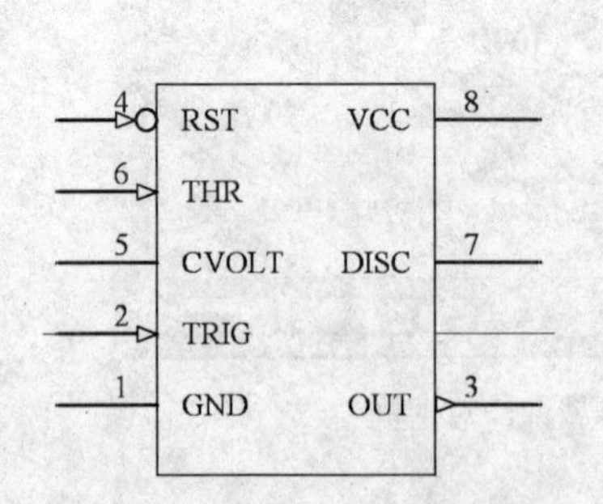

图3-28　完成所有引脚的属性编辑

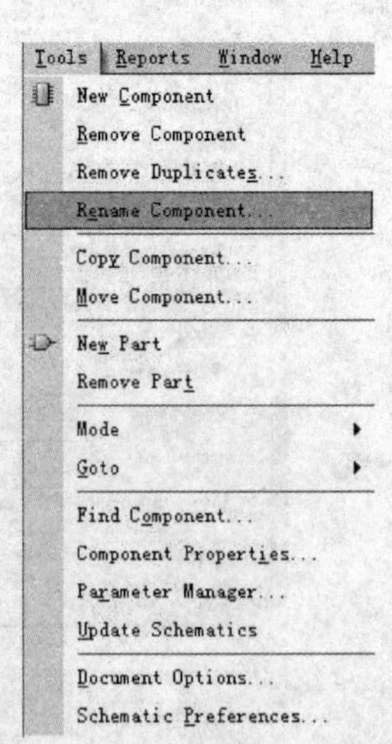

图3-29　新元件的重命名命令

此时用“Tools”→“Component Propertities”命令，打开自己新创建的 XINJ555 元件属性对话框，再单击“Add”按钮，添加 PCB 封装模式，如图 3-30 所示。

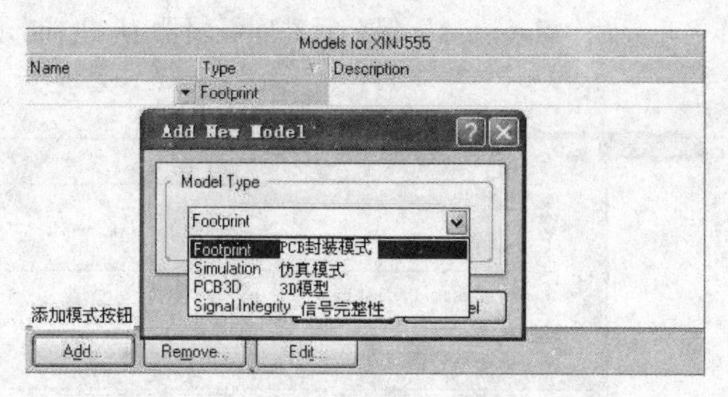

图 3-30 在属性对话框中添加 PCB 封装模式

在弹出来的“PCB Model”对话框中，用浏览封装库选择 DIP 8 封装，并确认，如图 3-31、图 3-32 所示。

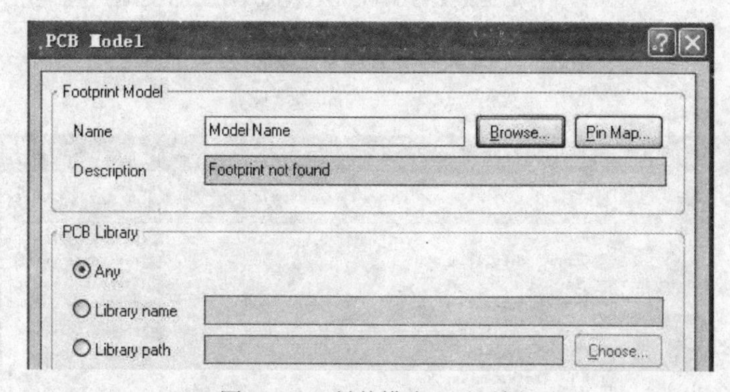

图 3-31 “封装模式”对话框

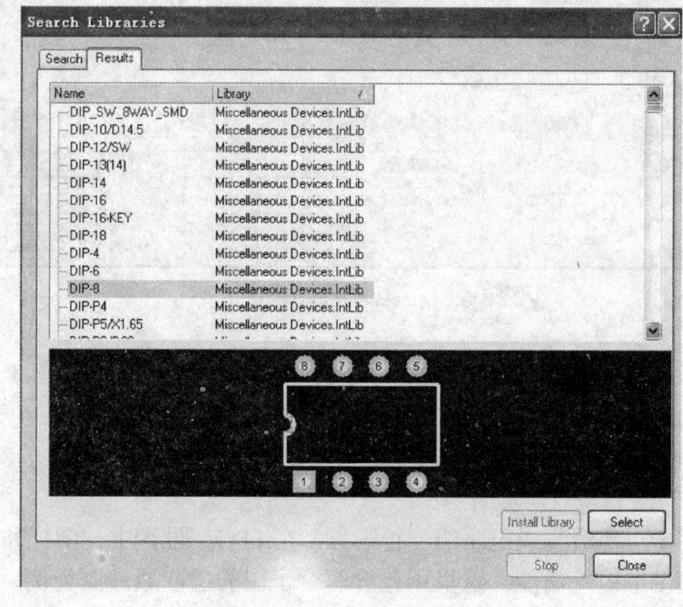

图 3-32 找到 DIP 8 封装

这样，就给新建元件加上了封装。

3．元件库制作和调用

在完成元件制作之后，用“Save As”保存元件库编辑器为“自制元件库”，如图 3-33 和图 3-34 所示。

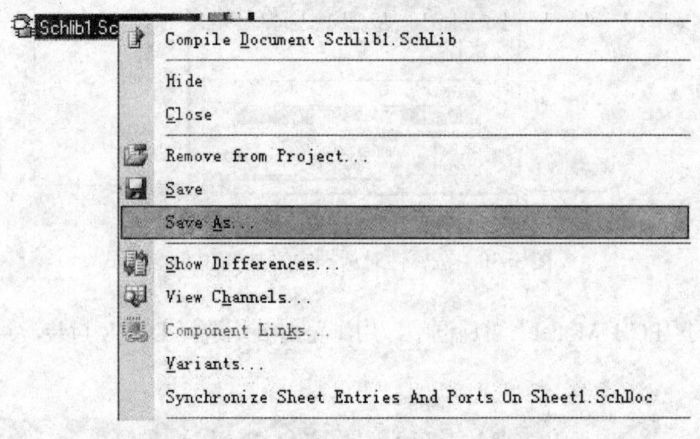

图 3-33　另存元件库名

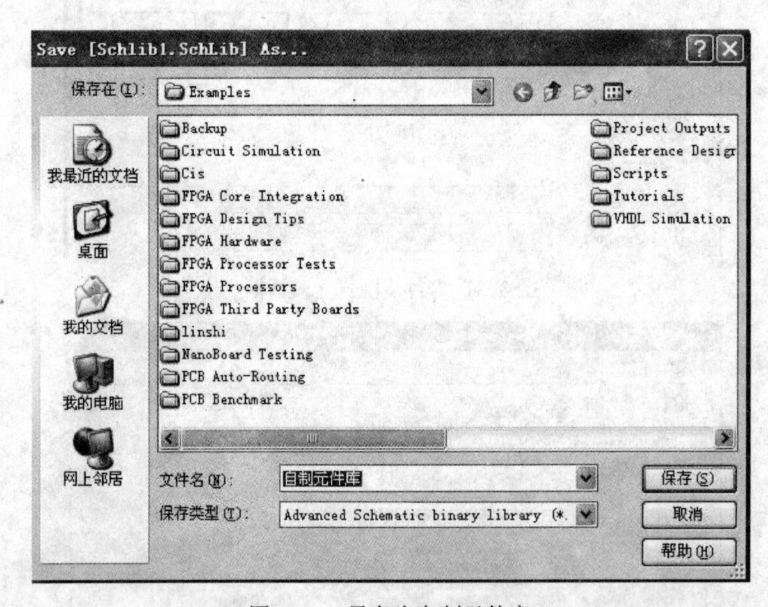

图 3-34　另存为自制元件库

这样，就可以在原理图的元件库面板下拉列表中看到这个库了，如图 3-35 所示。

打开自制元件库，输入元件名“XINJ555”，即可放置元件，如图 3-36 所示。

3.2.5　生成硬件描述语言

VHDL 是适用于更高级集成电路的一种语言，在 FPGA 设计中，图样和语言可以相互转换，而 DXP 也提供了这一功能。这里用包含两个子图的层次原理图为例，使用“Design”→“Netlist For Project”→“Vhdl File”命令，如图 3-37 所示。

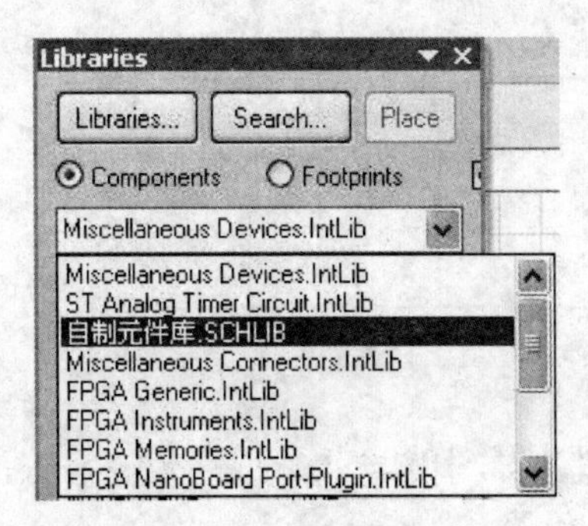

图 3-35　列表中的自制元件库

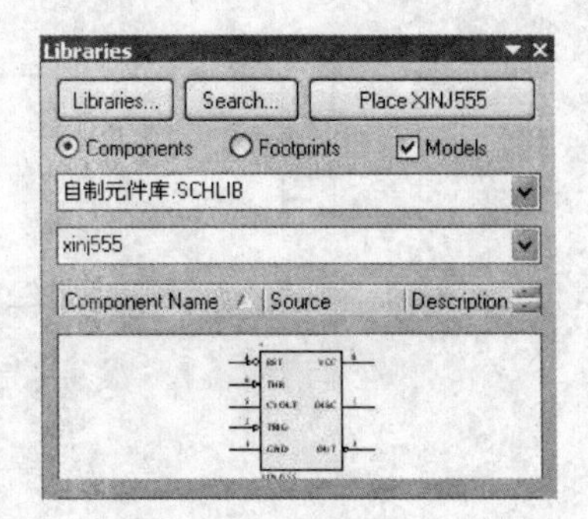

图 3-36　放置库中元件

这时候在项目窗口中会出现“Generated”文件，单击打开+号，就是由原理图生成的VHDL文件，如图 3-38 所示。

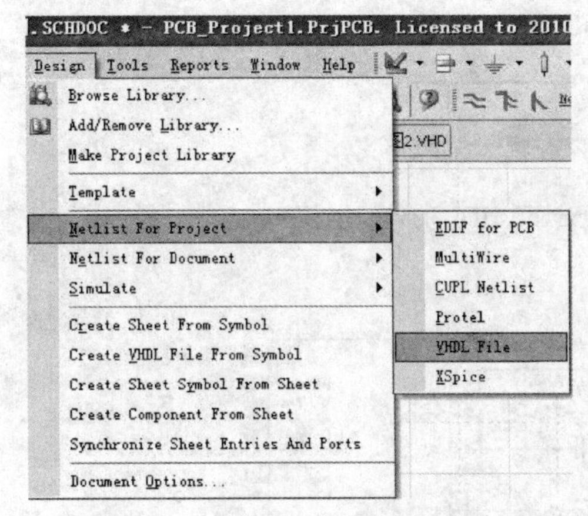

图 3-37　由文件生成 VHDL 语言命令

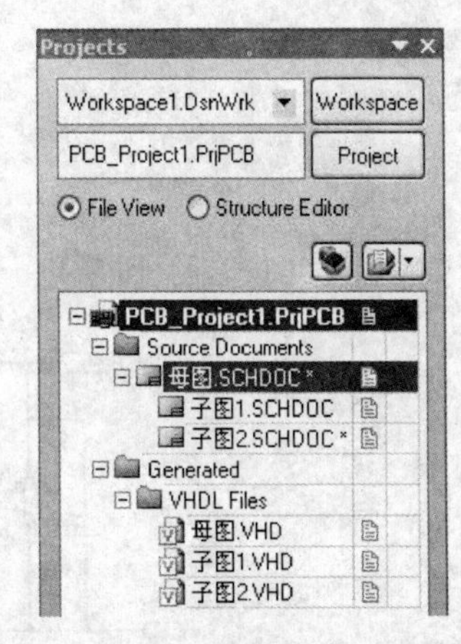

图 3-38　项目窗口中的 VHDL 文件

具体对应如图 3-39 至图 3-41 所示。

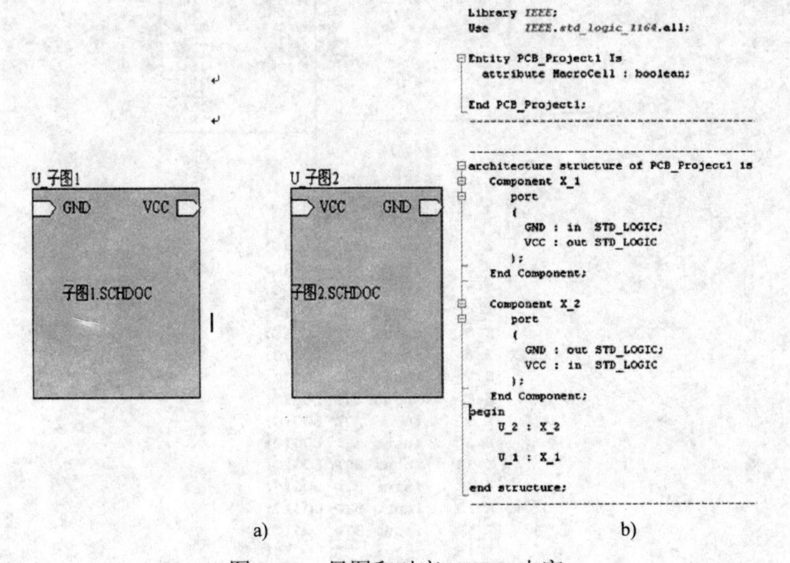

图 3-39　母图和对应 VHDL 内容

a) 原理图母图内容　b) 原理图母图的 VHDL 语言

```
JP1 : Header_2
  Port Map
  (
    X_1 => PinSignal_JP1_1,
    X_2 => PinSignal_JP1_2
  );

D1 : Bridge1
  Port Map
  (
    X_1 => GND,
    X_2 => PinSignal_D1_2,
    X_3 => PinSignal_C1_1,
    X_4 => PinSignal_D1_4
  );

C4 : Cap
  Port Map
  (
    X_1 => GND,
    X_2 => PinSignal_C2_1
  );
```

图 3-40　子图 1 和对应 VHDL 的一部分内容

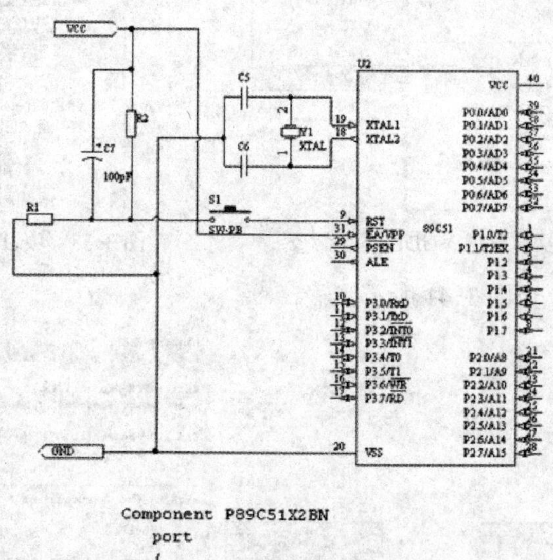


```
Component P89C51X2BN
  port
  (
    X_1  : inout STD_LOGIC;
    X_2  : inout STD_LOGIC;
    X_3  : inout STD_LOGIC;
    X_4  : inout STD_LOGIC;
    X_5  : inout STD_LOGIC;
    X_6  : inout STD_LOGIC;
    X_7  : inout STD_LOGIC;
    X_8  : inout STD_LOGIC;
    X_9  : in    STD_LOGIC;
    X_10 : inout STD_LOGIC;
    X_11 : inout STD_LOGIC;
    X_12 : inout STD_LOGIC;
    X_13 : inout STD_LOGIC;
    X_14 : inout STD_LOGIC;
    X_15 : inout STD_LOGIC;
```

图 3-41　子图 2 和对应 VHDL 的一部分内容

3.2.6 FPGA 设计初步

DXP 允许进行较为复杂的 FPGA 原理图设计，如图 3-42 所示。

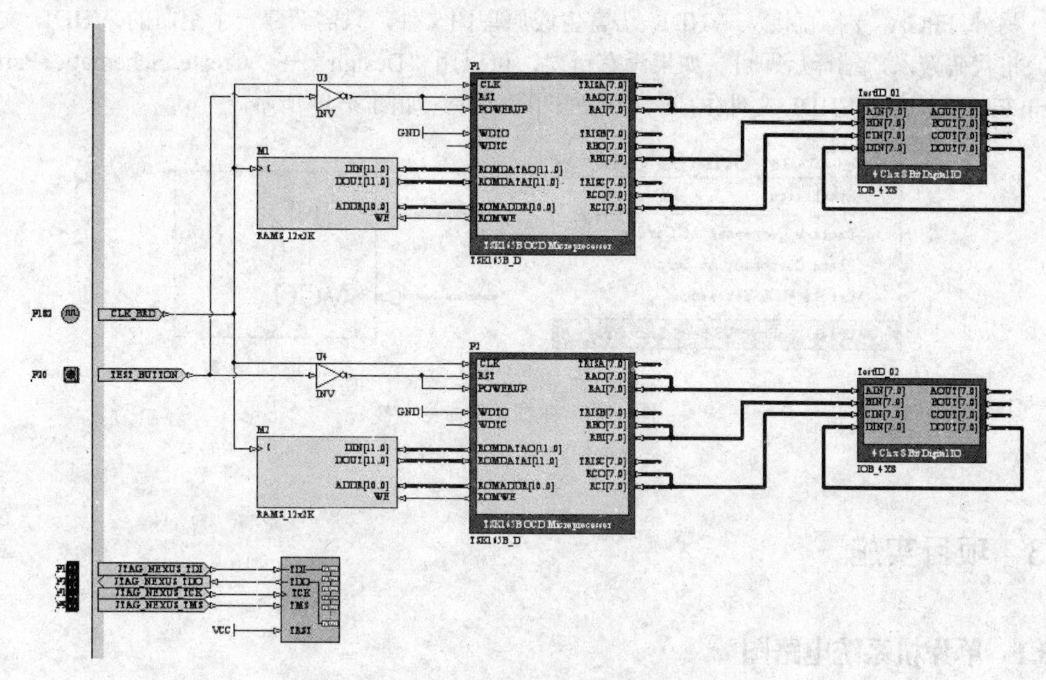

图 3-42　FPGA 设计原理图样图

在 FPGA 设计中，首先需要新建一个项目文件“FPGA Project”，在 FPGA 项目之下，同样可以添加原理图文件，还可以添加 VHDL 文件，如图 3-43 所示。

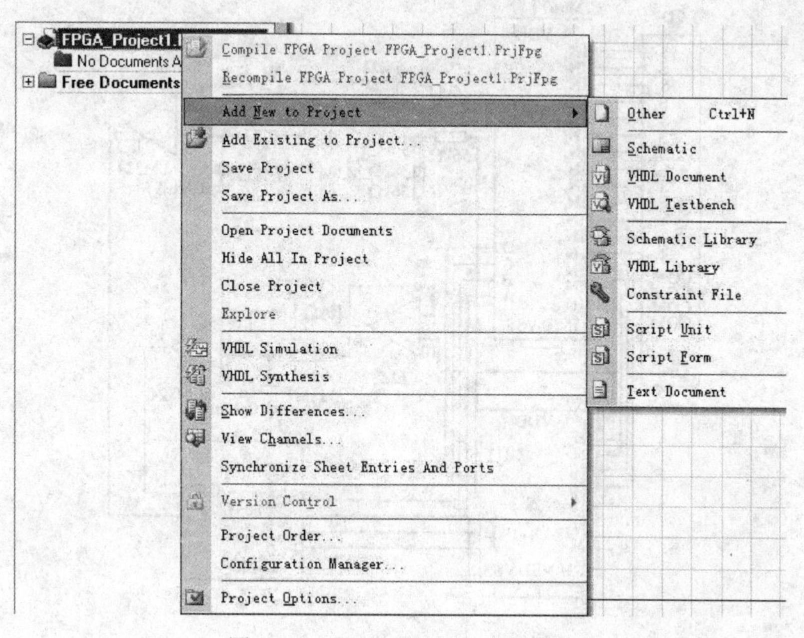

图 3-43　FPGA 项目添加文件菜单

新建一个原理图，需要放置 FPGA 元件，可以浏览 Library 中的 FPGA 元件库，其余普通元件的添加方法和普通原理图类似。只是 FPGA 设计中常常使用总线和端口进行连接，这里不再多述。

另外 FPGA 支持直接从 VHDL 语言生成原理图文件，只需新建一个空白的 VHDL 文件，将代码敲入，编译后即可。如果没有错误，可以用“Design”→“Create Schematic Part Form File”由这个 VHDL 文件生成一个原理图库文件，如图 3-44 所示。

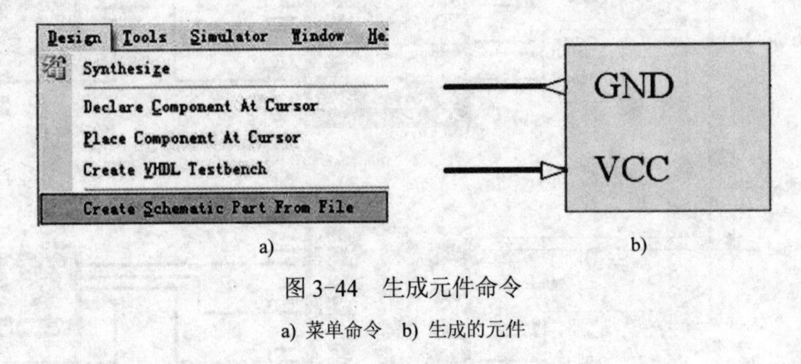

图 3-44　生成元件命令

a) 菜单命令　b) 生成的元件

3.3　项目实施

3.3.1　单片机系统电路图

单片机系统是由最小系统电路和外围系统共同构成、具有更强大功能的系统级电路。这里以一个单片机液晶显示电路为例，如图 3-45 所示。

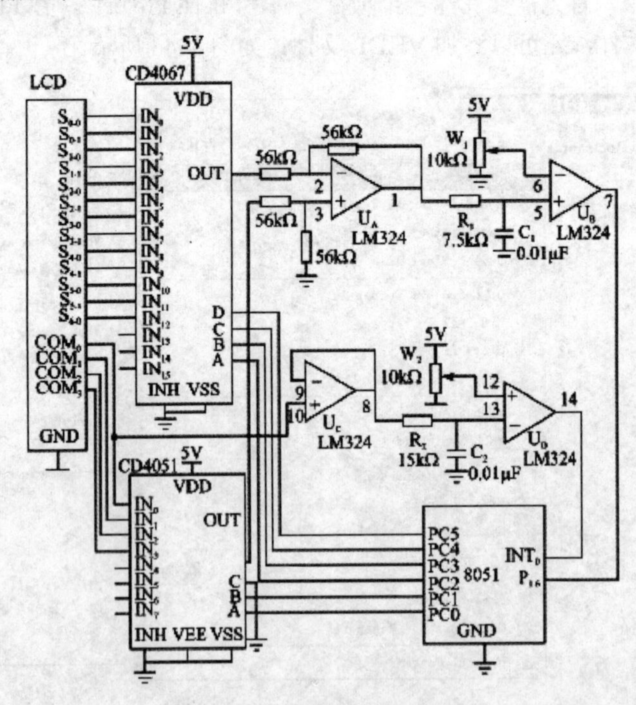

图 3-45　单片机液晶显示电路

3.3.2 大型原理图的绘制和编译

1．构建层次原理图

图 3-45 中包含 8 个集成元件和若干个独立元件，如果要绘制在一张原理图中，显得比较拥挤。此处可以用层次原理图绘制来解决。

首先在 DXP 软件下新建一个名为单片机系统的 PCB 工程文件，再添加一个空白原理图，命名为主图，如图 3-46 所示。

图 3-46　新建项目和原理图文件

接下来在主图中创建框图符号（Sheet Symbol），如图 3-47 所示。

图 3-47　新建框图符号

根据电路示意图 3-45 的连接关系，确定每个框图的接口（Port）数目。例如控制单元由单片机最小系统构成，对外输出引脚 6 个，输入引脚两个；译码单元由 CD4051 和 CD4067 组成，共 6 个输入，17 个输出；显示单元由 LCD1602 组成，共 15 个输入；控制信号由 4 个运放 LM324 组成，共 3 个输入，两个输出。

需要注意的是，虽然原理图内部相同网络名代表存在实际的电气连接，但是框图符号不能通过同名网络连接，而必须通过接口连接，从属于同一个原理图的各层次图即使有相同的网络名（如 VCC，GND），也不存在实际的电气连接。所以要使用“Place”→“Add Sheet Entry”命令，加上接口的框图符号如图 3-48 所示。

这里 VCC 和 GND 是每个框图都有的网络名，但是由于处于不同框内，没有实际的电气连接，所以需要导线将相关的端口连接起来，如图 3-49 所示。

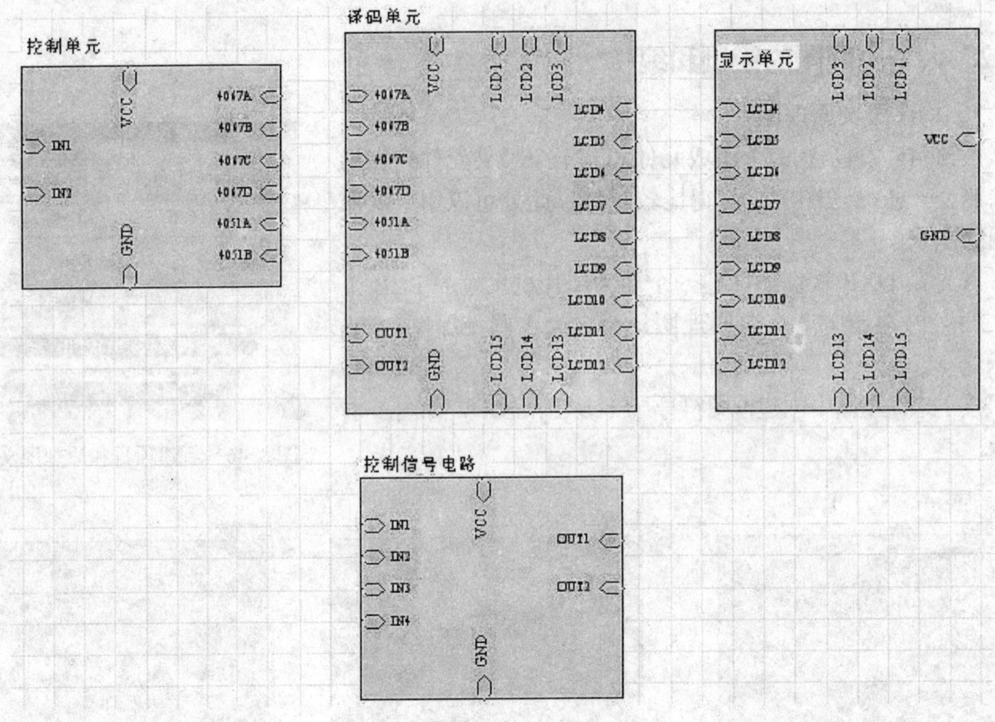

图 3-48　加上接口的框图符号

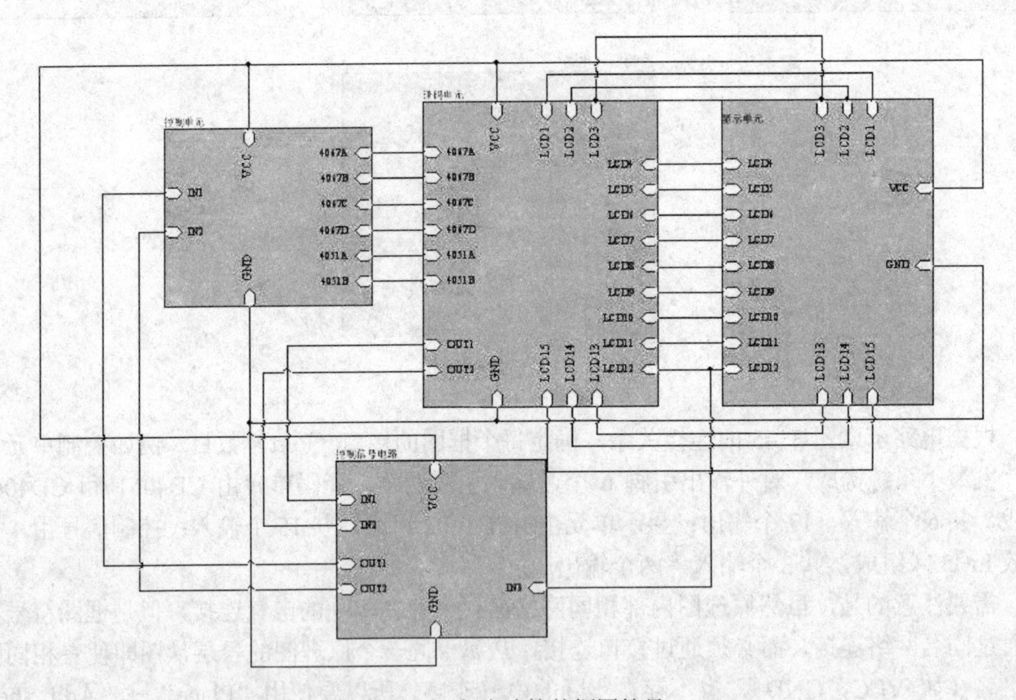

图 3-49　加上连接的框图符号

接下来，根据输入、输出关系规定各个接口的 I/O 属性。然后，用“Design”→“Create Sheet From Symbol”命令，进行各个框图的原理图编辑，即子图，如图 3-50 至图 3-53 所示。

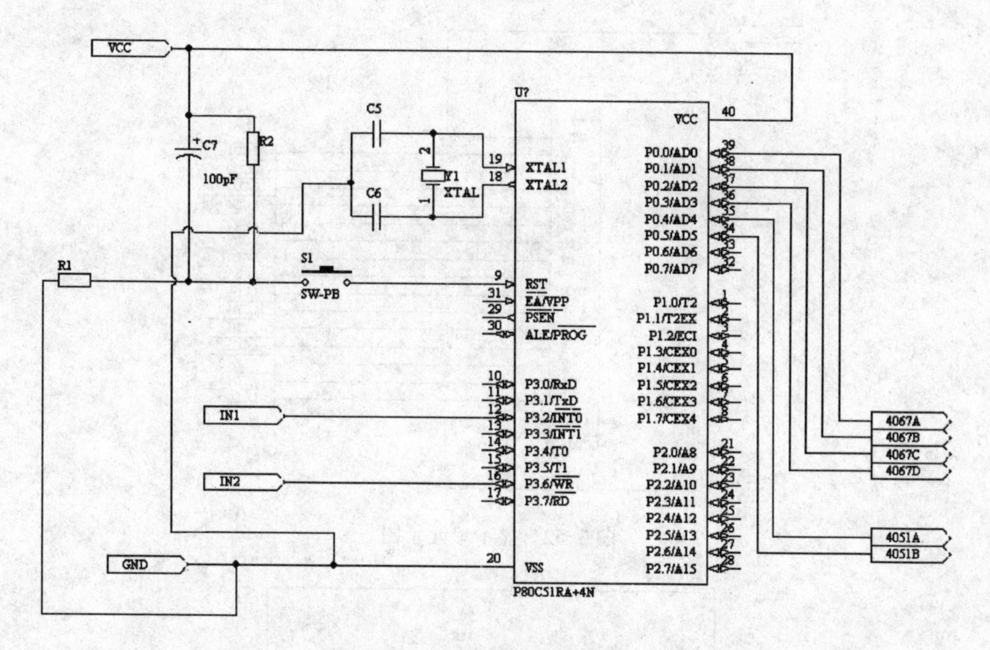

图 3-50　控制单元子图

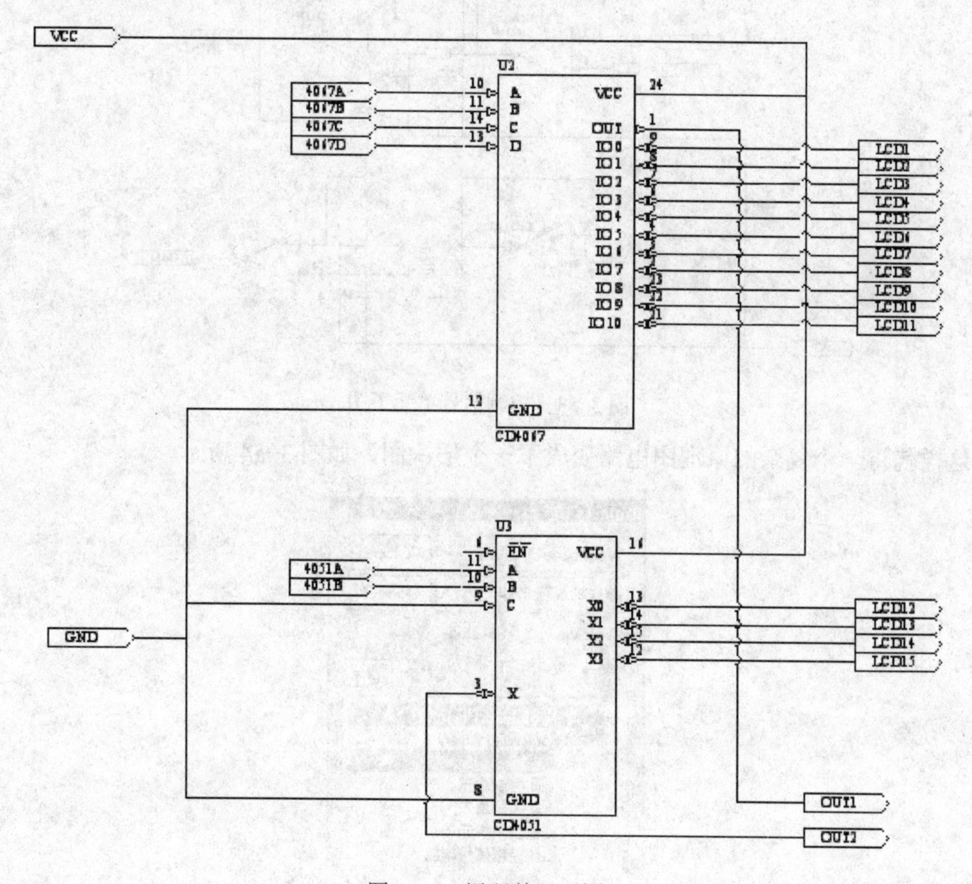

图 3-51　译码单元子图

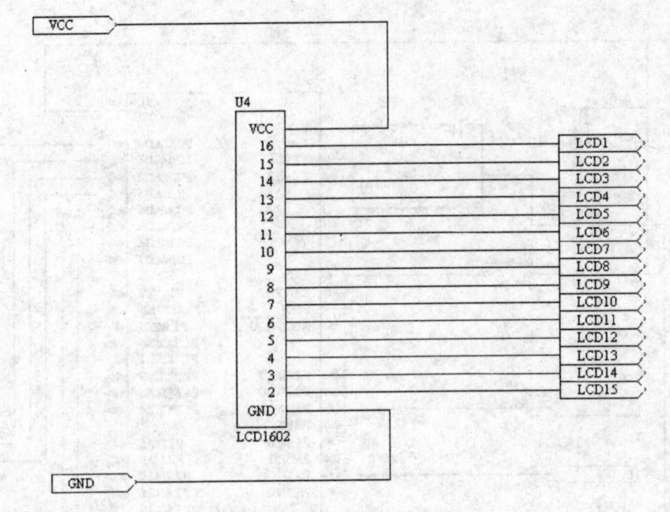

图 3-52　显示单元子图

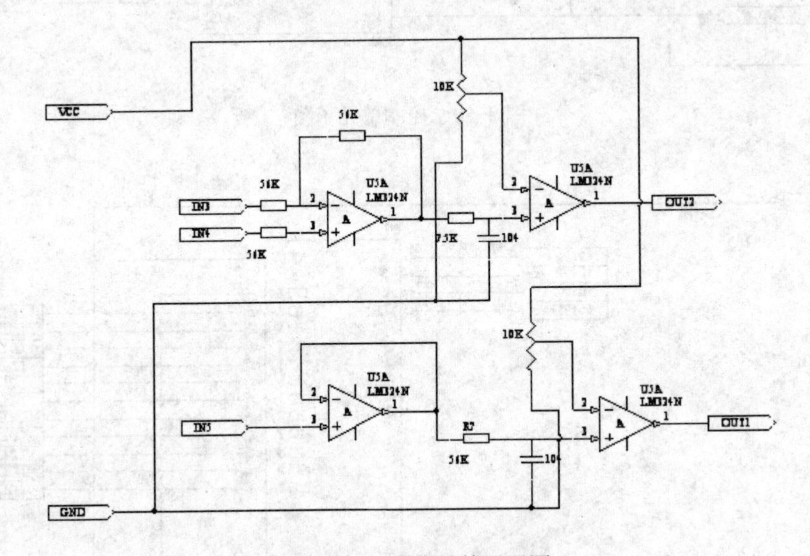

图 3-53　控制信号单元子图

这样就将一个复杂的原理图电路变成了一个层次图，如图 3-54 所示。

图 3-54　层次图文件窗口

2. 原理图编译错误报告

原理图的所有报错都来自于一个错误报告表，单击原理图“Project”→“Option”命令，即可调出“错误报告”对话框，如图 3-55 所示。

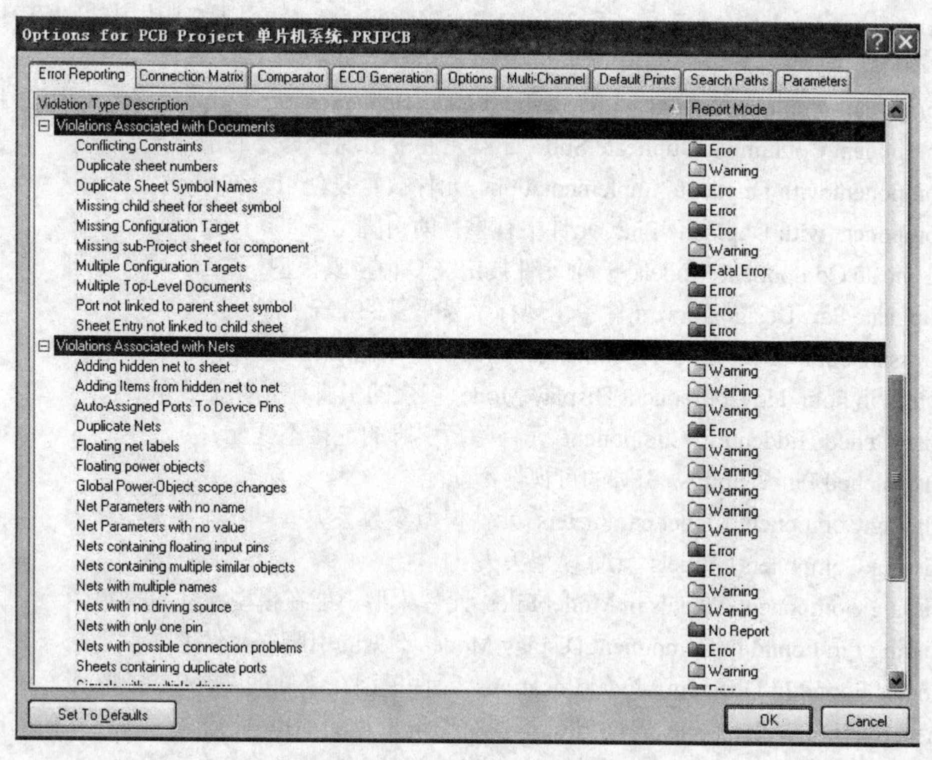

图 3-55 “错误报告”对话框

这个对话框 report 子项下面列举了 6 大类、共 67 个不同的检查项，对应的“Report Mode”有 4 种报告方式：Fatal Error（致命错误）、Error（错误）、Warning（警告）、No Report（不报告），这些报告方式可以通过用鼠标单击进行切换，即可以手动调整报错的程度。

下面给出 Error Reporting 错误报告的中英文对照

A：Violations Associated with Buses 有关总线电气错误的各类型（共 12 项）

Bus Indices Out of Range 总线分支索引超出范围

Bus Range Syntax Errors 总线范围的语法错误

Illegal Bus Range Values 非法的总线范围值

Illegal Bus Definitions 定义的总线非法

Mismatched Bus Label Ordering 总线分支网络标号错误排序

Mismatched Bus/Wire Object On Wire/Bus 总线/导线错误的连接导线/总线

Mismatched Bus Widths 总线宽度错误

Mismatched Bus Section Index Ordering 总线范围值表达错误

Mismatched Electrical Types On Bus 总线上错误的电气类型

Mismatched Generics On Bus (First Index) 总线范围值的首位错误

Mismatched Generics On Bus (Second Index) 总线范围值末位错误

Mixed Generics And Numeric Bus Labeling 总线命名规则错误

B：Violations Associated Components 有关元件符号电气错误（共 20 项）

Component Implementations with Duplicate Pins Usage 元件引脚在原理图中重复被使用

Component Implementations with Invalid Pin Mappings 元件引脚在应用中和 PCB 封装中的焊盘不符

Component Implementations with Missing Pins in Sequence 元件引脚的序号出现序号丢失

Component Containing Duplicate Sub-Parts 元件中出现了重复的子部分

Component with Duplicate Implementations 元件被重复使用

Component with Duplicate Pins 元件中有重复的引脚

Duplicate Component Models 一个元件被定义多种重复模型

Duplicate Part Designators 元件中出现标示号重复的部分

Errors in Component Model Parameters 元件模型中出现错误的的参数

Extra Pin Found in Component Display Mode 多余的引脚在元件上显示

Mismatched Hidden Pin Component 元件隐藏引脚的连接不匹配

Mismatched Pin Visibility 引脚的可视性不匹配

Missing Component Model parameters 元件模型参数丢失

Missing Component Models 元件模型丢失

Missing Component Models in Model Files 元件模型不能在模型文件中找到

Missing Pin Found in Component Display Mode 不见的引脚在元件上显示

Models Found In Different Model Locations 元件模型在未知的路径中找到

Sheet Symbol With Duplicate Entries 框图中出现重复的端口

Un-designated Parts Requiring Annotation 未标记的部分需要自动标号

Unused Sub-Part in Component 元件中某个部分未使用

C：Violations Associated with Document 相关的文档电气错误（共 10 项）

Conflicting Constraints 约束不一致的

Duplicate Sheet Symbol Name 层次原理图中使用了重复的框电路图

Duplicate Sheet Numbers 重复的原理图图样序号

Missing Child Sheet For Sheet Symbol 框图没有对应的子电路图

Missing Configuration Target 缺少配置对象

Missing Sub-Project Sheet for Component 元件丢失子项目

Multiple Configuration Targets 无效的配置对象

Multiple Top-Level Document 无效的顶层文件

Port Not Linked To Parent Sheet Symbol 子原理图中的端口没有对应到总原理图上的端口

Sheet Enter Not Linked To Child Sheet 框电路图上的端口在对应子原理图中没有对应端口

D：Violations Associated With Nets 有关网络电气错误（共 19 项）

Adding Hidden Net To Sheet 原理图中出现隐藏网络

Adding Items From Hidden Net To Net 在隐藏网络中添加对象到已有网络中

Auto-Assigned Ports To Device Pins 自动分配端口到设备引脚

Duplicate Nets 原理图中出现重名的网络

Floating Net Labels 原理图中有悬空的网络选项卡
Global Power-Objects Scope Changes 全局的电源符号错误
Net Parameters With No Name 网络属性中缺少名称
Net Parameters With No Value 网络属性中缺少赋值
Nets Containing Floating Input Pins 网络包括悬空的输入引脚
Nets With Multiple Names 同一个网络被附加多个网络名
Nets With No Driving Source 网络中没有驱动
Nets With Only One Pin 网络只连接一个引脚
Nets With Possible Connection Problems 网络可能有连接上的错误
Signals With Multiple Drivers 重复的驱动信号
Sheets Containing Duplicate Ports 原理图中包含重复的端口
Signals With Load 信号无负载
Signals With Drivers 信号无驱动
Unconnected Objects In Net 网络中的元件出现未连接对象
Unconnected Wires 原理图中有没连接的导线
E：Violations Associated With Others 有关原理图的各种类型的错误（3 项）
No Error 无错误
Object Not Completely Within Sheet Boundaries 原理图中的对象超出了图样边框
Off-Grid Object 原理图中的对象不在格点位置
F：Violations Associated With Parameters 有关参数错误的各种类型
Same Parameter Containing Different Types 相同的参数出现在不同的模型中
Same Parameter Containing Different Values 相同的参数出现了不同的取值

3．层次原理图编译常见错误

一般来讲，划分的子图越多，单个子图的内容就越少，但是框图太多，会引起网络重名错误的发生概率增高，例如电阻、电容，在每个子图中的编号顺序都是 1，2……，而从整体图的角度来看，就发生了重命名，报告“Duplicate Net Label”错误，所以，应在每个子图中对相同类型元件进行区别编号。

层次原理图中容易出现引脚电气属性与框图接口的电气属性冲突的现象，报“Contains Power Pin And (Input/Output) Fntry”错误，这时只要将引脚属性改为“Passive”即可。原则上，只要不仿真，都可以用“Passive”属性引脚。

编译层次原理图应先编译工程文件，再编译各子图。如果直接编译子图，还未建立层次关系，则 VCC 端口和 GND 端口会报告错误：“Contain Power Pin And Input/Output Port”，含义是该连接电源的引脚仅与一个电源接口相连，这是因为这些接口（Port）没有与主图的“Entry”发生联系，所以造成假电源错误。

3.3.3 设计小结及常见问题分析

1．项目综述

大型原理图是原理图绘制当中比较繁杂的一种。本项目介绍的单片机系统电路，如果没有采用层次设计方案，那么放在一张原理图上效果如图 3-56 所示。

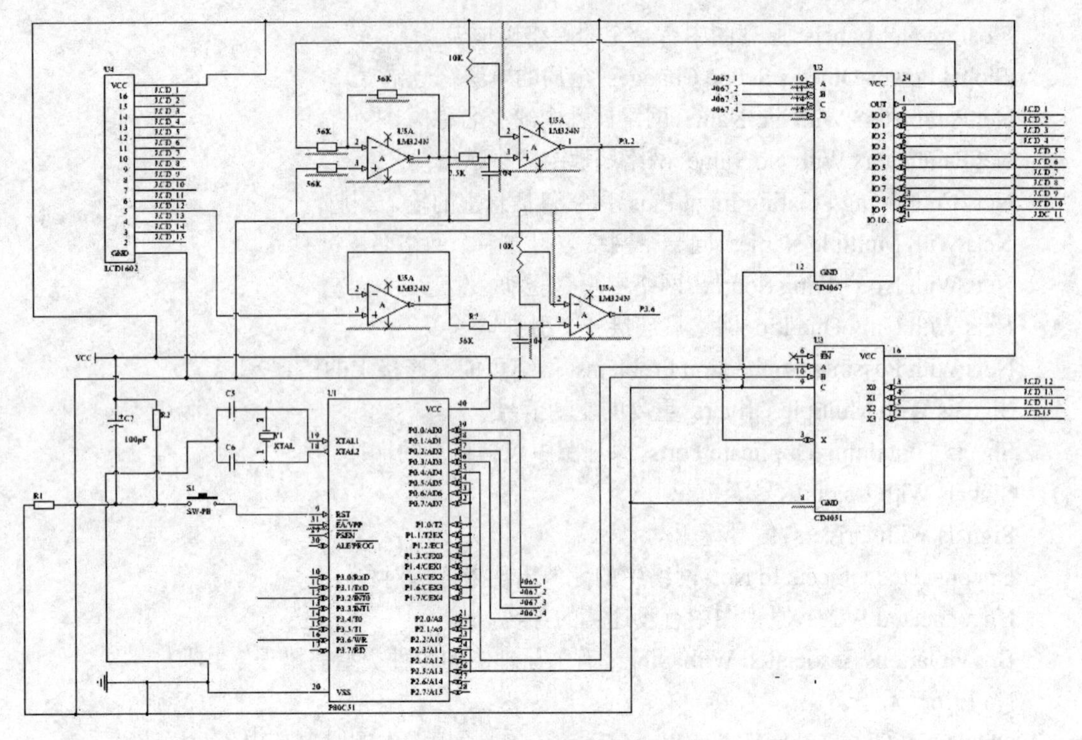

图 3-56　整体原理图

绘制这样一幅原理图需要有扎实的原理图绘制功底：包括合理的布局，灵活的元件放置角度，元件引脚放置位置，灵活的网络标记应用。但本电路在单片机电路应用系列中只能算一个很简单的电路，很多实际单片机电路要比此例复杂得多，所以必须学会使用层次原理图的设计方法。

2．常见错误及分析

层次原理图操作步骤多，容易出错，初学者难以很快吸收掌握，这需要更多的练习和反复的纠正，此处仅列举几例常见问题及错误。

1）没有正确区分端口和框图入口。原理图中有绘制端口命令（“Place”→“Port”），也有绘制框图入口命令（“Place”→“Add Sheet Entry”）。这两个图件在外观上极其相似，在功能上也相似，让初学者往往产生混淆。它们的区别在于，端口主要针对具体的元件连接，而框图入口则只能对框图应用，在普通原理图元件上无法添加。

2）不了解总线与普通导线的区别。在大型原理图绘制当中，往往会涉及总线。在原理图中总线不应与普通导线直接相连，往往需要借助总线入口（Bus Entry）或者用端口（Port）与总线联系。因为总线代表了若干导线连接的通道，导线与总线直接连接必须使用能指明具体对应的出入引脚或具体网络，否则会出现编译错误。

3）不了解关于框图电路的几项命令的含义。在原理图“Place”菜单和“Design”菜单中都有关于框图符号的命令，具体如下。“Place”菜单中有“Place”→“Sheet Symbol”和“Place”→“Add Sheet Entry”两个命令；“Design”菜单中有“Create Sheet From Symbol”、“Create VHDL File From Symbol”、“Create Sheet Symbol From Sheet”和“Create Component From Sheet”。这些命令有不同的含义和作用，应加以区别。

具体来讲，“Place”→“Sheet Symbol”是添加框图符号命令，用在层次图的主图或包含子图的子图中；“Place”→“Add Sheet Entry”命令是只针对框图符号的命令，表示添加框图入口；“Create Sheet From Symbol”命令表示由已经完成的原理图文件生成一个框图符号，这个命令经常用在自下而上的层次原理图设计中；“Create VHDL File From Symbol”命令可以根据框图符号生成一个 VHDL 文件，它往往用来进行 FPGA 的设计；“Create Sheet Symbol From Sheet”命令可以由框图生成原理图，这个命令经常用在自上而下的层次原理图设计中；“Create Component From Sheet”命令可以由原理图生成元件符号，这个命令往往用于制作自定义的新元件。

4）不了解元件库编辑器和原理图的区别。元件库编辑器其实也是一种 PCB 项目下的文件，可以在“File”→“New”菜单下看到，名为“Schematic Library”。元件库编辑器可以通过添加已有元件、绘制新元件等方法为自定义的元件库添加元件，保存类型为库文件。保存以后可以从元件库面板中直接调出使用，与使用其他已有元件库的方法一样。

元件库编辑器是专门编辑元件，生成元件符号，扩展元件库用的，跟原理图进行元件绘制和连接的概念有很大差距。

5）不理解 FPGA 工程与普通 PCB 工程的区别。FPGA 与 PCB 工程既有联系又有区别，FPGA 主要针对功能强大的复杂集成元件的电路而言，PCB 工程主要针对常用元器件电路而言，所以它们在原理图设计上，PCB 设计规则上有明显的差别。FPGA 经常用到总线和复杂网络端口，另外 FPGA 设计习惯采用层次设计，框图设计方案，其过程同时支持图样设计与 VHDL 设计这两种设计方案，所以其软件界面与普通 PCB 工程也有较大不同。

6）在框图级电路中用同名网络代替实际连接。原理图中允许在同一个图下，用同名网络代替导线连接。但框图符号各自代表不同的原理图，尽管在一个整体图之下，同名网络并没有真正相连，所以必须将框图中有联系的端口（Entry）用导线连上，否则会报告重复网络名错误。

7）忽略端口与引脚的电气属性匹配。在层次原理图的子图设计中，象征子图出入口的端口与具体元件电路必然发生联系，但是由于元件的引脚默认电气属性，例如电源（Power）属性、（Input/Output）属性等与对应的端口设置属性可能冲突，导致在编译时报告电气属性设置不匹配的错误，这就需要手动修改。或者修改端口的属性，或者修改引脚属性。一般情况下，修改引脚属性更多，方法是单击引脚所属元件，调出“元件属性”对话框，在对话框中去掉引脚锁定，如图 3-57 所示。

然后就可以直接单击具体引脚进行属性编辑了，如图 3-58 所示。

8）无法正确形成母图（主图）与子图的层次关系。这主要是由于没有形成框图与子图的正确映射造成，报告“Missing Child Sheet”错误。这需要对原理图项目文件进行编译而不是单独编译子图或母图（主图），另外，必须让图样符号（Sheet Symbol）的名字与原理图的保存名完全一致，包括后缀，这样才能有效建立的符号和图样链接。

9）如果搜索找不到元件，则无法完成原理图设计。由于 DXP 元件库并没有囊括全部的常用元件信息，导致有一部分元件类型或型号不完全。例如找不到 8051 单片机的具体元件。其实这种情况他在原理图绘制当中经常碰到，解决方法如下所述。

1）下载新的元件库或更新元件库。

2）采用自定义的方式制作所需要的元件，这对于引脚数不多的元件适用。

3）添加同类元件，在原理图中更换名称，同类元件往往具有相同引脚结构和封装，只是具体名称有所不同，只要在元件名称处进行修改，这并不影响原理图的绘制和 PCB 的导入。

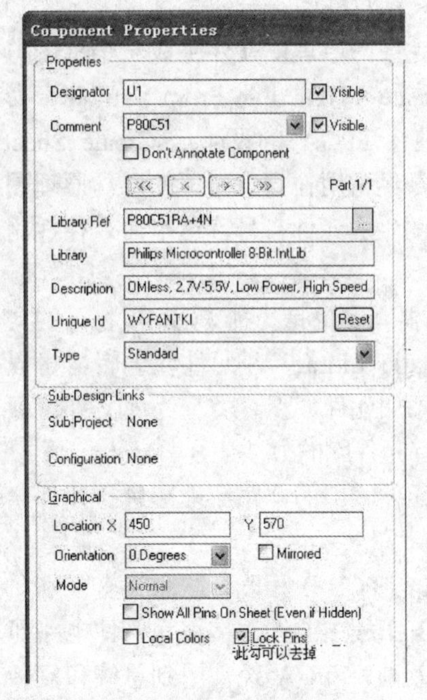

图 3-57　元件属性对话框的一部分

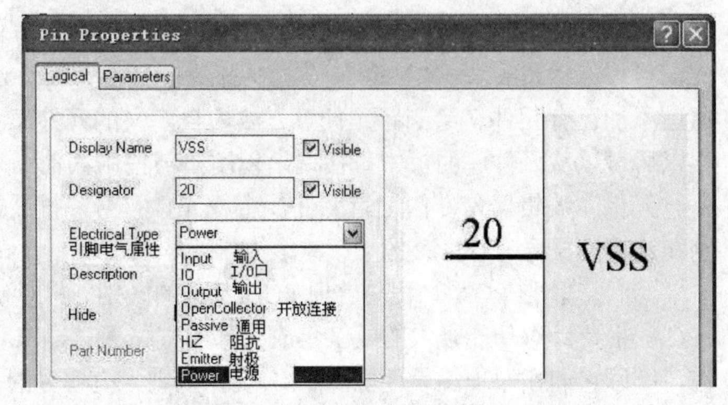

图 3-58　元件引脚属性对话框电气属性栏

3.3.4　想一想，做一做：数字抢答器原理图的设计

1．想一想

经典数字抢答器的工作原理为：接通电源后，主持人将开关拨到“清除”状态，抢答器处于禁止状态，编号显示器灭灯，定时器显示设定时间；主持人将开关置“开始”状态，宣布“开始”抢答器工作。定时器倒计时，扬声器给出声响提示。选手在定时时间内抢答时，抢答器完成：优先判断、编号锁存、编号显示、扬声器提示。当一轮抢答之后，定时器停止、禁止二次抢答、定时器显示剩余时间。如果再次抢答必须由主持人再次操作“清除”和“开始”状态开关。

要实现此功能，有多种方法，这里列举两种不同的方案。

1）抢答器数字电路方案如图 3-59 所示。

2）抢答器单片机电路方案，如图 3-60 所示。

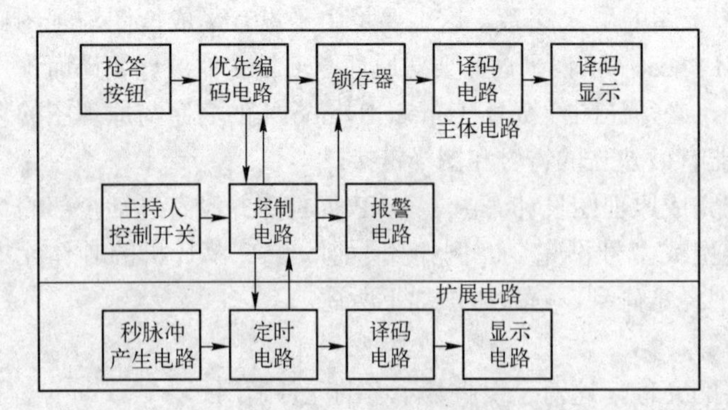

图 3-59　抢答器数字电路方案

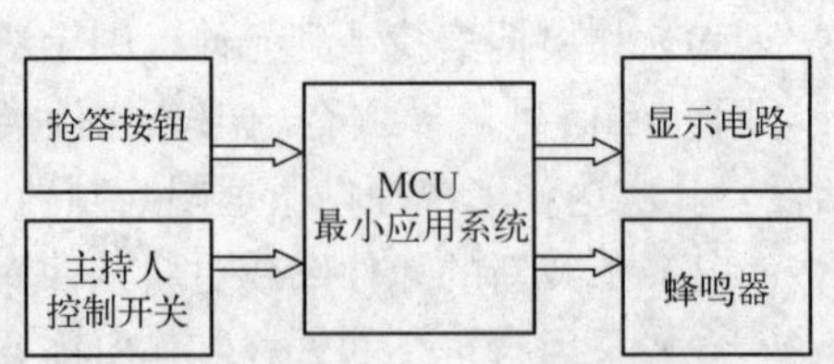

图 3-60　抢答器单片机电路方案

数字方案每个模块都需要一个对应的集成元件，例如控制电路用门电路，优先编码电路用 74LS148，锁存电路用 74LS279 等，整个电路大致需要 50 个元件，电路设计较复杂，对电路稳定性要求较高，可扩展性不够。而单片机方案只要少量的外围元件，电路功能可以依靠单片机强大的软硬件资源来实现，可扩展性强。

比较不难发现，单片机方案划分模块少，使用元件少，定时精度高，比数字方案有更大的优越性。

单片机方案的具体电路实现如下所述。显示电路采用两个共阴数码管，分别接单片机 P0、P2 口，如图 3-61 所示。

扬声器电路由蜂鸣器、PNP 晶体管及电阻组成，连接单片机 P3.6 口，如图 3-62 所示。

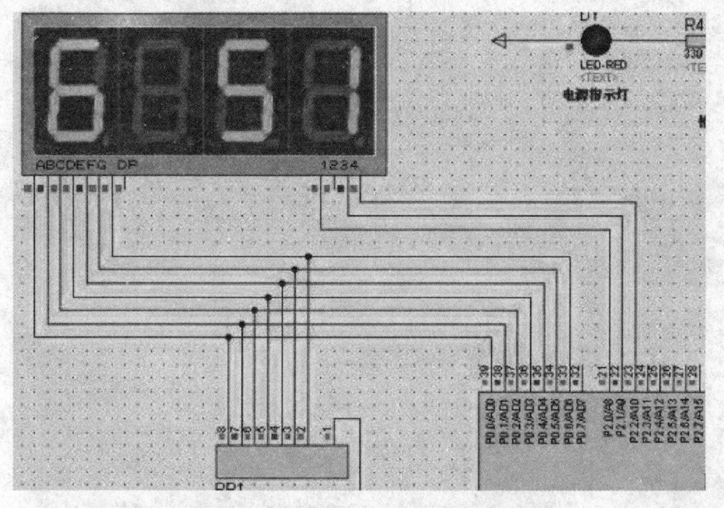

图 3-61　抢答器显示电路的连接图

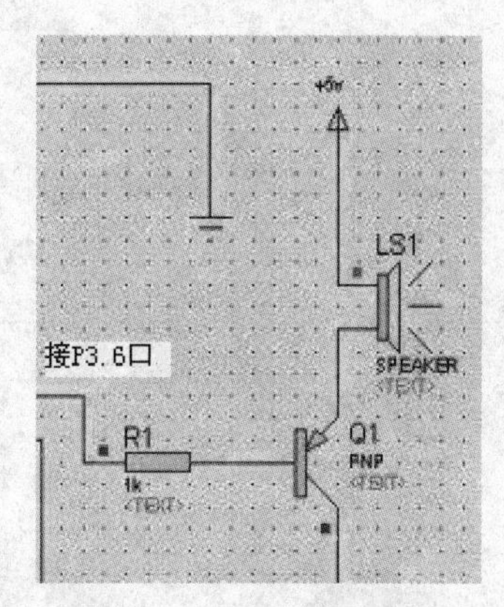

图 3-62　抢答器的蜂鸣电路

剩下就是主持人电路和选手电路，主持人电路的开始停止按键接 P3.0 和 P3.1 口，如图 3-63 所示，选手抢答电路用 8 个按键接 P1 口，如图 3-64 所示。

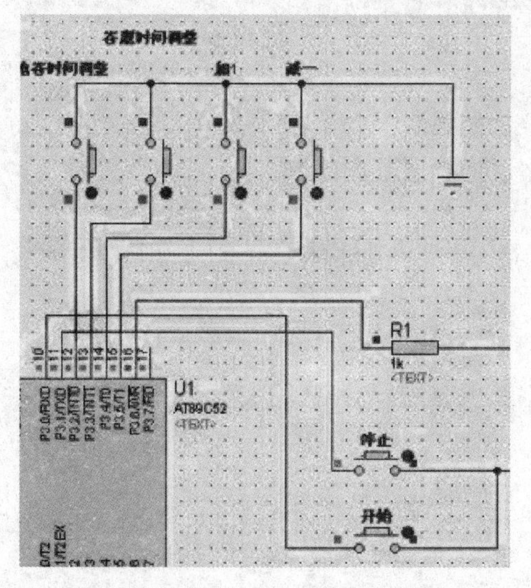

图 3-63　抢答器的主持人控制电路

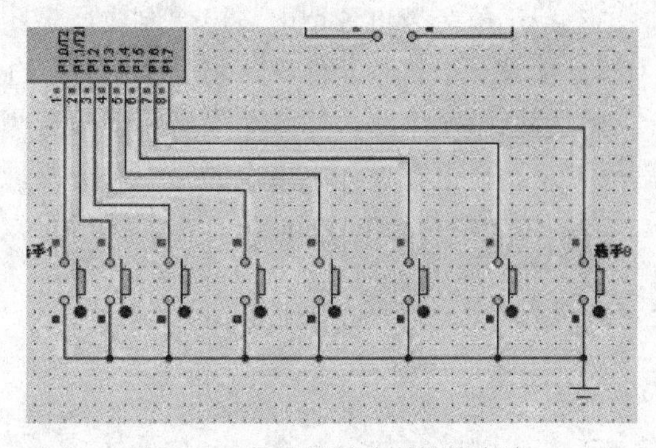

图 3-64　抢答器的选手抢答电路

上述几个电路模块加上单片机最小系统电路，即构成单片机数字抢答器的完整电路图，如图 3-65 所示。

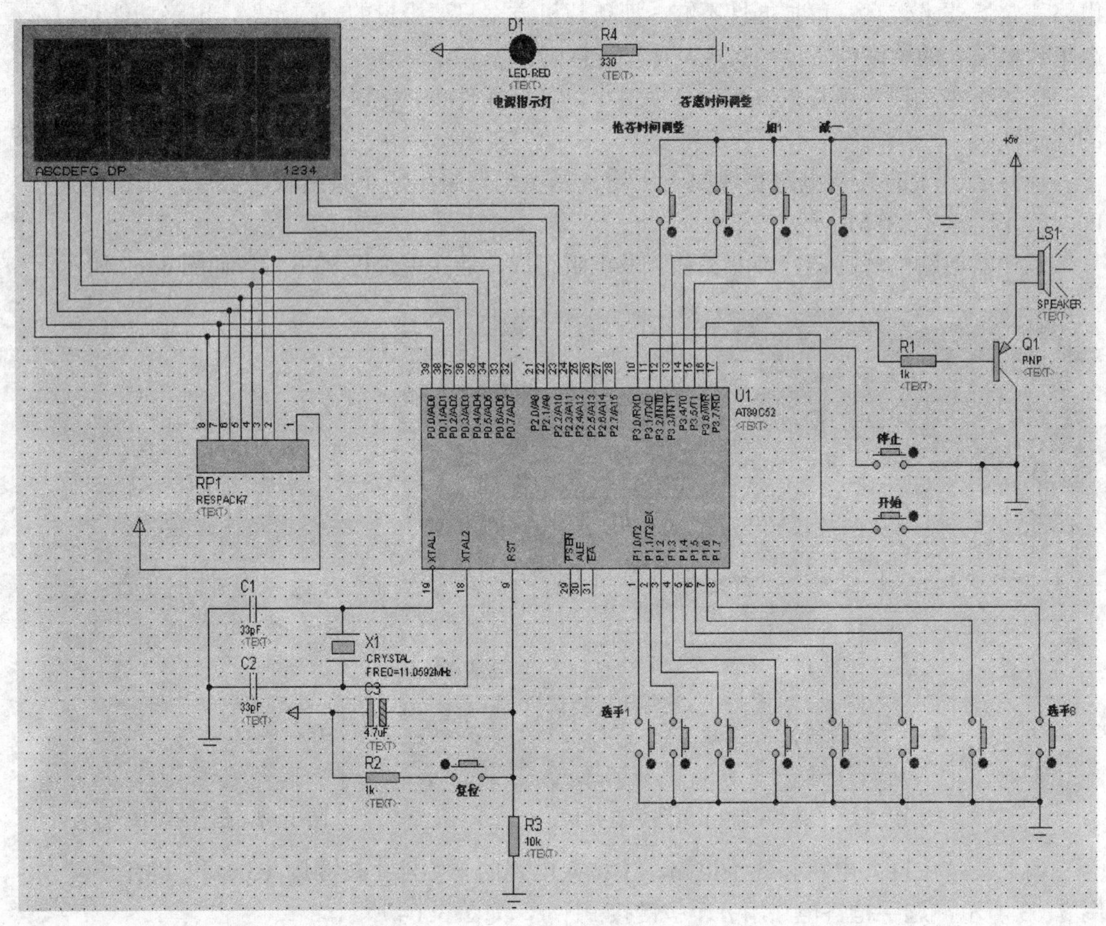

图 3-65　单片机抢答器的整体电路图（示例）

2．做一做

1）完成单片机数字抢答器的电路设计，并区分功能模块。

2）采用自上而下或自下而上的层次图设计方案，进行原理图绘制。

3）用菜单命令将各个电路模块制成原理图元件。

4）生成一个自制元件库，将题 3）制好的元件放入自制元件库中。

5）编译整个电路，修改至没有错误报告为止。

6）总结自己在设计中出现的错误并分析原因。

注：以上图片为 Proteus 仿真图，读者可以根据其内容进行 DXP 相关设计。

项目4　差动放大器的PCB设计

4.1　项目描述

4.1.1　差动放大电路基础知识

1．概述

基本差动放大电路由两个完全对称的共发射极单管放大电路组成，该电路的输入端是两个信号的输入，这两个信号的差值为电路有效输入信号，电路的输出是对这两个输入信号之差的放大，这就是差动放大电路。

2．基本电路图

基本电路图如图4-1所示。

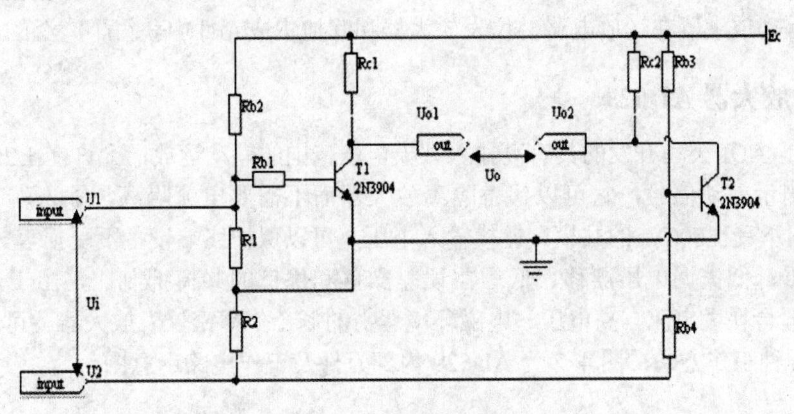

图4-1　基本电路图

3．差动放大电路的工作原理

差动放大电路对电路的要求是：两个电路参数完全对称，两个管子的温度特性也完全对称。

它的工作原理是：当输入信号 Ui=U1-U2=0 时，则两管的电流相等，两管的集电极电位也相等，所以输出电压 Uo=Uo1-Uo2=0。温度上升时，两管电流均增加，则集电极电位均下降，由于它们处于同一温度环境，因此两管的电流和电压变化量均相等，其输出电压仍然为零。

对于任意输入信号 U1、U2，总可以表示成一对大小相等方向相同的信号（共模信号 Auc）和一对大小相等方向相反的信号（差模信号 Aud），放大器的最终输出可以看成这两种信号输出的叠加。

（1）共模信号及共模电压的放大倍数 Auc

共模信号是在差动放大管 T1 和 T2 的基极接入幅度相等、极性相同的信号。共模信号对两管的作用是同向的，将引起两管电流同量的增加，集电极电位也同量减小，因此两管集电极输出电压 Uo 应为零。但实际上，由于无法精确保证管子参数的对称性，共模输出并不为 0。

（2）差模信号及差模电压放大倍数 Aud

差模信号是在差动放大管 T1 和 T2 的基极分别加入幅度相等而极性相反的信号。

由于差模信号的极性相反，因此 T1 管集电极电压下降，T2 管的集电极电压上升，且二者的变化量的绝对值相等，分析不难得到，差动电路的差模电压放大倍数等于单管电压的放大倍数。

可见，差动放大电路对差模信号有放大作用，对共模信号有抑制作用，往往用差模放大的倍数与共模放大的倍数之比（共模抑制比）来衡量一个差动放大电路的对称特性，这个值越大，差放的性能就越高。

4．差动放大电路的应用

基本放大电路存在零漂问题，管子没有采取消除零漂的措施，会使电路失去放大能力。零点漂移可描述为：输入电压为零，输出电压偏离零值的变化。它又被简称为零漂。

零点漂移是怎样形成的：运算放大器均是采用直接耦合的方式，直接耦合式放大电路的各级的 Q 点是相互影响的，由于各级的放大作用，第一级的微弱变化，会使输出级产生很大的变化。当输入短路时，输出将随时间缓慢变化，这样就形成了零点漂移。

产生零漂的原因是，晶体管的参数受温度的影响。解决零漂最有效的措施就是采用差动放大电路。差放增益与单管放大一致，但通过比单管放大电路多一倍的元件为代价，换来了良好的温度稳定性。

因此，差动放大器在运放电路、仪表放大器和其他集成元件中获得了广泛的应用。

4.1.2 差动放大器 AD629

AD629 是 ADI 公司开发的具有高输入共模电压范围的差动运放，允许在±250V 的共模电压下精密测量差动信号，它可以代替隔离放大器而不需要电流隔离。输入端有过电压保护，可以瞬间承受±500V 的共模，差模输入电压，可以保护终端设备不受损害。AD629 具有低失调电压、低失调电压漂移、低增益误差漂移和优良的共模抑制比，由于以上特性，AD629 特别适合在大电流、高电压、电磁环境恶劣的场合作精密仪表放大器。可以采用双电源、单电源两种工作方式，图 4-2 为 AD629 内部元件及工作电路示意图。

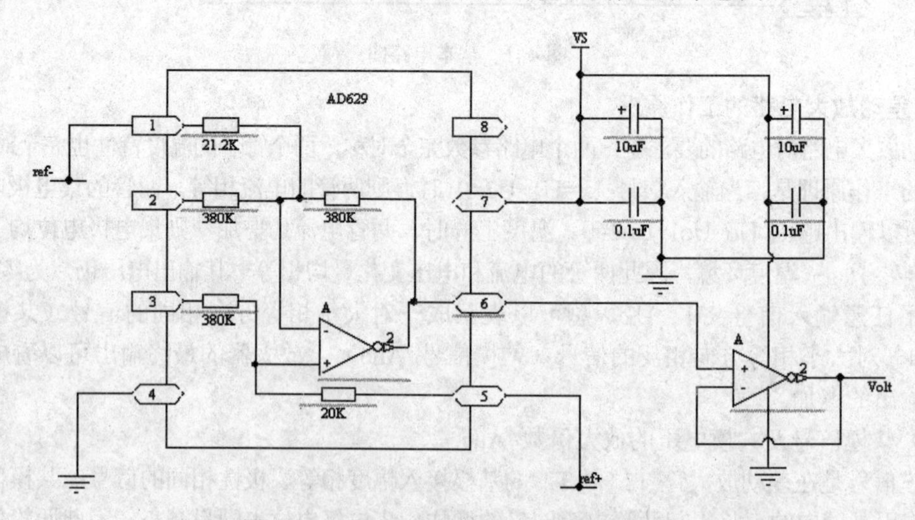

图 4-2 AD629 内部元件及工作电路示意图

4.2 项目资讯

4.2.1 PCB 编辑器

1．打开 PCB 编辑器

单击“File”→“New”命令，可以新建一个 PCB 文件，如图 4-3 所示。

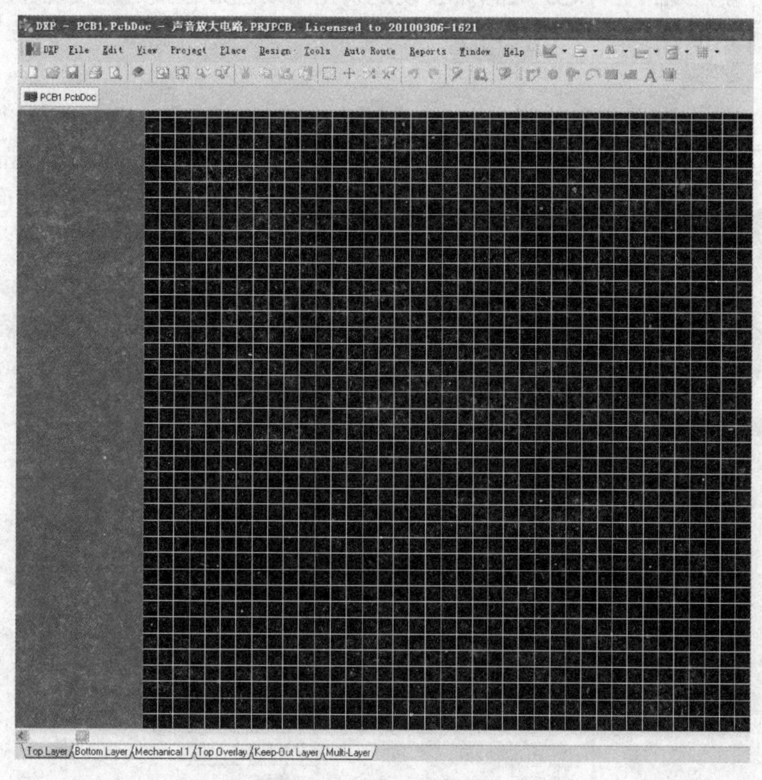

图 4-3　PCB 编辑器界面

PCB 编辑器是 DXP 软件中另一个核心的编辑界面，拥有丰富的菜单功能。可以进行图件的单独编辑、图件导入，包含布局、布线、飞线和 3D 效果等引导功能，能够方便地将原理图设计转换为印制电路板（PCB）设计。

2．PCB 的专用概念

PCB 的专用概念较多，这里列举几个非常重要的概念。

（1）导线与飞线

导线是覆铜板经过加工后在 PCB 上的铜膜走线，又简称为导线，用于连接各个焊点。飞线是布线之前提示各个焊点连接方式的预拉线，飞线只是形式上的连接方案，并不代表实际的布线连接，更不是具有电气特性的导线。

（2）焊盘与导孔

焊盘是用焊锡连接元件引脚和导线的 PCB 组件，导孔也称为过孔，是连接不同层间的穿透型小孔，主要用于接插针脚式元件。

（3）网络

PCB 的网络是由导线与焊盘、导孔等图件组成的拓扑结构，它是生成预拉线的基础，没有网络就没有预拉线，没有网络的布线连接也是无效的连接。

（4）物理边界和电气边界

PCB 总会在最外面的图件和材料板的边沿之间留有一点空隙，材料板的外形边沿称为物理边界，包含所有图件的矩形区域称为电气边界，因此物理边界一定大于电气边界，这是为了后续加工的方便，通常在 PCB 设计时会设定禁止布线区，这就是电气边界，禁布区以外不允许放置任何 PCB 图件。

（5）单位

PCB 主要提供公制单位和英制单位，公制单位以毫米来计量，英制单位以“mil”来计量，目前 PCB 设计以英制单位为主，“mil”是英寸的千分之一，100mil≈2.55mm。

4.2.2 PCB 编辑菜单

PCB 菜单命令和原理图有所不同，除了“File”、“View”、“Project”、“Design”和“Tools”以外，出现了新菜单“Auto Route”，其中，“Place”菜单的内容也发生了变化，如图 4-4 所示。

Place Design Tools Aut	中文含义
Arc (Center)	中心法画圆
Arc (Edge)	边缘法画圆
Arc (Any Angle)	任意角度画圆
Full Circle	画圆
Fill	矩形填充
Line	画线
String	放置字符串
Pad	放置焊盘
Via	放置过孔
Interactive Routing	交互布线
Component...	放置元件
Coordinate	
Dimension ▸	标注
Polygon Plane...	多边形填充
Slice Polygon Plane	分割多边形填充
Keepout ▸	放置禁布区

图 4-4 “Place”菜单

1. 绘制导线

铜膜线是覆铜板经过加工以后在 PCB 上的铜膜走线，又称为导线，用于连接各个焊点，是印制电路板的重要组成。

在 PCB 编辑器中，绘制导线的方式和原理图编辑器类似，只是命令菜单不同，具体操作如下所述。

（1）绘制直线

单击“Place”→“Interactive Routing”菜单命令，光标出现十字符号，则进入绘制导线的状态，如图 4-5 所示。

（2）绘制折线

在导线的转折处单击，然后继续绘制，即可完成，如图 4-6 所示。

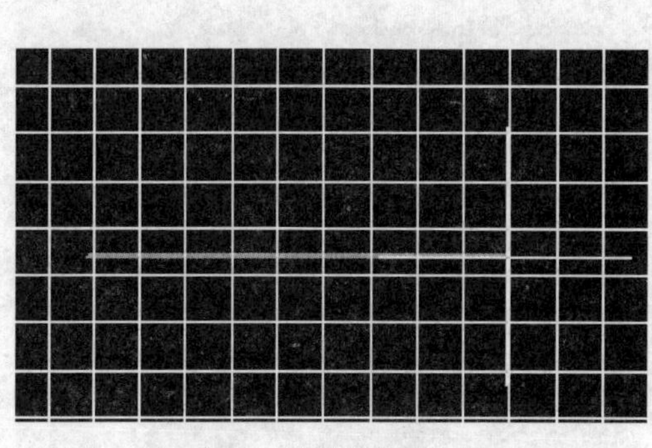

图 4-5　绘制直线

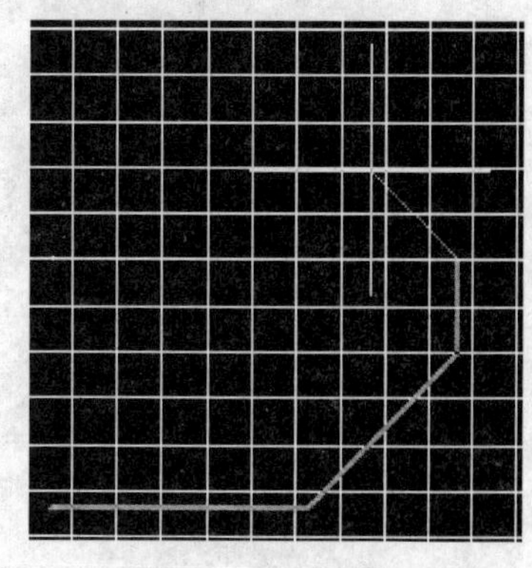

图 4-6　绘制折线

（3）修改导线

画完导线如果需要修改，可以用菜单命令来进行。执行“Edit”→“Move”→“Move”命令，可以将导线的直线段单独移动，执行“Edit”→“Move”→“Drag”命令可以将选中导线拖动，而与之相连的导线也随之变形，此命令可以拉长或缩短相邻导线，如图 4-7 所示。

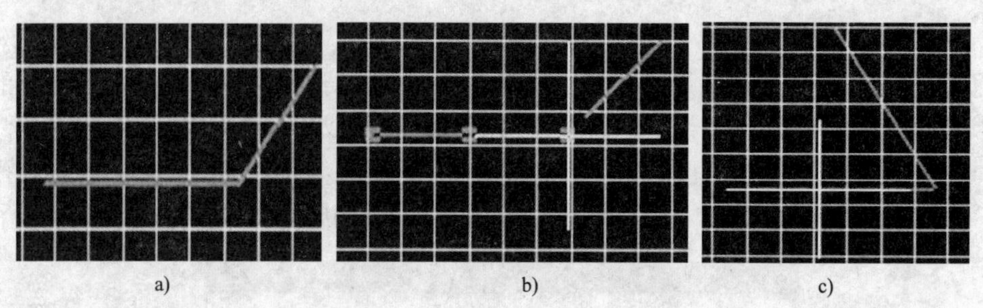

a)　　b)　　c)

图 4-7　编辑修改导线的“Move”→“Drag”命令

a) 原图　b) Move 命令效果　c) Drag 命令效果

（4）设置导线宽度

在绘制导线的时候，按下〈tab〉键，可以设置导线宽度，如图 4-8 所示。

2．放置焊盘

焊盘是用焊锡连接元件引脚和导线的 PCB 图件。 有方形、圆形和八角形。焊盘主要有两个参数：孔径尺寸和焊盘大小。

执行“Place”→“Pad”命令可以放置焊盘，如图 4-9 所示。

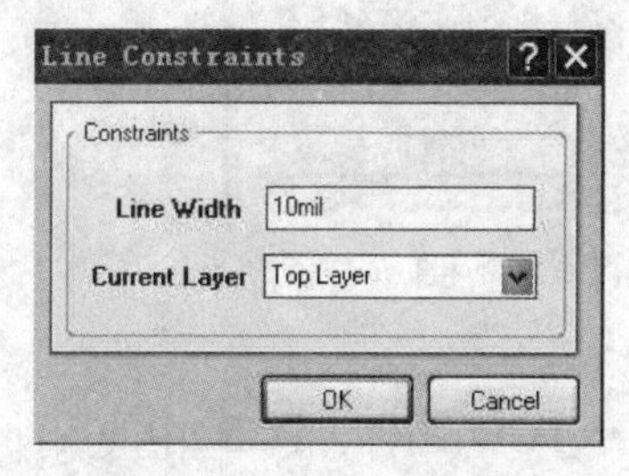

图 4-8　绘制导线宽度

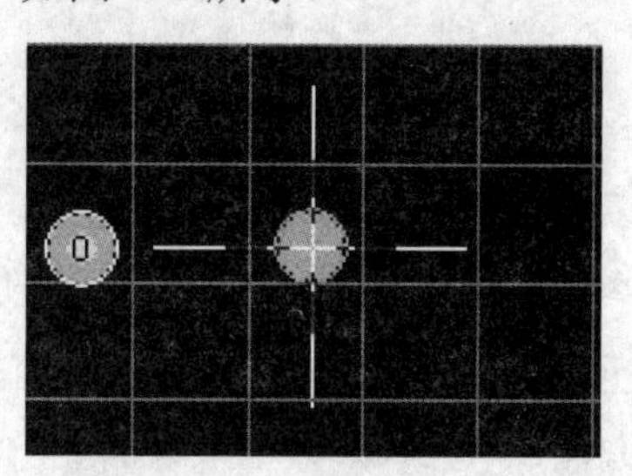

图 4-9　放置焊盘

在放置的时候按下〈Tab〉键，可以打开“属性”对话框，如图 4-10 所示。

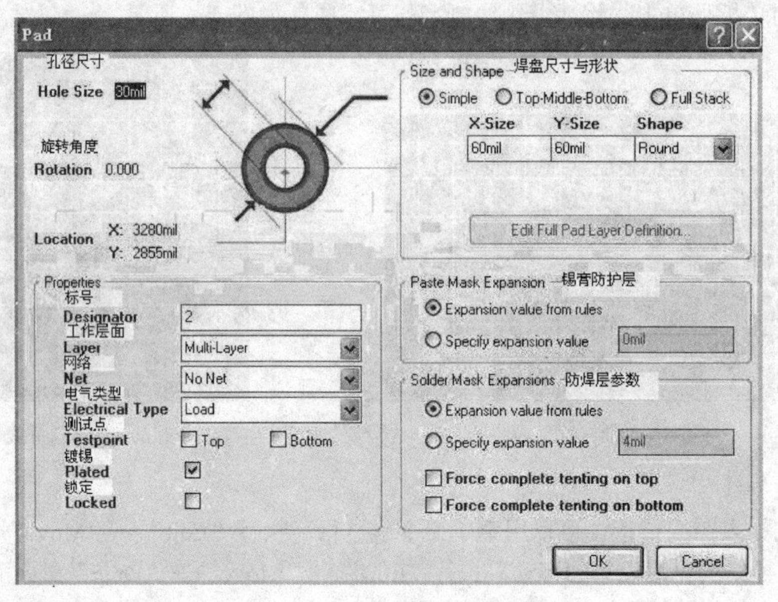

图 4-10 “焊盘属性”设置对话框

3. 放置过孔

过孔又称为导孔，是连接不同板层间导线的 PCB 图件，导孔有 3 种，从顶层到底层的穿透式导孔（普通双层板都是用的穿透式导孔），从顶层到内层或从内层到底层的盲导孔，内层间的屏蔽导孔。导孔只有圆形一种形状，尺寸有两个，即通孔直径和导孔直径。放置过孔是用“Place”→“Via”命令，同样按下〈Tab〉键可以调出“过孔的属性”对话框，如图 4-11 所示。

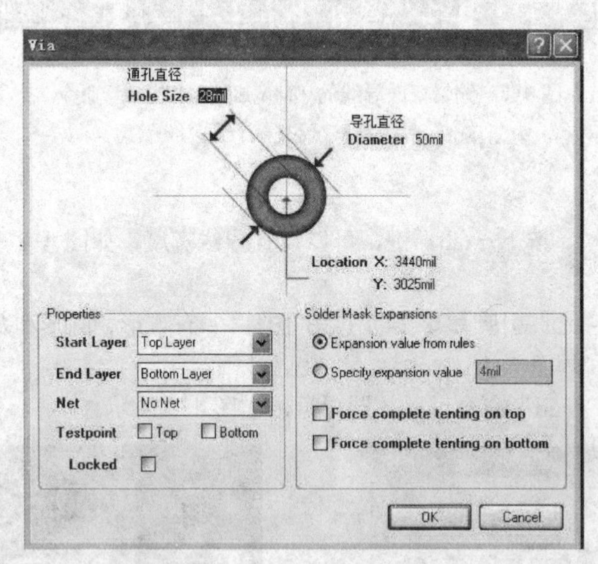

图 4-11 “过孔属性”设置对话框

4. 放置元件

使用“Place”→“Component”命令，可以放置 PCB 图件。PCB 中的图件不是元件本身，而是元件的封装，例如安放晶体管 3904 的图件，如图 4-12 所示。

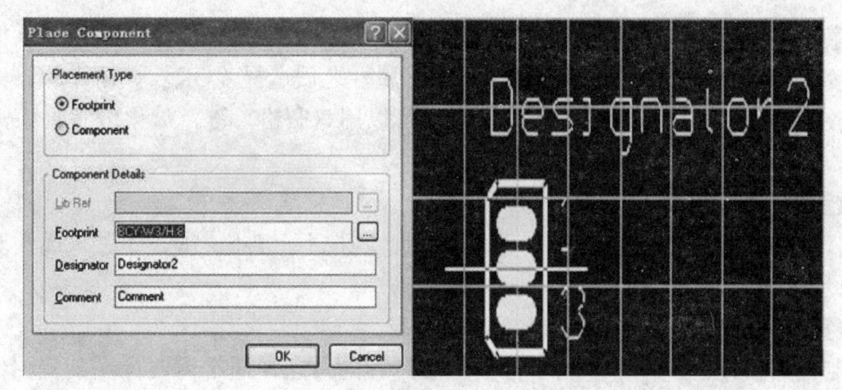

图 4-12　放置图件对话框与所放图件

如果需要放置不同的图件，可以单击浏览按钮，弹出“PCB 图件库”对话框。在对话框中可以选择不同的元件库，然后在元件库下寻找对应的元件封装，如图 4-13 所示。

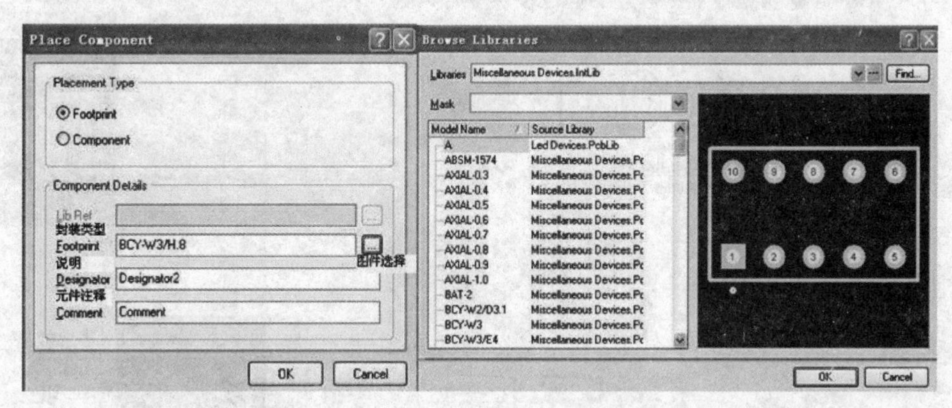

图 4-13　浏览图件与弹出的图件库对话框

4.2.3　添加注释与说明

在 PCB 中，有 3 种注释、说明方式：放置字符串，放置坐标，放置尺寸标注。

1．放置字符串

执行“Place”→“String”命令，可以放置字符串，如图 4-14 所示。

按下〈Tab〉键可以设置字符串属性，如图 4-15 所示。

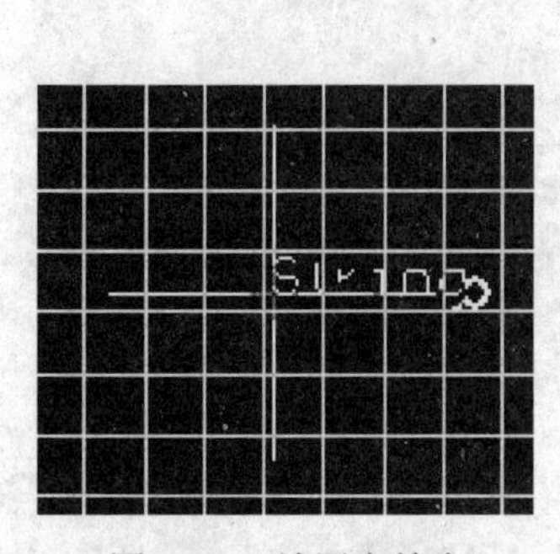

图 4-14　放置字符串

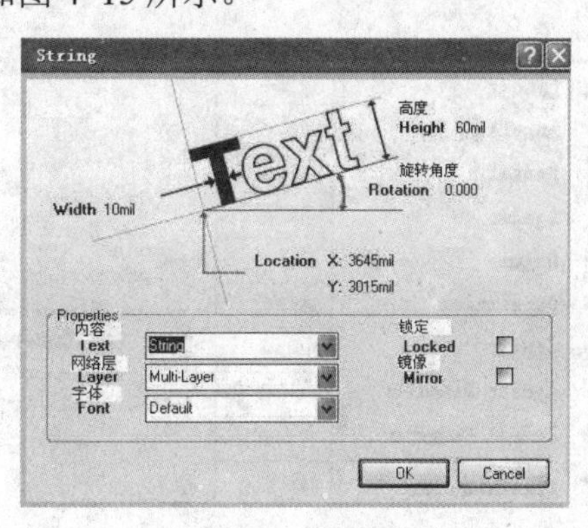

图 4-15　字符串属性

通常字符串不能在多层中应用，只能选择某个网络层。内容可以在属性对话框中改动，也可以直接在 PCB 图样中用左键编辑，设置好属性之后选择“OK”按钮，即可在需要的地方放置，放置的时候如果需要改变字符串方向可以用〈空格〉键，如果放置结束，用鼠标右键或〈Esc〉键可以退出。

2．放置坐标

执行“Place”→“Coordinate”，即可放置，若按下〈Tab〉键，即进入属性对话框，如图 4-16 所示。

3．放置尺寸标注

在印制电路板设计过程中，为了方便制版过程的考虑，通常需要标注某些图件的尺寸参数，这种标注没有电气特性，只是起到提示作用。DXP 提供了 10 种标注方式，在命令“Place”→“Dimension”之下，如图 4-17 所示。

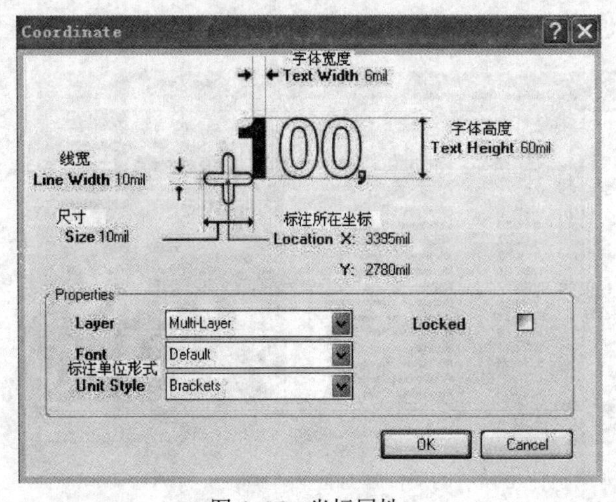

图 4-16　坐标属性

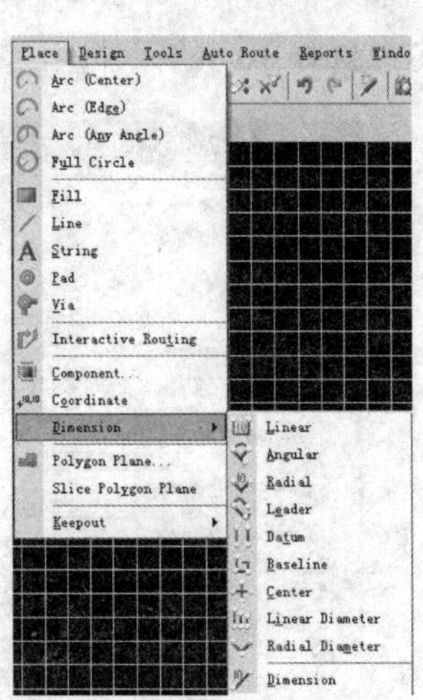

图 4-17　放置尺寸标注子菜单

这些子菜单可以实现不同方式的标注，其各项含义如图 4-18 所示。

对于不同的尺寸标注方式，其属性对话框也不一样。例如选用“Radial Dimension”标注，其对话框如图 4-19 所示。

Linear	线性
Angular	角形
Radial	径向弧线
Leader	引线
Datum	数据
Baseline	基线
Center	中心
Linear Diameter	线性直径
Radial Diameter	径向直径
Dimension	标注线

图 4-18　放置尺寸菜单子项

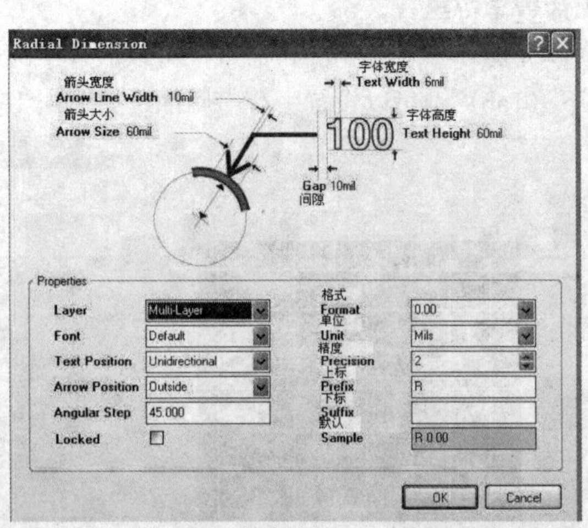

图 4-19　“径向弧线标注”的对话框

4.2.4 焊盘设计

焊盘是 PCB 的重要图件，焊盘设计包括孔径的设计，收缩量的设计，表贴式图件还包括与焊盘连接的导线宽度等，焊盘设计的好坏直接决定了 PCB 的成品率。

1. 设置导孔规格

采用规则菜单“Design”→“Rules”可以调出设计规则对话框，如图 4-20 所示。

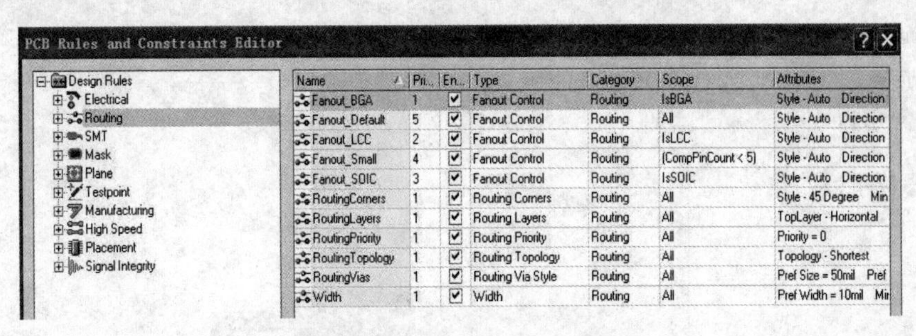

图 4-20 “PCB 规则”对话框

其中“Routing”规则大项下有“Routing Via Style”子项，用它可以设置导孔的孔径，如图 4-21 所示。

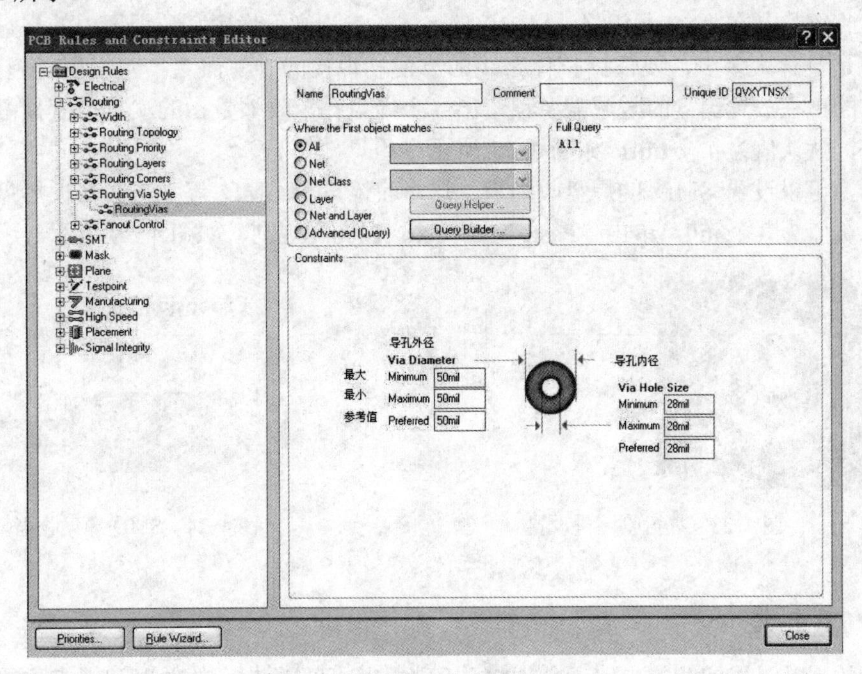

图 4-21 “导孔尺寸规则”对话框

2. 设置表贴式焊盘引线长度

在图 4-21 的规则对话框中 SMT 大项下，有“Smd To Corner”子项，它用来设置 SMD 元件（表面贴装器件，SMT 的一种）焊盘与导线拐角之间的最小距离。表贴式焊盘引出导线一般都是引出一段长度后才开始拐弯，这样就可以排除相邻焊盘太近。可以在对话框中设置 SMD 与导线拐角处的长度，默认为 0 个 mil，如图 4-22 所示。

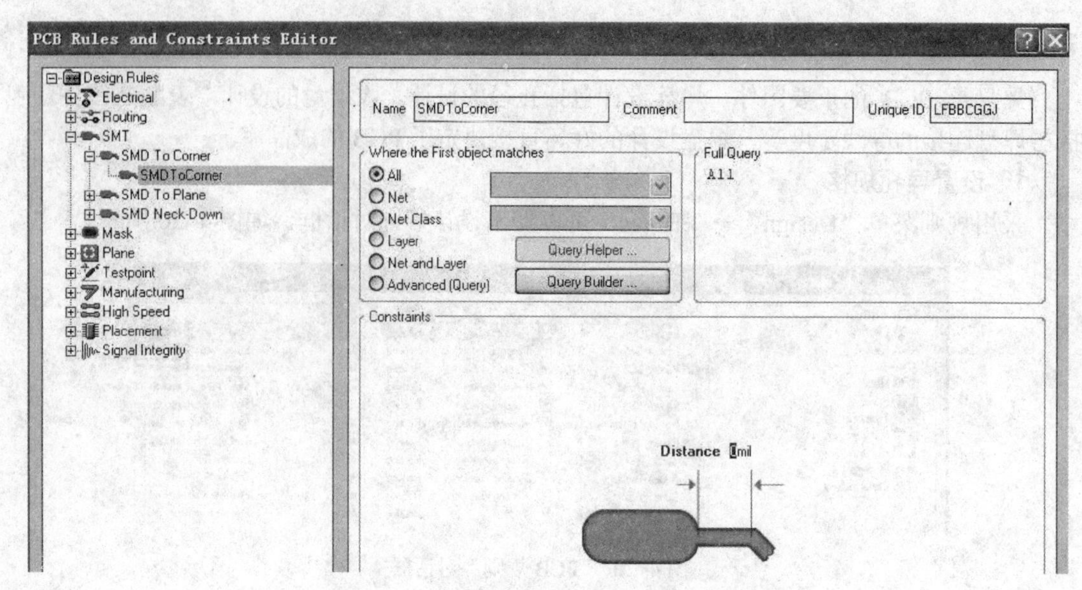

图 4-22 “表贴式焊盘引线长度规则”对话框

3．焊盘收缩量设计

焊盘收缩量是在“Mask-Solder Mask Expansion”规则下设置。防焊层中的焊盘孔比焊盘要大，但是具体大多少，要依据整体布线的方便和焊接的难易而定。防焊层是覆盖在 PCB 布线层上的，在放置焊盘的区域需要预留出一个焊盘孔，收缩量指的就是焊盘预留孔与焊盘半径值差，默认值为 4 个 mil，如图 4-23 所示。

同样，可以设置 SMD 的焊盘收缩量，这个收缩量为 SMD 焊盘与锡膏板焊盘孔之间的距离，默认值为 0 个 mil。单击“Paste Mask Expansion”规则，如图 4-24 所示。

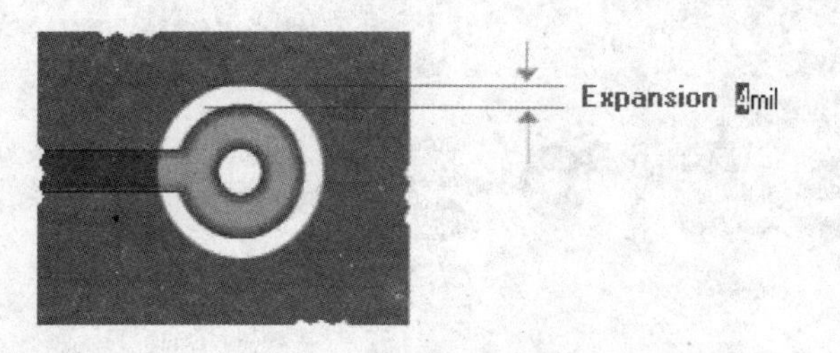

图 4-23 焊盘收缩量设置

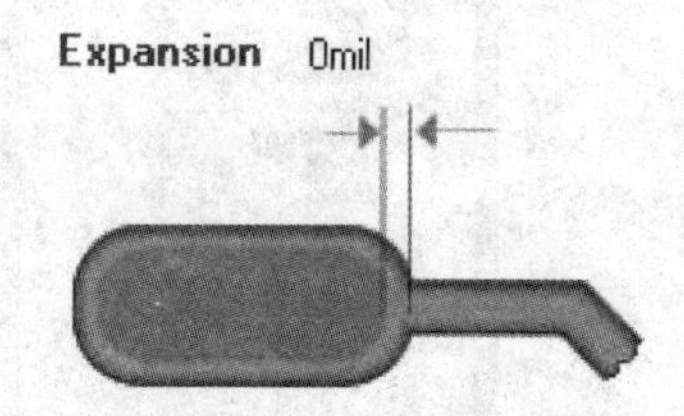

图 4-24 SMD 焊盘收缩量设置

4.2.5 PCB 封装

元件的封装是指实际的电路元件焊接到印制电路板时所指示的轮廓和焊点位置，它是使元件引脚和印制电路板上的焊盘一致的保证。纯粹的元件封装只是一个空间概念，不同的元件可以有相同的封装，相同的元件也可以有不同的封装，所以在取用焊接元件时，不仅要知道元件名称，还要知道元件的封装。

元件的封装有很多种，大致可以分为针脚式（THT）和表贴式（SMT）两大类。

1．针脚式

采用针脚式封装的元件很多，如图 4-25 所示。

需要注明的是，针脚封装的每个脚就是一个焊盘，而且这些焊盘的网络层属性都是过孔（Multi→Layer），因为针脚式元件在焊接时针脚一定会穿过所有板层，另外，由于封装是针对某种具体元件的，所以针脚间的距离，焊盘内径的大小都是固定的值，不能随意更改。

2．表贴式

采用表贴式封装的元件如图 4-26 所示。

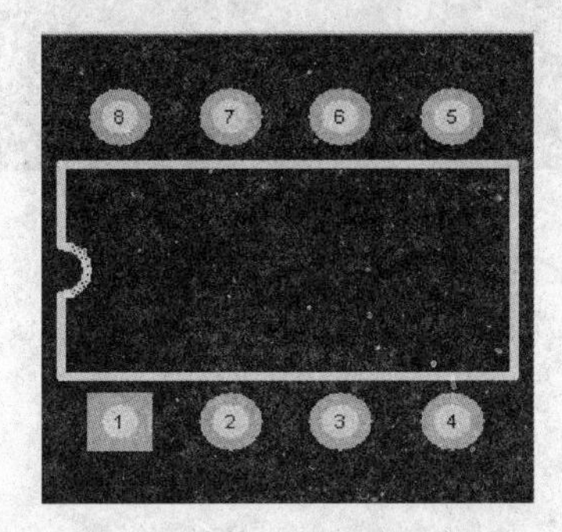

图 4-25　元件的针脚式封装

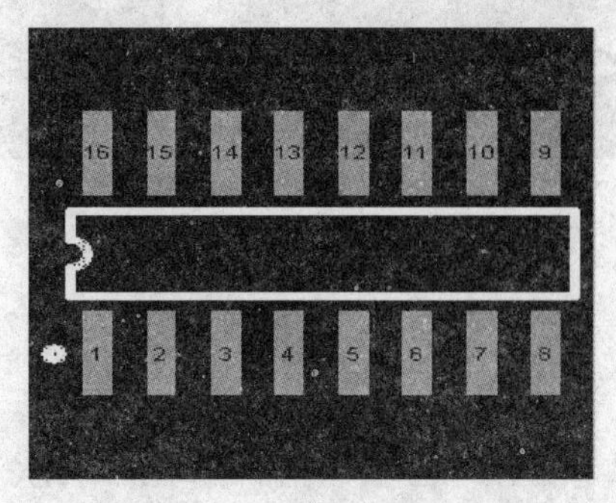

图 4-26　元件的表贴式封装

表贴式元件的焊盘不是圆形孔，而是长方形的区域，它的网络层属性只能是单层，因为表贴式元件无法跨层焊接，焊盘的具体尺寸和焊盘间距依据元件的具体参数而定，一旦确定了元件，这些数据也是不能随意改动的。

3．常见元件封装

（1）电容类

电容类封装常用“RAD-XX”系列命名，如图 4-27 所示。

（2）电阻类

电阻类封装以“AXIAL-XX”命名，如图 4-28 所示。

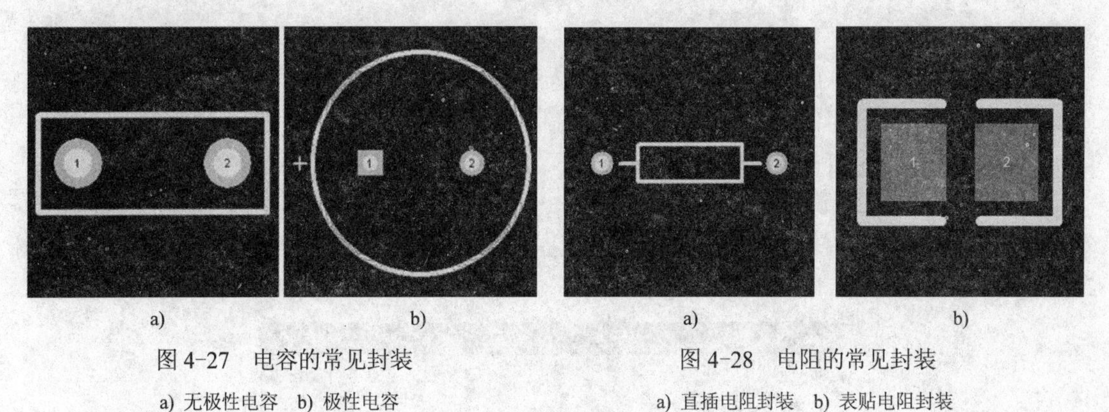

a)　b)

图 4-27　电容的常见封装

a) 无极性电容　b) 极性电容

a)　b)

图 4-28　电阻的常见封装

a) 直插电阻封装　b) 表贴电阻封装

（3）电位器

电位器是以“VR-XX”命名的，如图 4-29 所示。

（4）二极管

二极管是以“DIODE-XX”命名的，如图 4-30 所示。

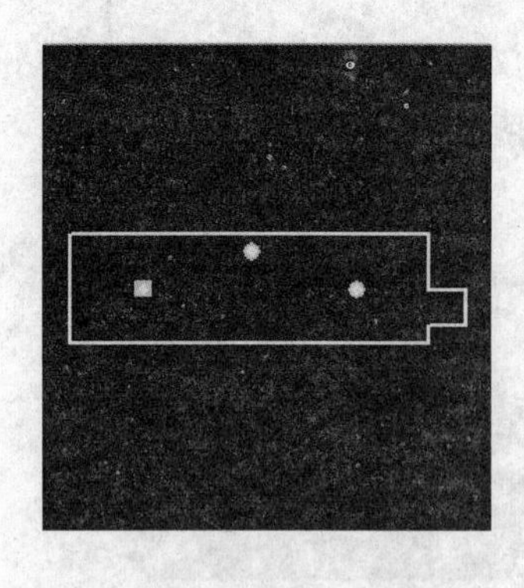

图 4-29　电位器常见封装

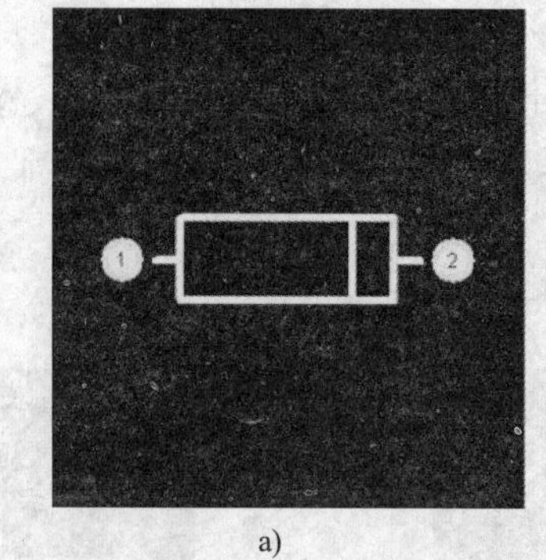

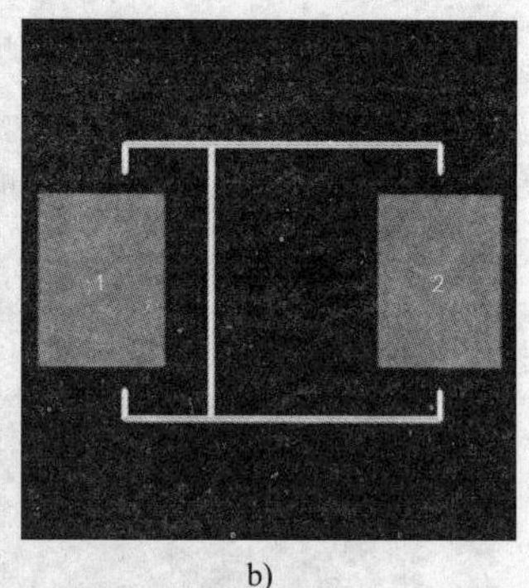

a)　　　　　　b)

图 4-30　二极管常见封装

a) 直插式电容　b) 表贴式电容

（5）晶体管

晶体管常以“CAN-XX”或“BCY-XX”命名，如图 4-31 所示。

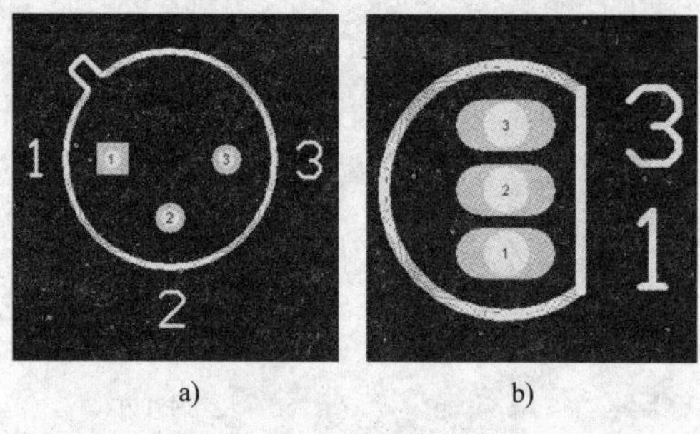

a)　　　　　　b)

图 4-31　晶体管常见封装

a) CAN 封装　b) BCY 封装

4．制作元件封装

DXP 中制作元件封装有两种方法，一是利用元件封装制作向导，而是自定义封装制作。这里用一个电容为例介绍利用封装向导的制作方法。

进入封装向导也有两种操作方法。

1）先打开 PCB 元件封装编辑器“New”→“PCB Library”，再单击“Tools”→“New Component”，打开元件封装制作向导，按照提示可以逐步设定，系统将自动生成元器件封装，如图 4-32 所示。

图 4-32　元件封装向导

2）单击“Next”按钮，选择电容封装形式“Capacitors”，单位选择 Mil，如图 4-33 所示。

3）再单击“Next”按钮，选择具体的封装形式，比如用默认的封装形式，如图 4-34 所示。

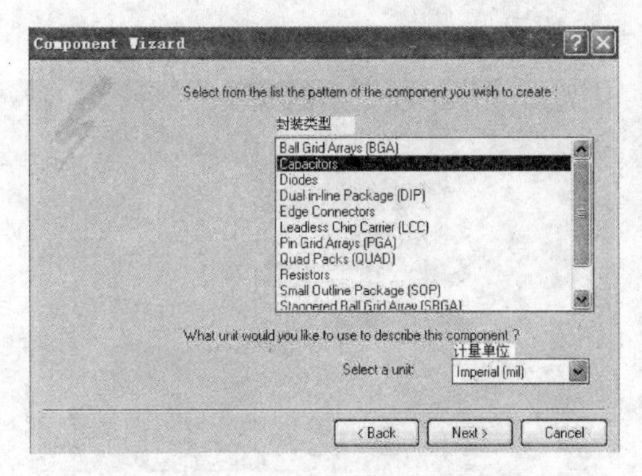

图 4-33　设定封装类型和计量单位

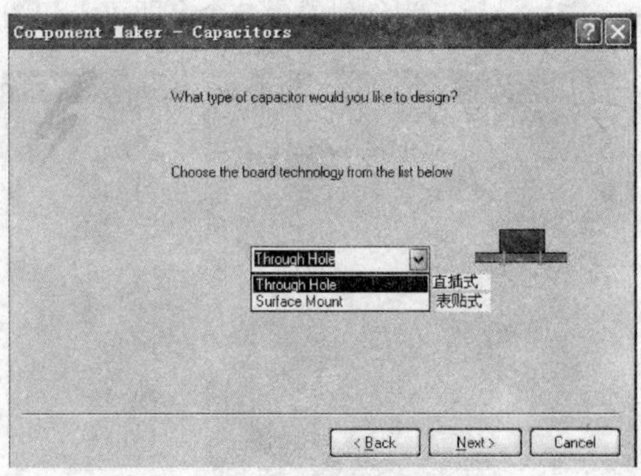

图 4-34　选择封装的形式

4）接下来选择焊盘尺寸和间距，如图 4-35 所示。

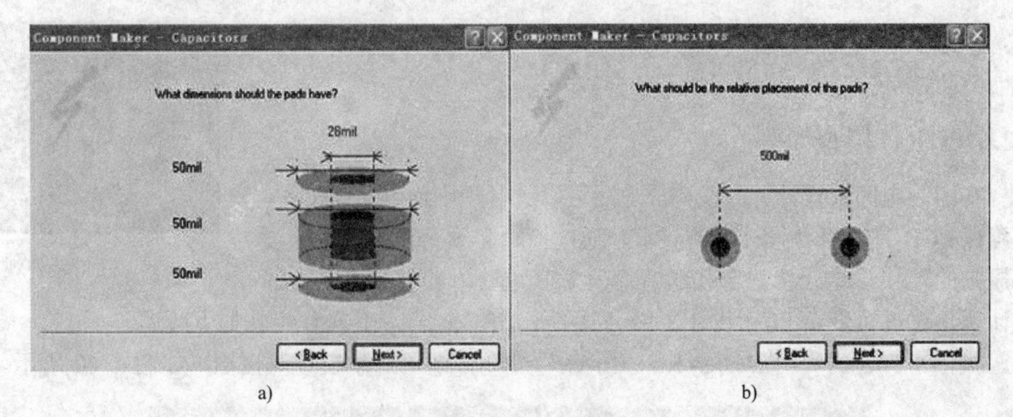

a)

b)

图 4-35　设置焊盘

a) 设置焊盘尺寸　b) 设置焊盘间距

5）单击“Next”按钮选择电容的外形，这里选择有极性、放射状、圆形，如图 4-36 所示。

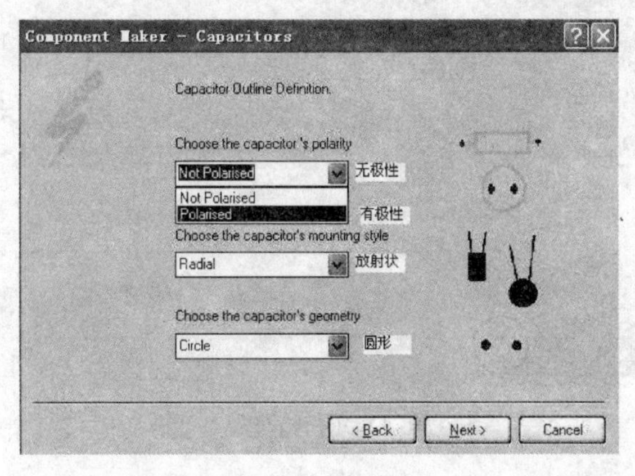

图 4-36　外形设置

6）接下来，设置轮廓半径和丝印层线宽，这里设置外圆半径为 100mil，丝印层线宽用默认值为 10mil，如图 4-37 所示。

7）最后，为创建的封装命名即可，如图 4-38 所示。

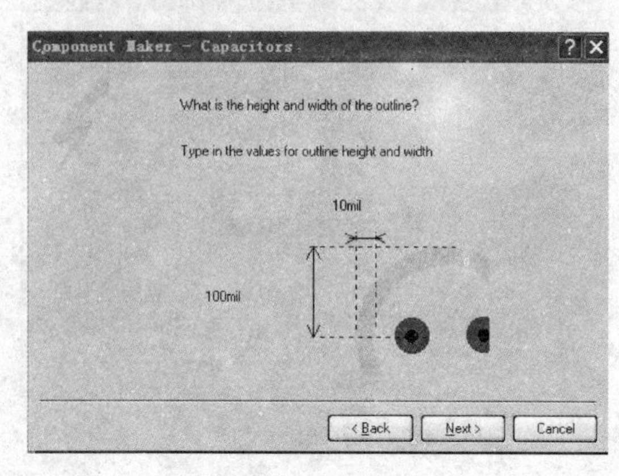

图 4-37　轮廓设置

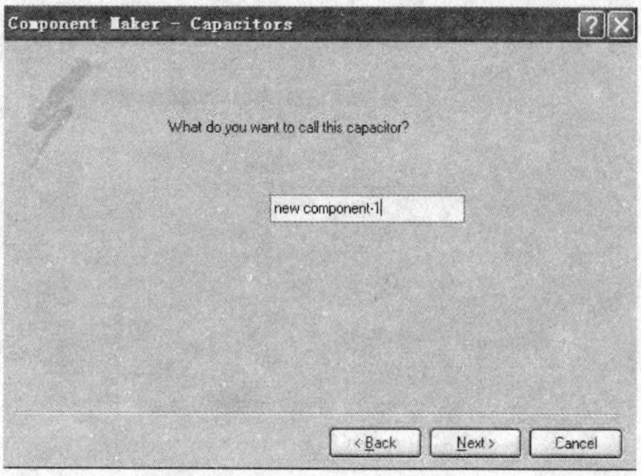

图 4-38　为新封装命名

8）单击“Finish”以后，可以在编辑窗口看到刚创建的封装，如图 4-39 所示。

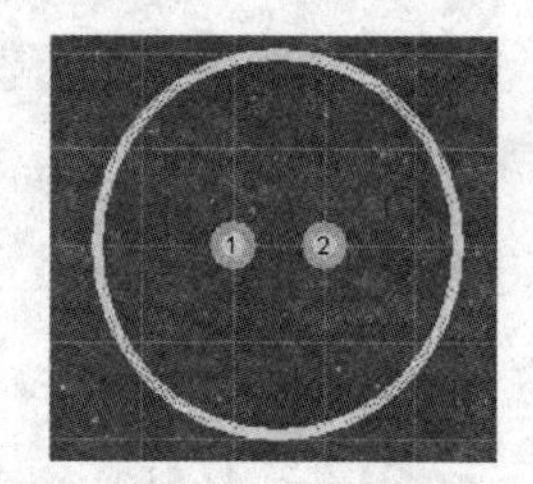

图 4-39　新封装外观

4.2.6　DRC 检查

在印制电路板设计、布线完成之后可以进行规则检查（DRC），以确保 PCB 完全符合设计者的要求，通过检查必须有正确的符合设定规则的连接，这一步对于初学者而言尤其重要，即使是有经验的设计者，在进行复杂 PCB 设计之后也离不开 DRC 检查。其操作步骤如下所述。

执行“Tools”→“Design Rule Check”命令，即可启动检查对话框，如图 4-40 所示。

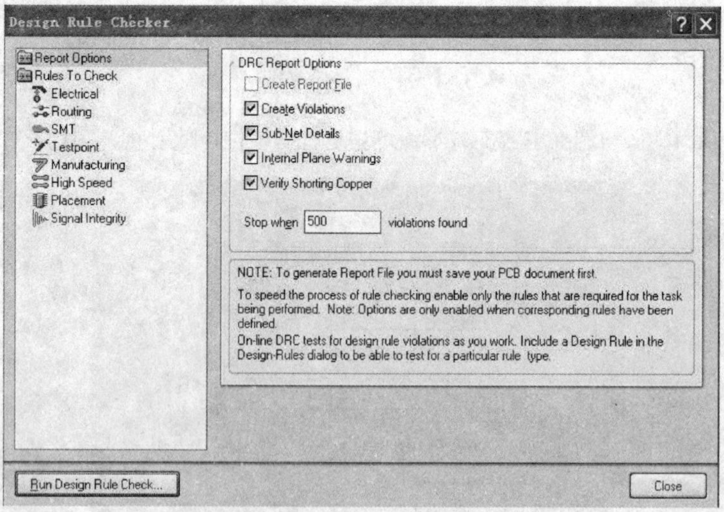

图 4-40　“DRC 检查”对话框

单击“Rules To Check”项下面的各项，可以分别设置检查项目，例如设置电气连接检查子项，如图 4-41 所示。

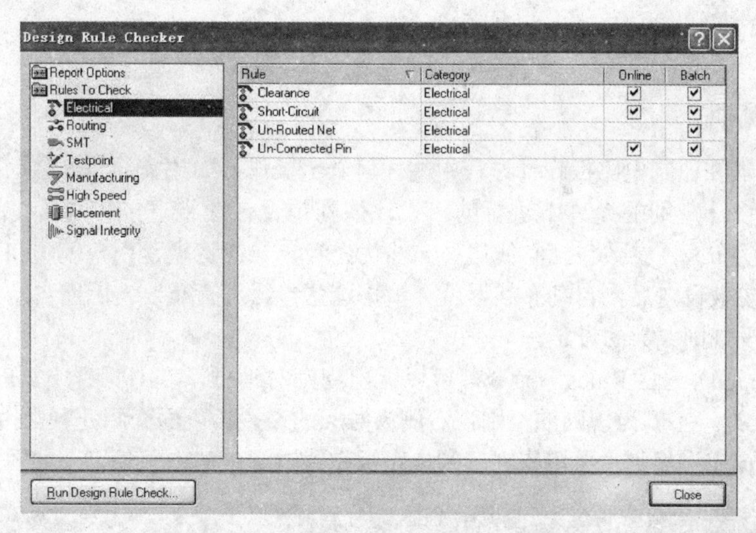

图 4-41 “Electric 检查选项”对话框

选好检查项后单击“Run Design Rule Check”，系统就开始运行 DRC 检查，其结果会显示在 PCB 文件和信息面板上。如果有错误，PCB 文件中对应图件会变成绿色，信息面板上也会有违反规则的数目报告，如图 4-42 和图 4-43 所示。

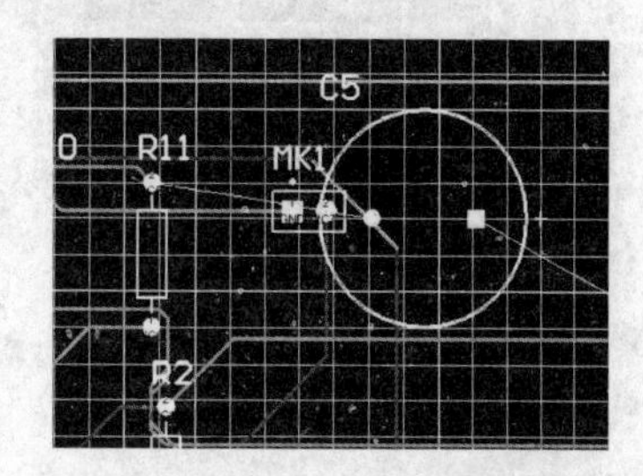

图 4-42 出错的图件变成绿色

```
Processing Rule : Clearance Constraint (Gap=10mil) (All),(All)
Rule Violations :0

Processing Rule : Short-Circuit Constraint (Allowed=No) (All),(All)
Rule Violations :0

Processing Rule : Broken-Net Constraint ( (All) )
   Violation        Net NetC5_2   is broken into 2 sub-nets. Routed To 66.67%
     Subnet : Q2-2      R10-1     R11-
     Subnet : C5-2
Rule Violations :1

Processing Rule : Width Constraint (Min=10mil) (Max=10mil) (Preferred=10mil) (All)
Rule Violations :0

Processing Rule : Height Constraint (Min=0mil) (Max=1000mil) (Prefered=500mil) (All)
Rule Violations :0

Processing Rule : Hole Size Constraint (Min=1mil) (Max=100mil) (All)
Rule Violations :0


Violations Detected : 1
Time Elapsed        : 00:00:00
```

此处有一个错误

整体有一个错误

图 4-43 信息面板中的 DRC 检查报告

4.3 项目实施

4.3.1 走线规则

PCB 编辑器在印制电路板设计过程中的任何一个操作，如放置导线、移动图件和自动布线等等都是在设计规则的允许下进行的，设计规则是否合理将直接影响布线的质量和成功率。特别是自动布线，参数包括布线层、布线优先级、导线宽度、拐角模式和过孔孔径尺寸等，一旦这些参数设定后，自动布线器就会根据这些参数进行布线。因此自动布线的好坏很大程度上取决于规则参数的设定。

执行“Design”→“Rules”命令，可以调出规则对话框，在对话框中，PCB 编辑器将规则分成 10 大类，左侧为规则的类别，右侧为对应的设置。下面介绍几种常用规则。

1.“Electrical”规则主要设置在印制电路板布线过程中的电气规则，如图 4-44 所示

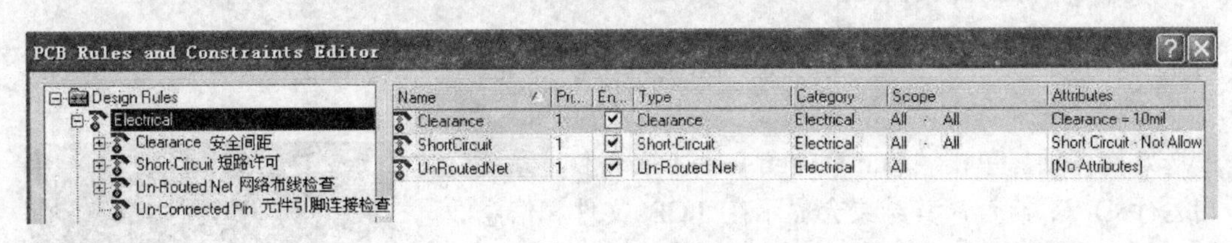

图 4-44 电气规则

1）安全间距规则。

此规则用于设定在 PCB 的设计中，导线、导孔、焊盘和矩形敷铜填充等组件之间的安全距离。单击“Clearance”规则，系统会展开一个默认的设置，如图 4-45 所示。

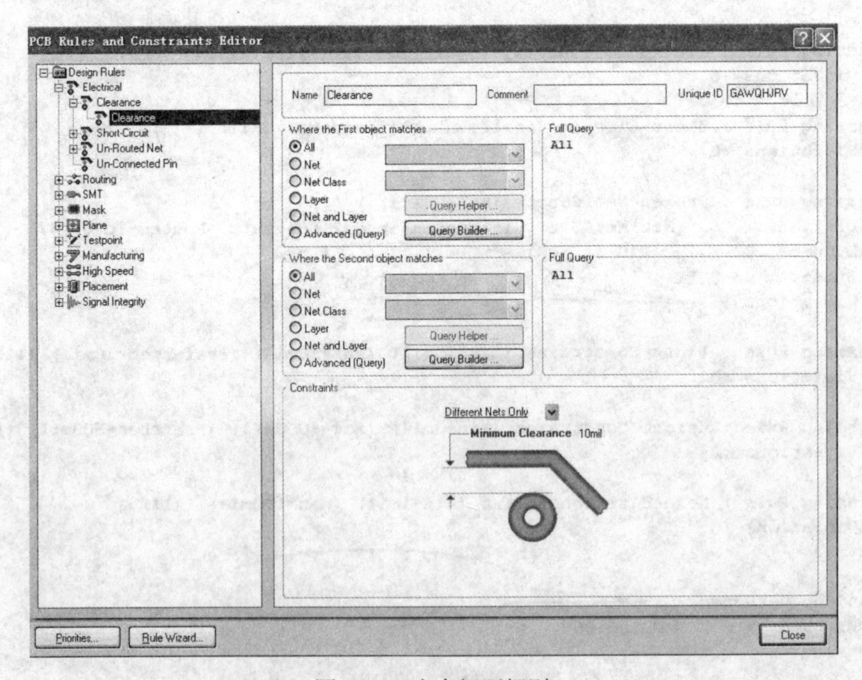

图 4-45 安全间距规则

安全间距规则的默认名称为“clearance”，默认安全距离为 10 个 mil，默认适用范围是整个 PCB。如果需要添加新规则，可以用鼠标右键单击上图左侧，如图 4-46 所示。

将新规则命名为“Clearance-1”，在“Where The First Object Matches”单元中设置网络“GND”；将光标移到“Constraints”中，将“Minimum Clearance”改为 20mil，如图 4-47 所示。

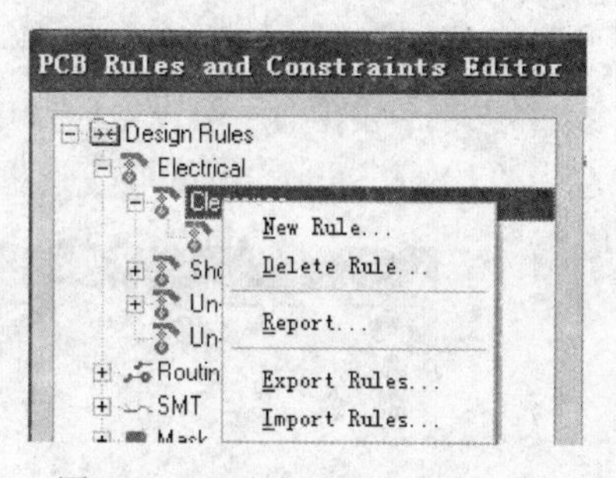

图 4-46　用鼠标右键添加新规则

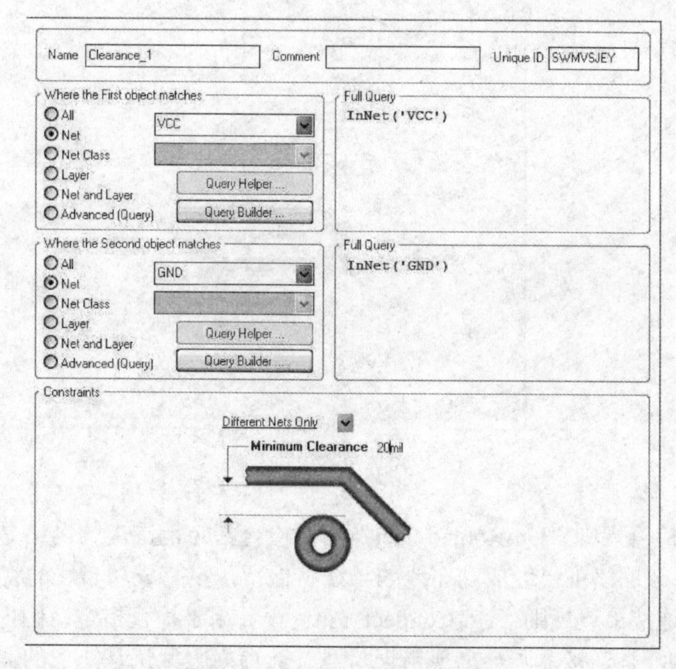

图 4-47　新安全间距规则设定

此时在“Clearance”规则下同时有了两个规则，所以必须设置它们之间的优先权。单击对话框下的优先权设置按钮，在优先权对话框中单击“Increase Priority”或“Decrease Priority”，就可以改变具体规则的优先次序。设置完后关闭，新规则和设置将自动保存，如图 4-48 所示。

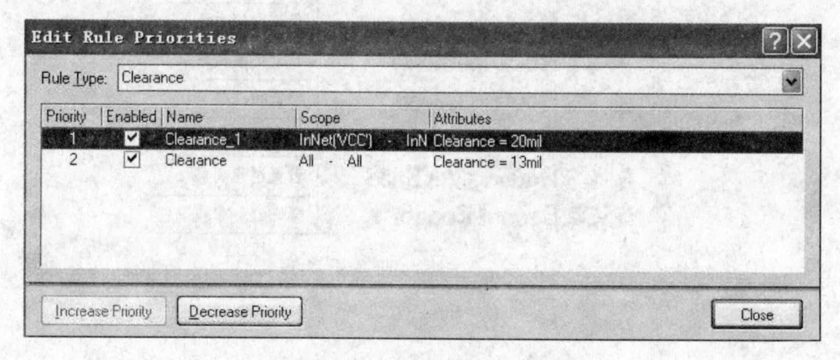

图 4-48　“优先级设置”对话框

2）短路许可规则。

短路许可规则用于设定印制电路板上的导线是否允许短路。在“Constraints”单元中，选中“Allow Short Circuit”复选框，就允许短路；默认设置为不允许，如图 4-49 所示。

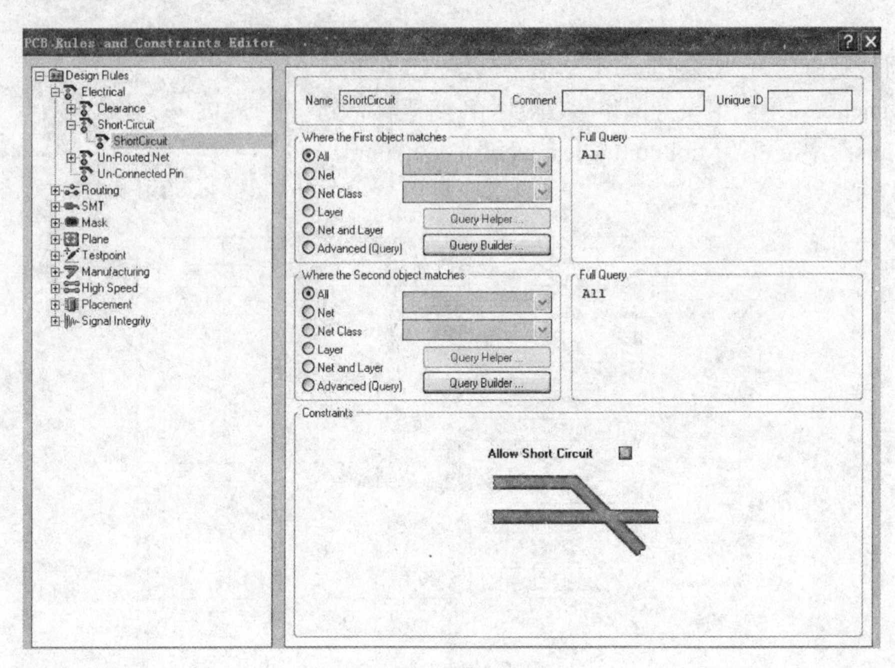

图 4-49　短路规则设定

3）网络布线检查规则“Un-Routed Net”用于检查指定范围内的网络是否布线成功，如果有布线不成功，该网络上已经成功布线的导线将保留，没有成功布线的将保持飞线。

4）元件引脚连接检查规则（Un-Connect Pin）设计用于检查指定范围内的元件引脚是否连接，如果有引脚没有连接，则会出现错误信息。此项规则默认是缺省的，因为元件特别是集成元件并不需要连接所有引脚，添加此规则会让无需连接的引脚报错。

2．布线相关规则“Routing”

“Routing”下的子规则较多，共有 7 类，如图 4-50 所示。

图 4-50　布线规则及其子类

（1）设置导线宽度

设置导线宽度规则用于设置布线时的线宽，共有最大、最小和建议线宽 3 种，此规则全局适用，如图 4-51 所示。

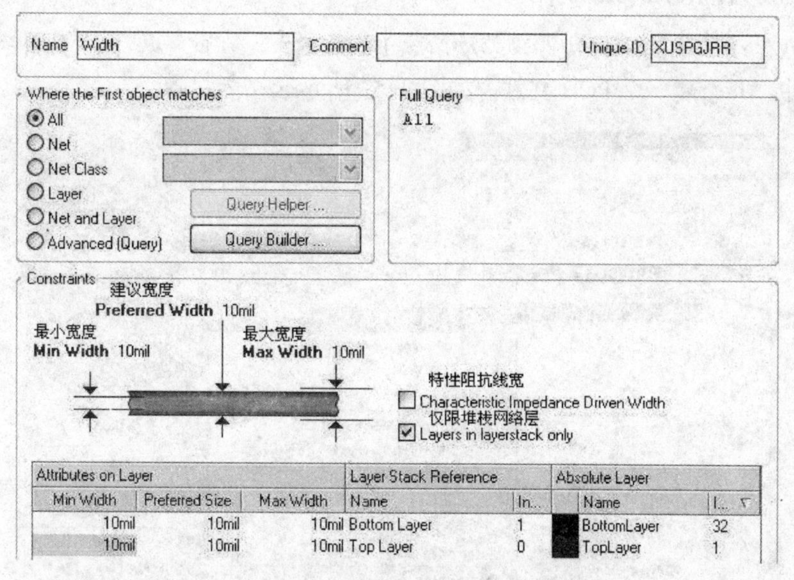

图 4-51　线宽规则设置

（2）布线方式

布线方式规则用于设置引脚到引脚的布线方式，共有 7 个选项，如图 4-52 所示。

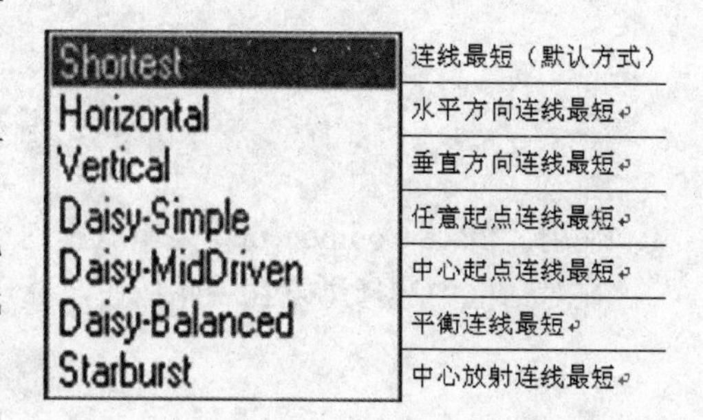

图 4-52　7 种布线方式

1）（连线最短）默认方式的含义是生成一组飞线能够连通网络上所有节点并使连线最短。

2）水平方向连线最短的含义是生成一组飞线能够连通网络上所有节点并使水平方向的连线最短。

3）垂直方向连线最短的含义是生成一组飞线能够连通网络上所有节点并使垂直方向的连线最短。

4）任意起点连线最短需要指定起点和终点，其含义是在起点和终点之间连通网络上的所有节点并使连线最短，如果没有指定起点和终点，那么此方式和默认方式同效。

5）中心起点连线最短也需要指定起点和终点，其含义是以起点为中心向两边的终点连通网络上的各个节点并使连线最短，起点两边的中间节点数不一定相同。如果没有指定起点和两个终点，则与默认方式同效。

6）平衡连线最短仍然需要指定起点和终点，其含义是将中间节点数平均分组，所有组都连在同一个起点上，终点间用串联的方法连接，并使连线最短。如果没有指定起点和终点，则与默认同效。

7）中心放射连线最短是指网络中的每个节点都直接和起点相连，如果设计者没有指定起点，那么系统将轮流以每个节点作为起点去连接其他的各个节点，并找出连线最短的一组连接方案生成网络飞线。

4.3.2 差动放大器的 PCB 制作

首先建立差动放大的工程文件“差动放大.PRJPCB”，在此工程下，添加差动放大电路的原理图文件，并新建一个 PCB 文件，如图 4-53 所示。

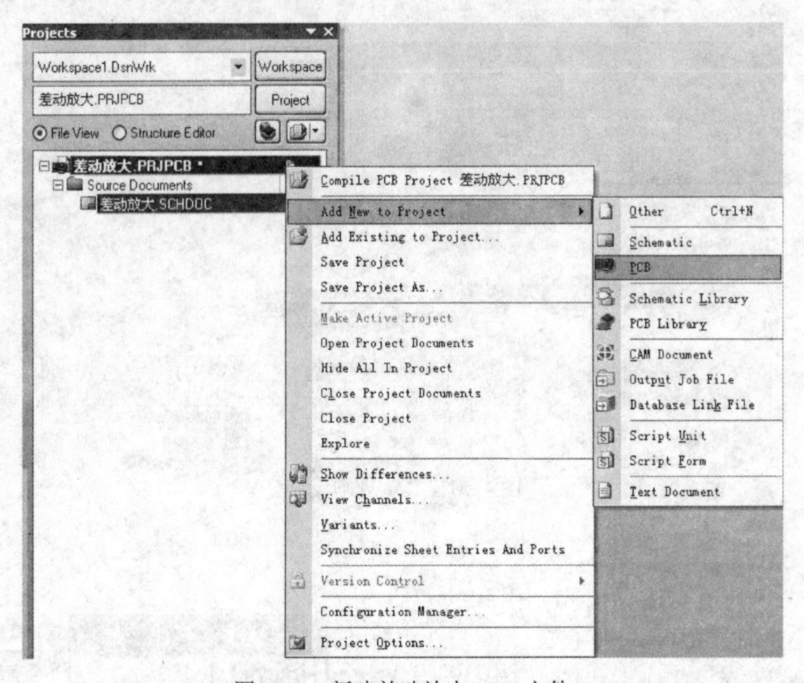

图 4-53　新建差动放大 PCB 文件

使用“Place Component”菜单放置封装图件，如图 4-54 所示。

在对话框中选择浏览封装库按钮，然后选用需要的库文件，如图 4-55 所示。

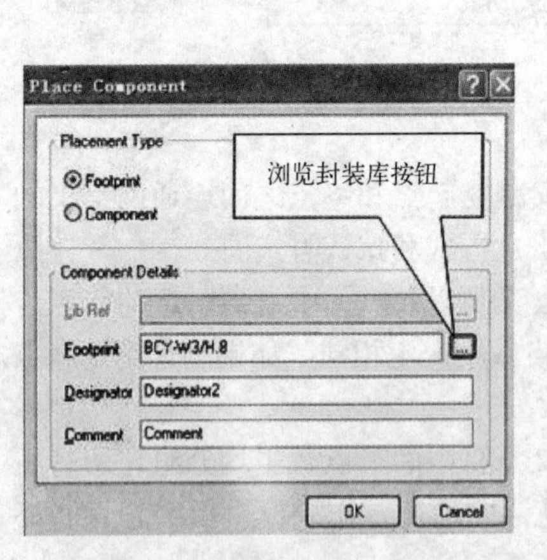

图 4-54 “放置图件”对话框

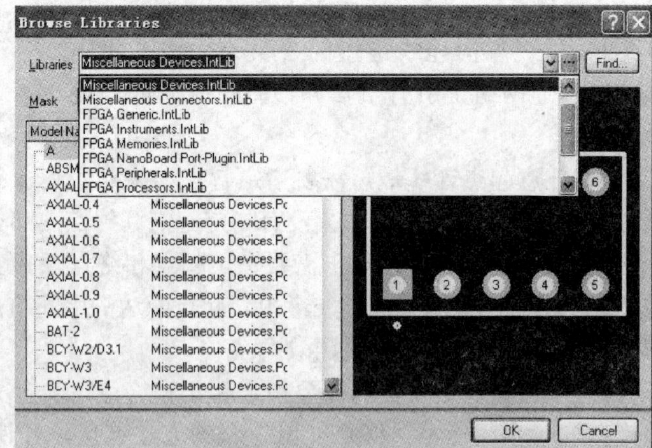

图 4-55　选择库文件

接下来，选择具体的封装，可以参照右边的图件预览来确定具体的封装型号，如图 4-56 所示。

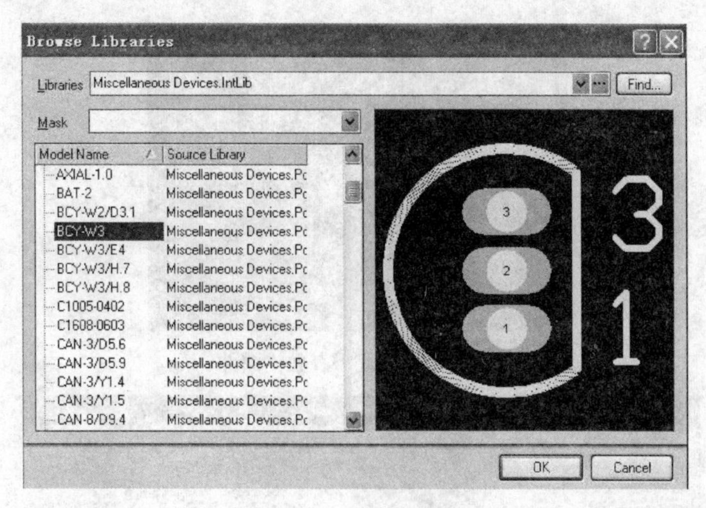

图 4-56　确定具体封装

然后即可放置相应图件，如图 4-57 所示。

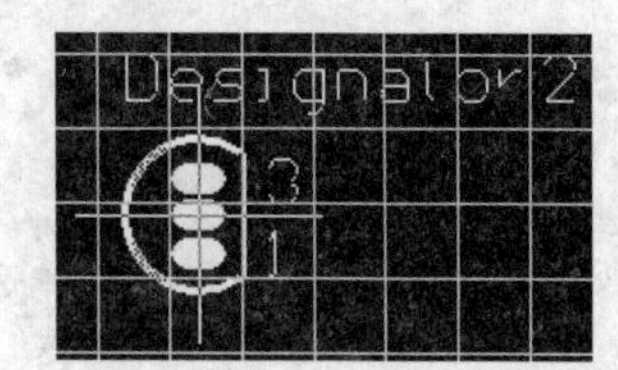

图 4-57　放置晶体管

如果需要改动图件的说明等参数，可以按下〈Tab〉键，在对话框的“Designator”框下的“Text”子项处填上新名称，如 T1,T2……其他图件均可照此修改，如图 4-58 所示。

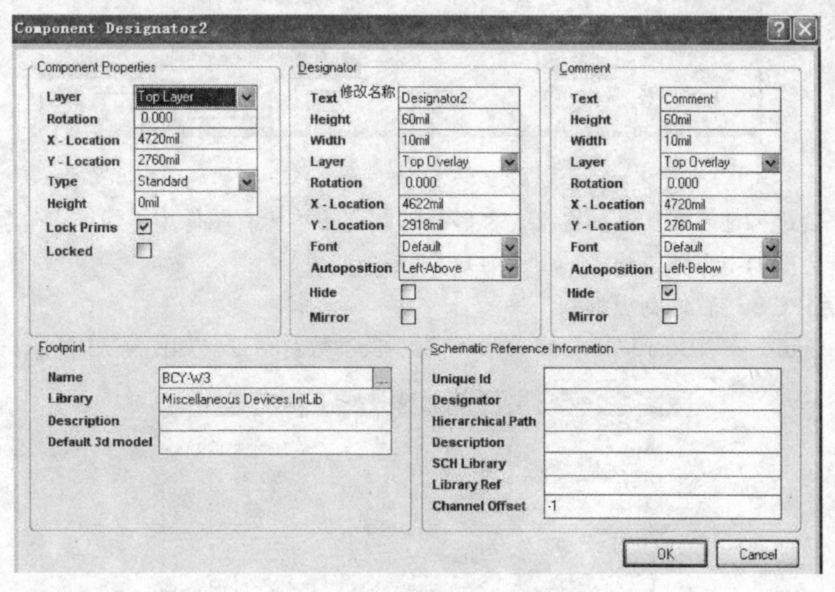

图 4-58　“晶体管 PCB 属性”对话框

放置了晶体管、电阻等图件以后，可以适当进行元件的排布，将同类元件尽量放在一起，不要相离太远，同时也不要离得太近，切忌互相遮蔽，如图 4-59 所示。

如果个别图件需要调整或者改变封装格式，可以使用封装制作向导；也可以直接双击该图件，从封装库中选用新的型号来替换，其操作过程与图 4-57 一样；如果是焊盘需要调整，可以直接双击该焊盘，如图 4-60 所示。

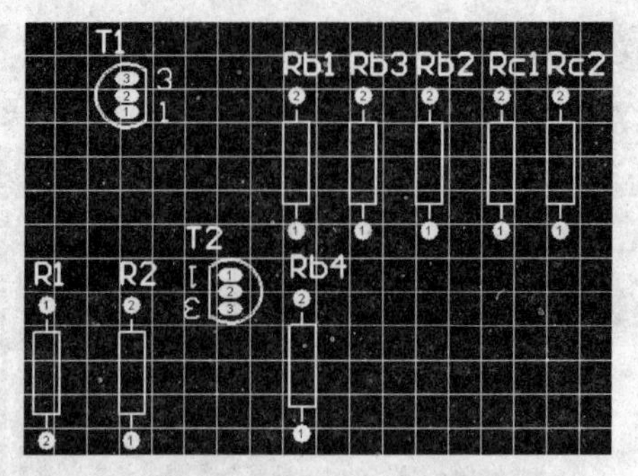

图 4-59　放置所有独立图件

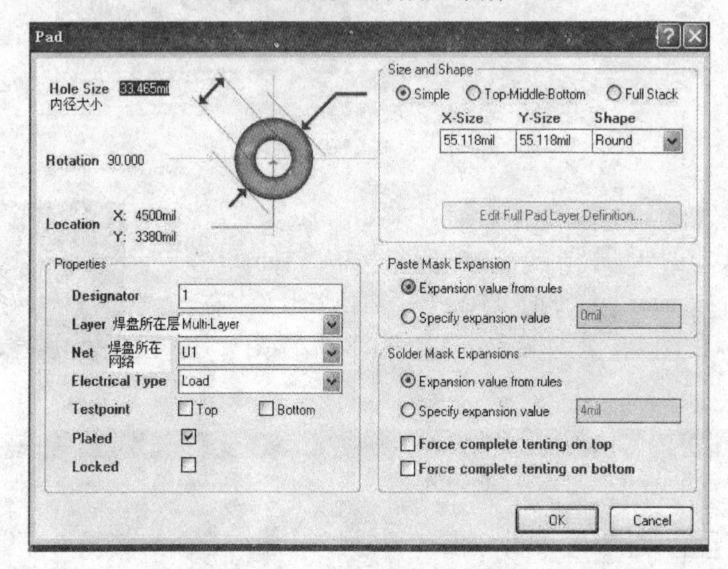

图 4-60　进行焊盘的参数设置

接下来要进行最重要的布线连接，参照原理图连接将所有图件用导线连在一起。此操作应按如下步骤进行。

1．设定 PCB 的软件制板参数

用“Design”→“Board Option”命令调出制板参数对话框，如图 4-61 所示。

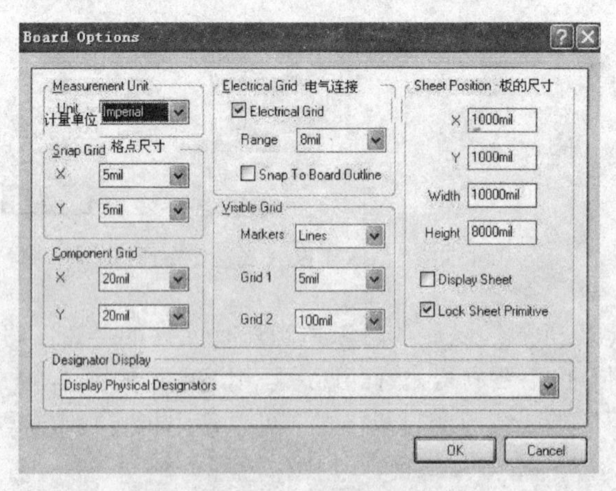

图 4-61　进行焊盘的参数设置

2．设定禁止布线区，确定电气边界

选择 PCB 编辑器下方的板层按钮“Keep-Out Layer”项，如图 4-62 所示。

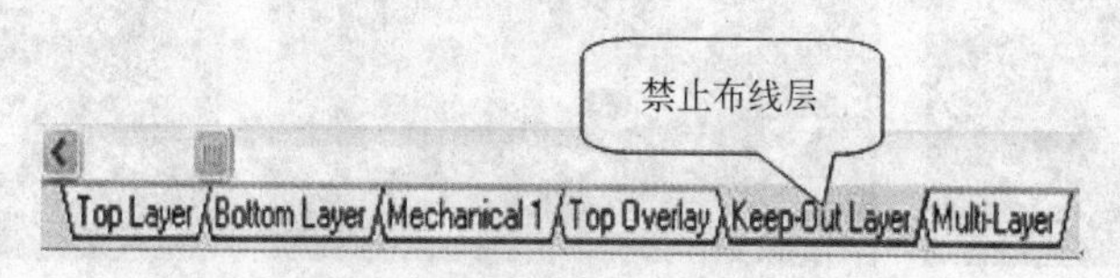

图 4-62　禁止布线层

在“Keep-Out Layer”中用“Place”→“Line”命令围绕图件画出一个矩形区域，这时候线条颜色应为紫色，画完后双击鼠标即可，如图 4-63 所示。

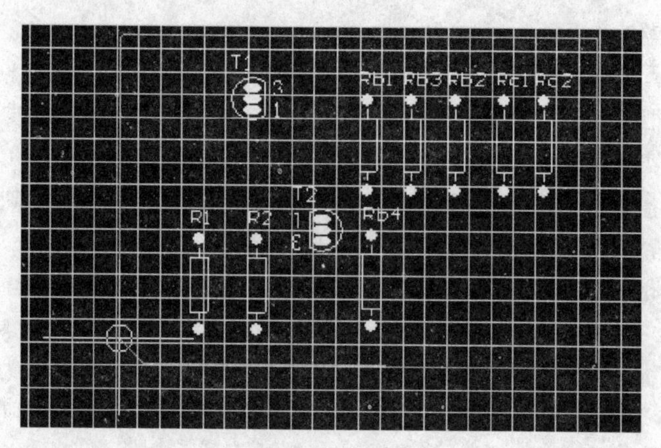

图 4-63　制定禁布区

用“Tools”→“Preference”命令，调出参数对话框，在“Display”选项卡中勾选单层模式（Single Layer Mode），则只能看到紫色线条，其余图件都会消失，这是因为各种图件被放置在不同的层，无法在单层中全部显示，如图 4-64 和图 4-65 所示。

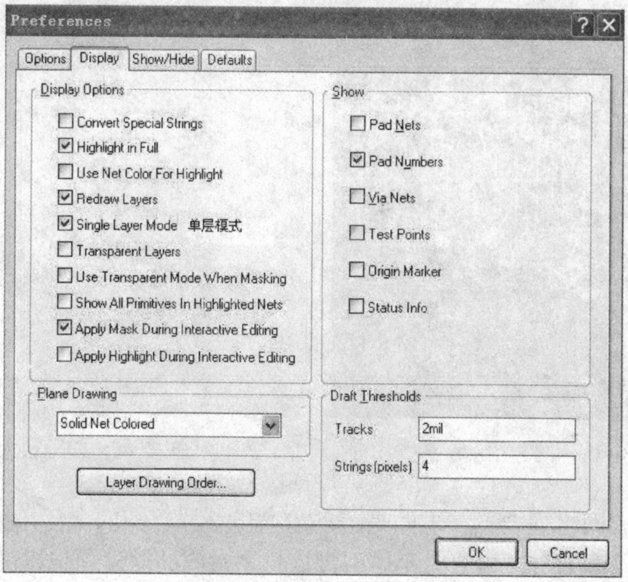

图 4-64　勾选单层模式

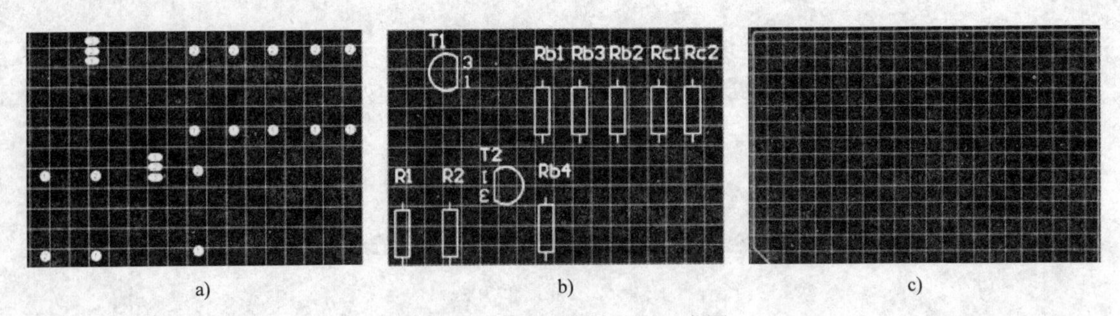

a)　　b)　　c)

图 4-65　PCB 图件的分层示意图

a) 顶层是焊盘　b) 丝顶层是封装轮廓　c) 禁布层是电气边界

3．进行连线操作

去掉单层显示复选框前的勾，重新回到“Top-Layer”（顶层）使用“Place”→“Line”命令，手动绘制导线，导线的连接必须和原理图保持一致。导线不要随便交叉，更不要重叠，如果确实无法走线，可以分为顶层（Top Layer）和底层（Bottom Layer）分别进行。因为所有的焊盘都是过孔，能连通所有层，所以导线既可以布在不同的层，扩大走线空间，提高成功率。完成所有布线操作后如图 4-66 所示。

可以看到，凡是与焊盘有连接的导线段都变成了绿色，在 PCB 设计中，其余为红色或蓝色。在 PCB 设计中，红色表示顶层导线，蓝色表示底层导线，而绿色表示有错误。

这里出现这些绿色导线，并不是电气连接有断路或者短路，而是因为没有建立 PCB 的网络。网络是 PCB 图件的拓扑结构，没有网络就不能通过 PCB 图的规则检查。要解决此问题，可以调出原理图的导航器面板。

单击差动放大原理图文件，在原理图编辑器中用“View”→“Workspace”、“Panels”→“Design”、“Compiler”→“Navigator”命令，即出现导航面板，如图 4-67 所示。

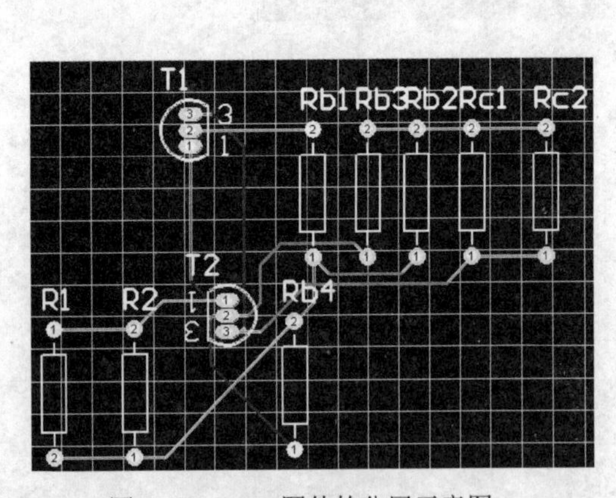

图 4-66　PCB 图件的分层示意图

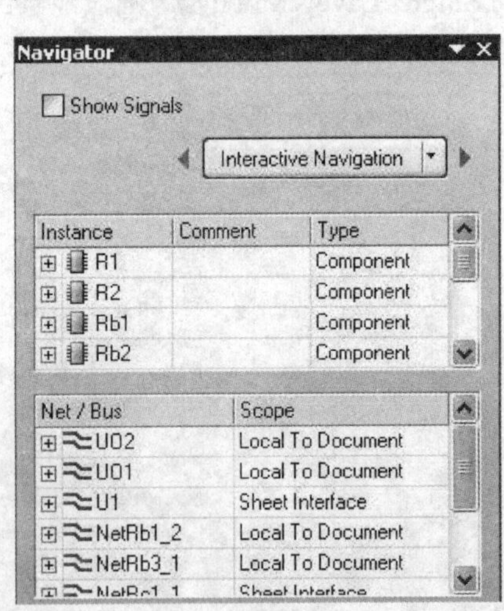

图 4-67　差动放大原理图导航面板

在面板的中间有网络列表栏，里面是差动放大电路原理图的全部拓扑结构，单击任何一个网络标号，就可以看到与之相应的元件引脚信息，对应的原理图也以高亮显示，如图 4-68 和图 4-69 所示。

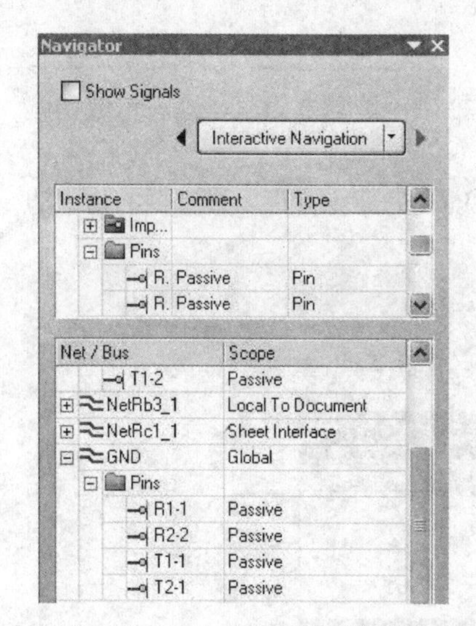

图 4-68　列表中的接地网络信息

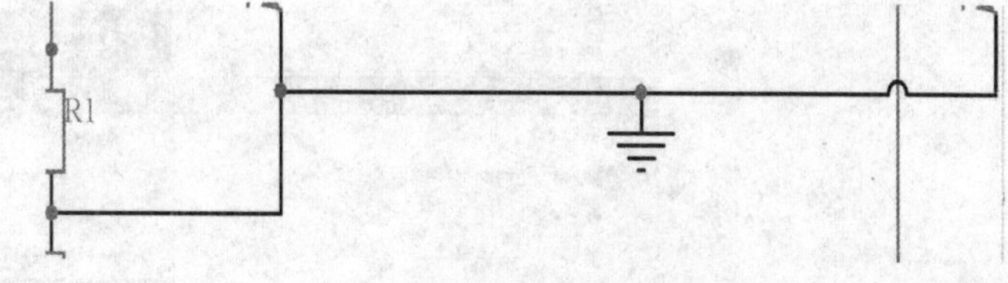

图 4-69　原理图接地部分高亮显示

有了导航面板的提示，就可以知道每个引脚对应的网络是什么了。在 PCB 编辑器中依次双击各个焊盘，在网络子项的下拉列表中选择相应的网络名，如果没有，就用与之相连的焊盘的网络名，如图 4-70 所示。

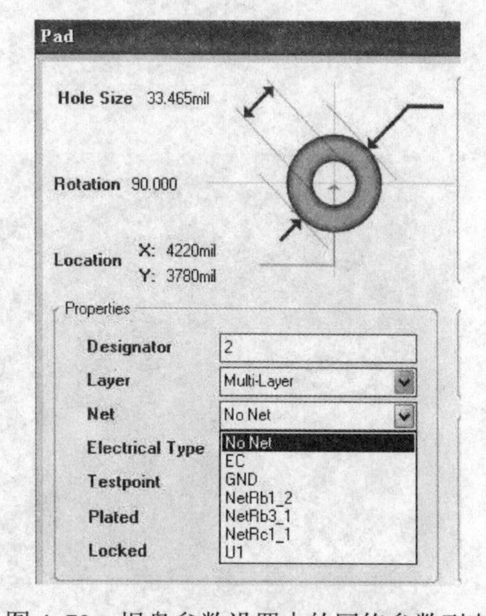

图 4-70　焊盘参数设置中的网络参数列表

需要注意的是，一段导线的两端网络标号应一致；如果导线有弯折，那么弯折的每段导线也要选择网络标号，否则会出现错误；没有直接相连的焊盘应该有不同的网络标号。如果没有导入原理图的网络列表，可以自己设定网络名称，每个焊盘都应该有自己的网络标号。

只要网络建立成功，即使还没有完成布线，也会有自动生成的预拉线提示布线方式，如图 4-71 所示。

完成所有布线后的效果如图 4-72 所示。

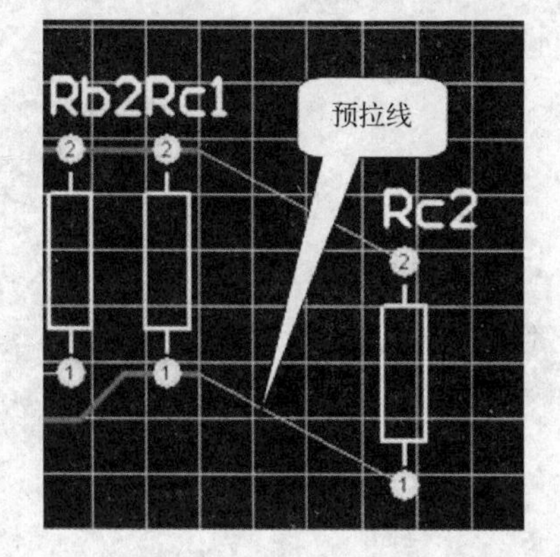

图 4-71　由网络标号自动生成的预拉线

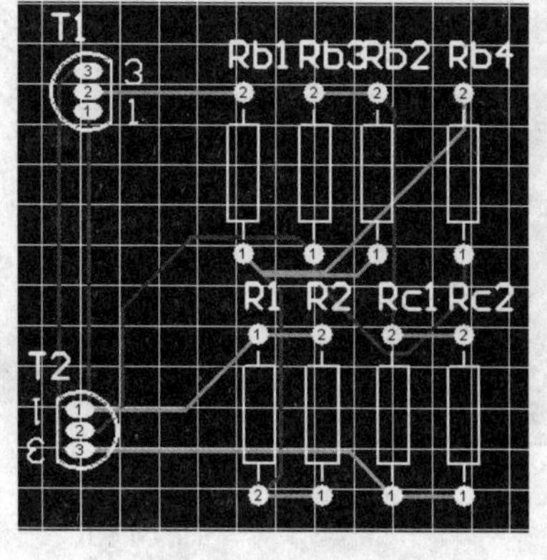

图 4-72　完成布线

4．DRC 检查

执行“Tools”→“Design Rule Check”命令，如果没有报错，消息框为空，则表示成功。

5．PCB 预览

单击“Design”→“Board Shape”→“Redifine Board Shape”命令，可以设置板的物理边界，如图 4-73 至图 4-75 所示。

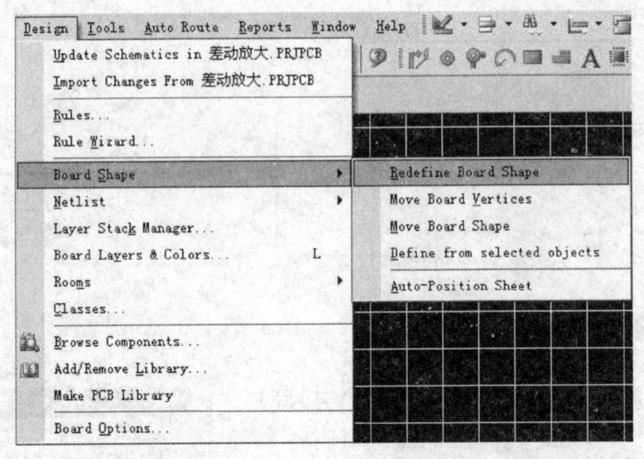

图 4-73　PCB 外形重设命令

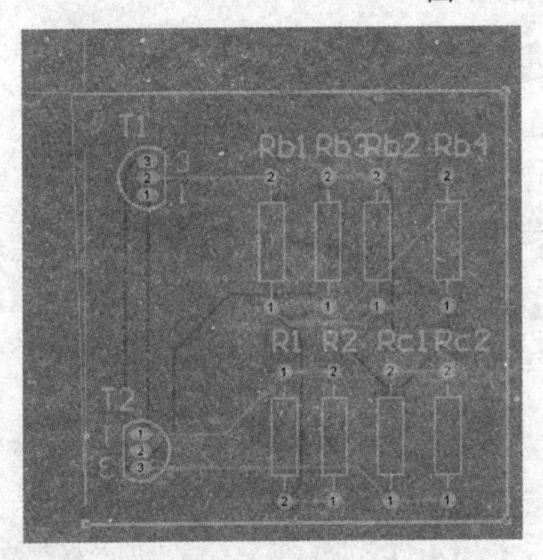

图 4-74　PCB 外形重设

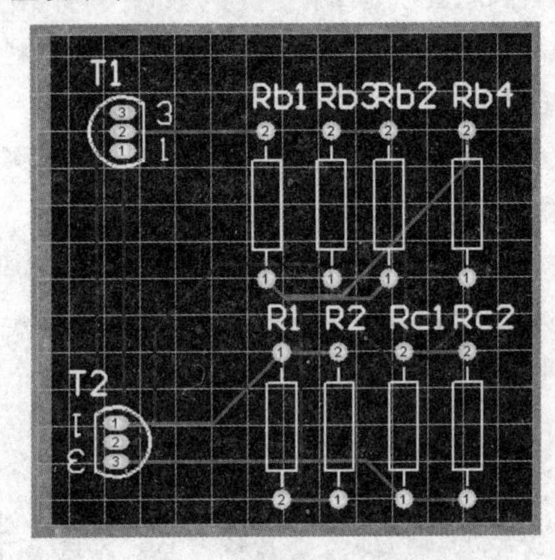

图 4-75　PCB 外形重设的效果

然后用“View”→“Board In 3D”命令调出预览图，如图 4-76 所示。

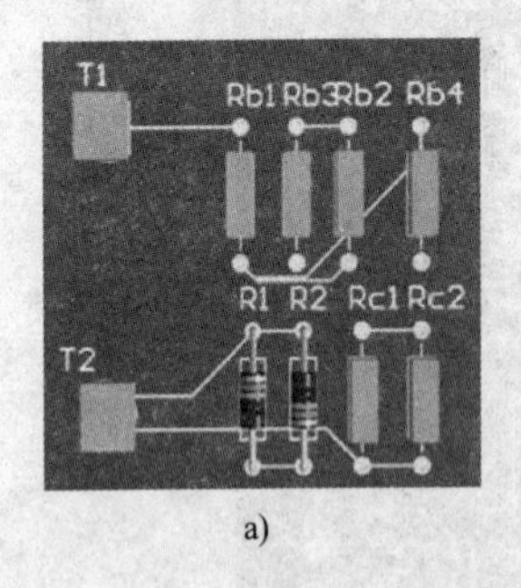

a)

b)

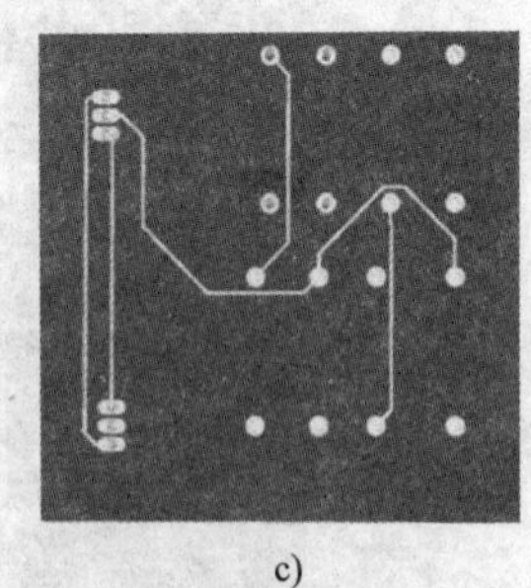

c)

图 4-76　差动放大器 3D 预览图

a) 正面效果图　b) 侧面效果图　c) 背面效果图

4.3.3 设计小结及常见问题分析

1．软件特点

PCB 部分菜单和原理图菜单有很大不同，特别是“Place”菜单和“Tools”菜单， PCB 设计的主要命令，操作来自这两个菜单。所以应该抽出时间认真研究这两个菜单的重要操作和命令，仔细阅读项目资讯环节。

2．知识特点

此部分知识点较原理图部分有增无减。PCB 是 DXP 软件的核心，包含规则多，菜单多，选项多造成学习困难加大，所以应以项目的解决为线索，逐步熟悉本章知识，逐渐深入进行体会。

3．硬件特点

PCB 设计是最贴近实物的设计环节，通常产品到 PCB 设计后就只剩下生产环节了，所以 PCB 设计的质量直接决定了产品的质量，应该引起足够的学习重视。

4．常见问题

1）割裂原理图与 PCB 图的天然联系，认为原理图和 PCB 图是不同编辑器下的完全不相关的设计过程。事实上，原理图为 PCB 图设计提供了非常多的参考价值，没有原理图设计就不会有 PCB 设计，PCB 是建立在原理图信息之上的设计，原理图的错误也会直接反应到 PCB 设计中。

2）忽略 PCB 设计的实物属性，不按照实物来进行焊盘、导孔和导线设计。原理图实质是符号连接图，所以可以调换引脚顺序或者改换元件外形等，PCB 实质是实物元件的装配的信息图，引脚顺序，孔径参数等不可以随意修改，否则会造成设计失败。

3）盲目使用规则。PCB 规则设定应在了解规则含义的情况下添加或修改，在不清楚其作用的时候，不能随意使用。在实际中，由于不同的电路元件、不同的应用背景和不同的生产条件可以设定不同的规则，如果在同一个板上使用全部规则，往往会造成规则间的相互冲突或不能达到预期效果，造成 PCB 设计得不伦不类。

4）无法很好的掌握和应用 PCB 封装库，无法区别封装制作向导和自定义封装制作。

PCB 封装库和原理图元件库有联系更有区别，它们有不一样的内涵，封装库内的封装只是型号，尺寸等装配信息，和内部电路并没有一一对应关系，而原理图的元件库却是一个元件对应一个符号，每个符号都有自己的电路内涵。

封装制作向导和自定义封装本质上都是新增一个封装型号，只是用向导制作无需进行焊盘参数，轮廓参数等细节环节的设计，省略了自定义制作的诸多环节，它们本质是同一个目的的不同手段。

5）PCB 制作未按照项目实施中的步骤进行。项目实施中的步骤考虑了前后步骤的因果关系，体现了从空白文件到完成设计所需要的必要过程，不能随意省略和打乱。

6）对 PCB 层和网络的概念理解不够，经常出现错误操作和无效连接。

初学者往往忽略 PCB 编辑界面是一个多层的结构（一般以双层为主），以为像原理图一样，将 PCB 编辑器理解成一个静止的单层界面，例如经常忽略关于禁布层的设定，忘记导线可以分层布线，试图将全部导线在一个层上完成，既费力费时，布线结果还极易出错。所以应学习项目实施中的多层布线思路，将密集的导线分在不同层完成。

网络是 PCB 中最难以掌握的概念之一。其实只要记住网络和预拉线的相互呼应关系，就不难发现问题。如果 PCB 中有焊盘没有预拉线，就说明它还没有被指明网络，换句话说，只要所有焊盘都有预拉线，则网络建立就完备了。

4.3.4 想一想，做一做：积分电路的 PCB 设计

1．想一想

在电路当中通常需要对信号进行各种处理，积分电路就是这样一种处理信号的应用电路，它的确切含义是输出信号与输入信号对时间的积分成正比的电路。积分电路主要有 RC 元件和集成元件两种形式，其中以 RC 元件加运算放大电路最为常见，如图 4-77 所示。

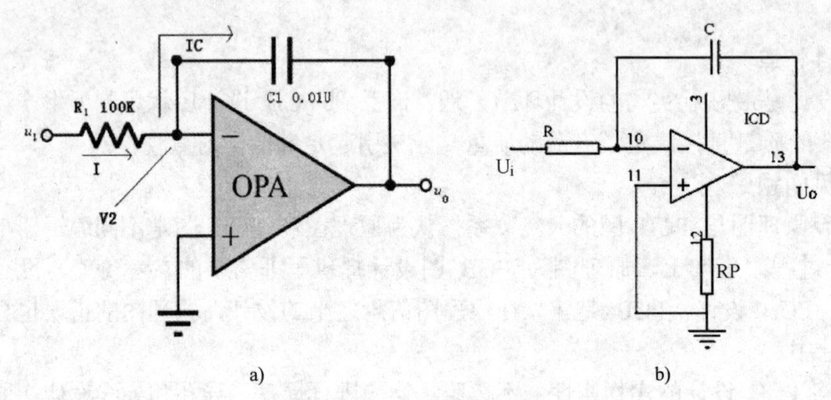

图 4-77　积分电路示意图

a) 积分电路图　b) 积分电路原理图

积分运算电路的分析方法与加法电路差不多，反相积分运算电路如图 4-77a 所示。根据虚地，虚短有 $I=U_i/R_1$，于是 $U_o=-U_{c1}=-\frac{1}{c_1}\int i_{c1}dt=-\frac{1}{RC_1}\int U_i dt$。

由此可见，输出电压为输入电压对时间的积分，负号表明输出电压和输入电压在相位上是相反的。对于阶跃信号，积分电路的输出效果如图 4-78 所示。

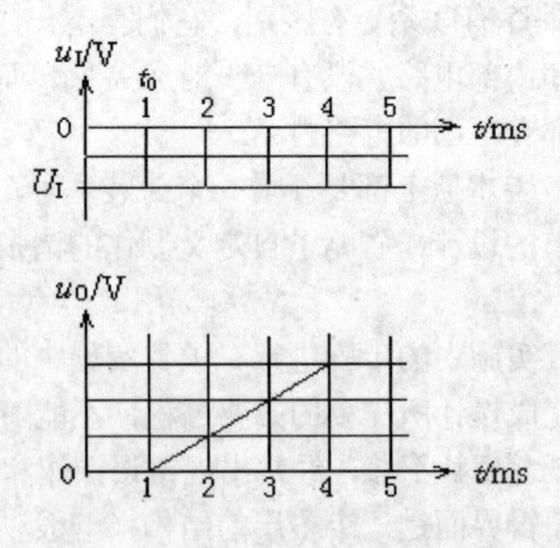

图 4-78　积分电路的输出效果

据此效果，积分电路可以应用于将矩形波转换为锯齿波的电路中。

2．做一做

（1）完成如下电路的原理图设计，如图 4-79 所示

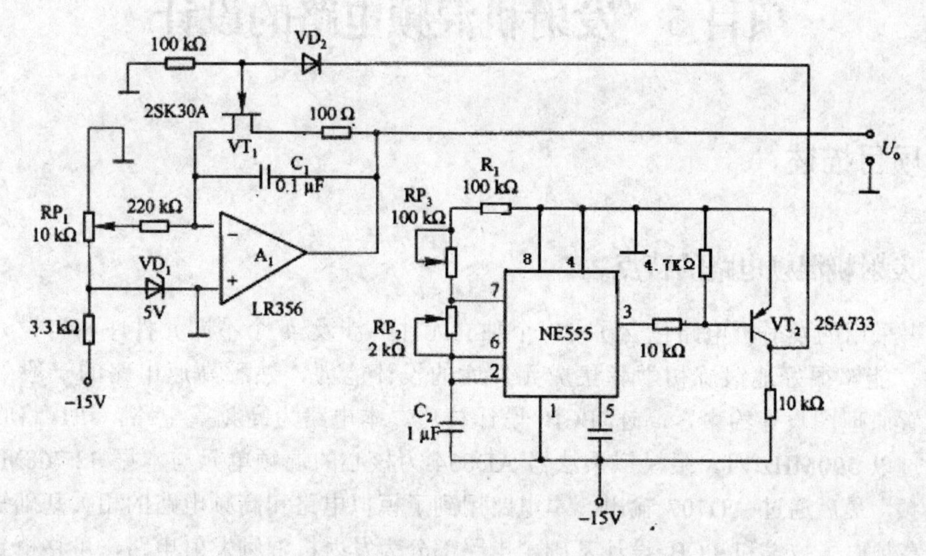

图 4-79　锯齿波发生电路

（2）进行双层 PCB 图件设计

（3）根据原理图设计网络表，生成预拉线

（4）在 PCB 中使用封装向导更换一个电容的封装

（5）进行布线操作

（6）进行 DRC 检查

（7）用 3D 效果预览此 PCB 设计

项目 5　发射机混频电路的设计

5.1　项目描述

5.1.1　发射机混频电路的特点

本书采用的发射机电路包含了 29 个独立元件，涉及 4 个不同元件库和自设计集成元件库，能够很好地锻炼初学者集成元件库的设计能力，熟悉高速电路的一般处理方法，设置原理图设计约束，高速 PCB 设计技巧。本电路为高频篇电路，JP1 将收到的信号通过以 500MHz 四象限模拟乘法器 AD834 为核心的混频单元与本振 32.768MHz 的信号混频，最后通过 AD707 输出。本电路用到了模拟电路和高频电路的相关基础知识，需要有高频电子技术和 PCB 设计基础，电路部分为发射机混频发射电路，可移植到发射机作为通用应用。

5.1.2　发射机混频电路框图

发射机混频电路框图如图 5-1 所示。

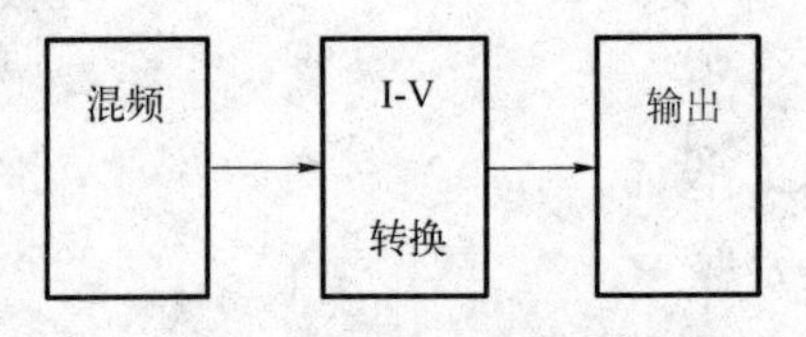

图 5-1　发射机混频电路框图

5.2　项目资讯

5.2.1　集成库的绘制

集成库又可简称为元件库，在本书前面章节中都以元件库的名字出现，本章节由于涉及库的绘制，为了避免混淆，本章节中称为集成库。DXP 中的库文件是以集成库的形式出现的。集成库工程包括原理图库文件和 PCB 库文件，在 DXP 自带库文件夹中没有的元件需自建集成库工程。集成库工程是硬件板级设计必须掌握的重要知识点。

建立集成库工程，单击打开“File”栏，选择“New”，再选“Project”，单击“Integrated Library”，如图 5-2 所示。

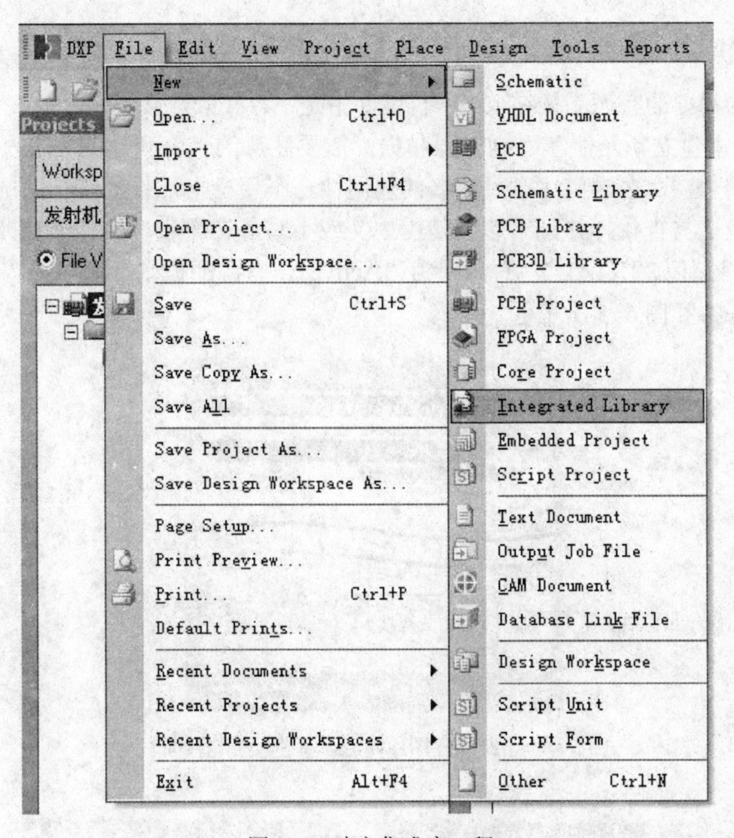

图 5-2　建立集成库工程

然后保存库工程，给保存的库工程添加原理图库和 PCB 库。注意保存时同“PCB Project”一样需要保存在同一个新建文件夹里，方便以后安装和调用。

操作完成，建立集成库工程总览如图 5-3 所示。

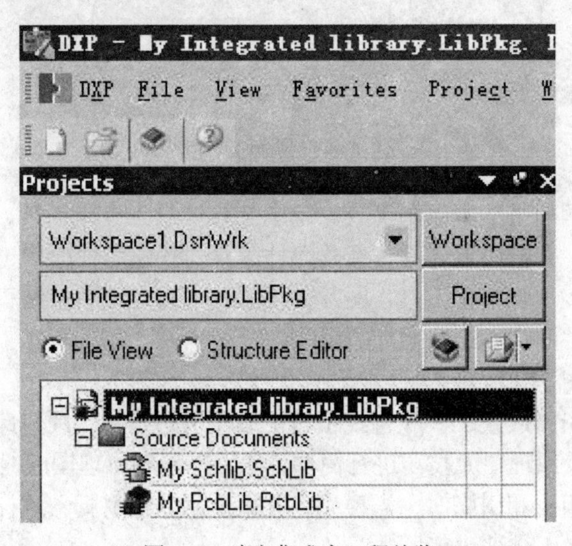

图 5-3　建立集成库工程总览

5.2.2 原理图库的绘制

在本设计中需要的有源晶振在 DXP 自带库中是不存在的，接下来开始在原理图库“My Schlib.SchLib”中建立新元件，绘制有源晶振，需要注意的是，新建的元件和原有的元件都是不能重命名的。在命名时要注意元件名的通用性，不要过于冗长，推荐使用缩写的大写英文单词，方便记忆与查找，并且不建议使用中文或小写英文命名。如晶振在 DXP 或更早的 Protel 版本元件名都为“XTAL”，有源译为“Active”，有源晶振则可命名为“ACT XTAL”。

操作如图 5-4 和图 5-5 所示。

图 5-4 绘制原理图库步骤 1（进入绘制页面）

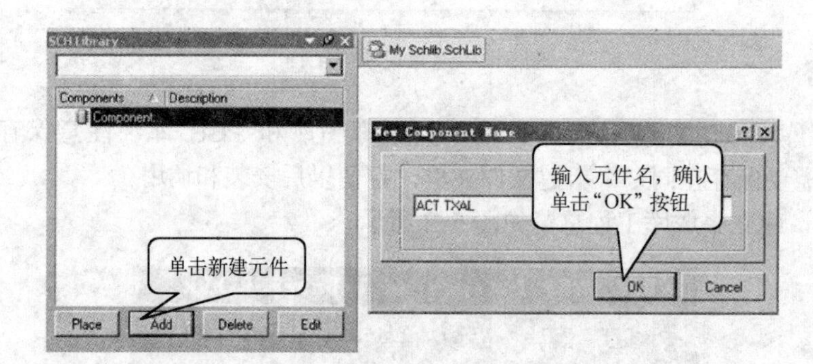

图 5-5 绘制原理图库步骤 2

元件绘制需要了解的是基本绘制工具。基本工具里包含直线工具、贝塞尔曲线工具、圆弧工具、多边形工具、字符放置工具、新建元件工具、新建元件模块工具、矩形放置工具、倒角矩形放置工具、实体圆放置工具、图片文件插入工具、阵列粘贴工具和引脚放置工具。在绘制原理图库时应了解基本绘制工具的用法。

基本绘制工具如图 5-6 所示。

矩形放置工具、引脚放置工具和直线工具是最常用的绘制工具，此处以有源晶振绘制为例对基本绘制工具以及原理图库技巧进行简单说明。在绘制原理图库时需要掌握 3 个原则。

在元件需要绘制矩形和引脚时，需要先放置矩形后放置引脚。这样能保证在保存原理图为低版本文件时引脚名不会被遮盖。

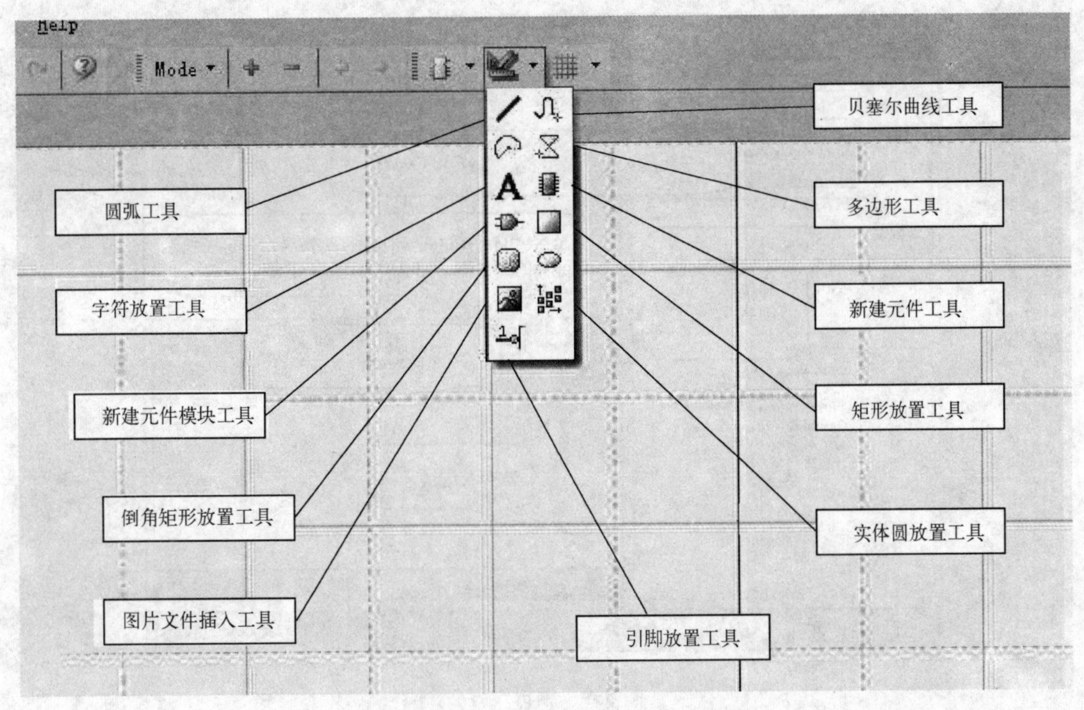

图 5-6　基本绘制工具

元件一定要落在图样中心，即两条黑色实线的交叉处。这样能保证元件在放置原理图时放置点在元件上。

引脚的热点一定要朝向空旷处，且一定要落在栅格的焦点上，即热点的 X、Y 坐标都要为 10 的整数倍。这样能保证原理图绘制时引脚连线能连接，且为直线。

绘制后的有源晶振如图 5-7 所示。

在绘制好元件后就要进行属性编辑，在属性编辑中对元件的原理图标号名进行设置。如在调用 DXP 自带库中的电阻标号为“R?、Res1、1K”，这样属性显示进行默认设置。

编辑设置如图 5-8 所示。

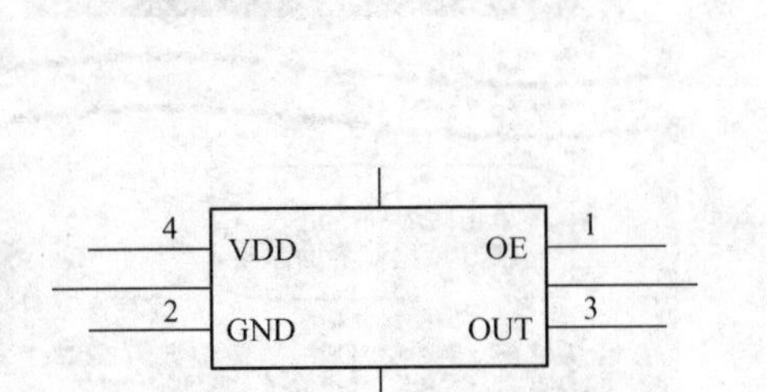

图 5-7　有源晶振（原理图库图）

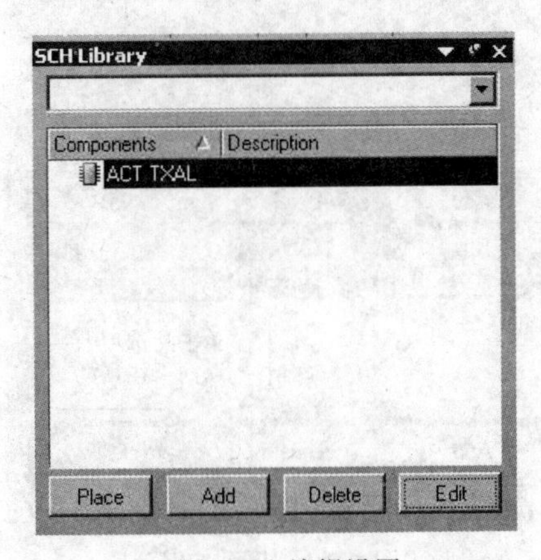

图 5-8　编辑设置 1

完成图 5-7 后会进入图 5-9 所示的设置界面。

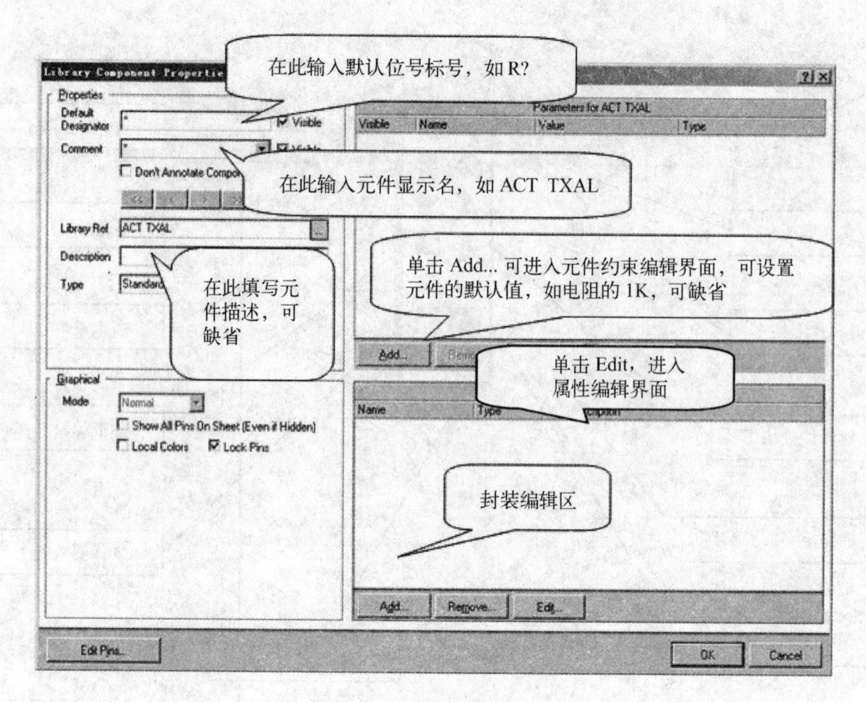

图 5-9　编辑设置 2

注意在“Default Dsignator”中输入的是原理图绘制中的位号，这里的命名格式为：“位号名+‘？’”，“？”不能缺省，在原理图自动标号或手工标号时“？”会被正整数所替代，位号也会变为如 R1、U66 等，这里绘制晶振填写 CR?或 Y?。在 Comment 中输入元件的显示名，虽然在 DXP 中有专门设置默认值的设置选项，为了方便在此也可输入默认值，如在有缘晶振绘制时可填写元件名：ACT TXAL，也可以填写默认值如 12.000MHz。以上两部分不可以为缺省值。

5.2.3　PCB 库的绘制

进行以下操作进入 PCB 库绘制界面，如图 5-10 和图 5-11 所示。

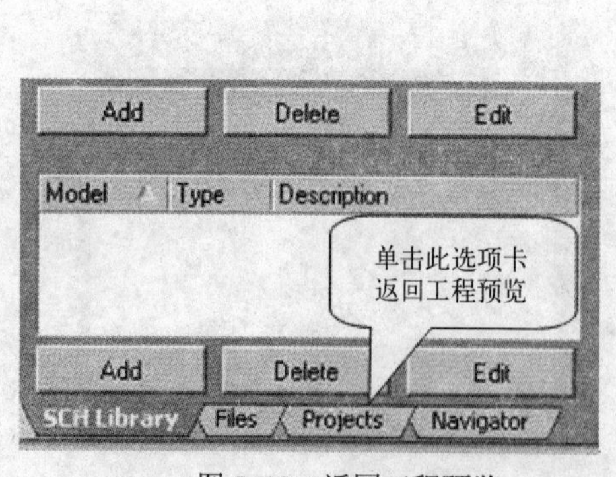

图 5-10　返回工程预览

图 5-11　进入 PCB 库绘制界面

在 PCB 库绘制前需要掌握 PCB 库的常用绘制工具，认识 PCB 库的默认作业层。PCB

的常用绘制工具包括线放置工具、焊盘放置工具、过孔放置工具、字符放置工具、坐标放置工具、测量工具、几何图形放置工具和阵列粘贴工具。PCB 库的默认作业层包括顶层（Top Layer）、底层（Bottom Layer）、机械层（Mechanical 1）、顶层丝印层（Top Overlay）、禁止布线层（Keep-Out Layer）和多面层（Multi-Layer）。

如图 5-12 和图 5-13 所示。

图 5-12　进入 PCB 库绘制界面

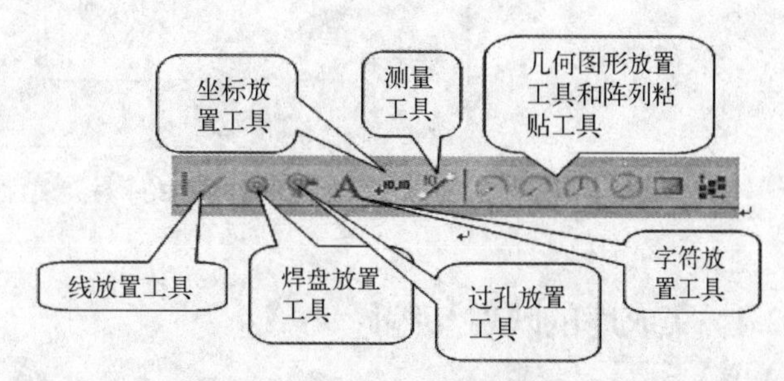

图 5-13　PCB 库常用绘制工具

在绘制 PCB 库图时需要先选择工作层，再在层上作图。

首先对层进行一个初步的了解，在默认工作层中“Top Layer”和“Bottom Layer”是具有电气连接的层，它们对应的物理意义为 PCB 上顶层和底层上的铜箔。机械层“Mechanical 1”可以为元件的主体部分的边沿或投影，一般缺省不用。顶层丝印层（Top Overlay）的物理意义为非电气连接的标识，如同纸张上图片和文字。禁止布线层（Keep-Out Layer）一般不在 PCB 库文件中应用，一般是作为 PCB 文件的中的 PCB 开槽和 PCB 外框绘制。多面层（Multi-Layer）是在双层 PCB 中既出现在顶层又出现在底层，具有电气连接层，一般用来绘制过孔和热沉。

此处以有源晶振绘制为例对常用绘制工具以及 PCB 库技巧进行简单说明。在绘制 PCB 库时需要掌握两个原则。

1）PCB 库的封装一定要过坐标（0，0），这样能保证在 PCB 图编辑时拖动或旋转封装时封装方便控制。

2）注意焊盘的孔比测量的孔要稍大，且为 0.01mm 的正整数倍。因为在制板工艺中会在金属化过孔内边沿沉铜和喷锡，这样会增大孔的机械公差，现国内 PCB 厂家的钻具一般是以 0.01mm 步进的。

以下为 PCB 库封装绘制的基本操作，缺省绘制过程，如图 5-14 和图 5-15 所示。

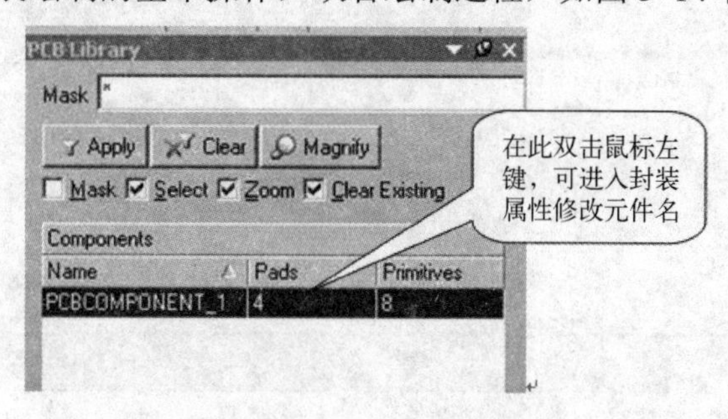

图 5-14　PCB 库封装重命名

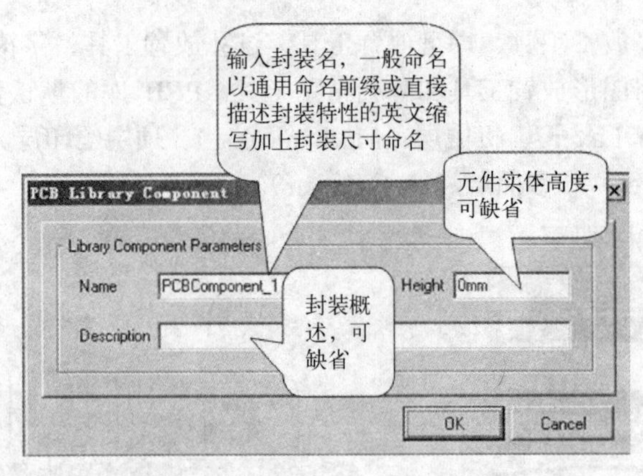

图 5-15　PCB 库封装属性的修改

5.2.4　集成库的映射与编译

在绘制好原理图库和 PCB 库后，需要通过映射将原理图库中的元件与 PCB 库中的封装建立起关系，并通过汇编使得集成库文件能使用。

接下来通过图 5-16 至图 5-18 的步骤对集成库的映射与汇编进行了解。

添加封装时应注意封装的引脚编号要与原理图库里的元件引脚成对应关系，封装的引脚数可大于元件引脚数，如图 5-19 所示。

图 5-16　原理图库元件属性的修改

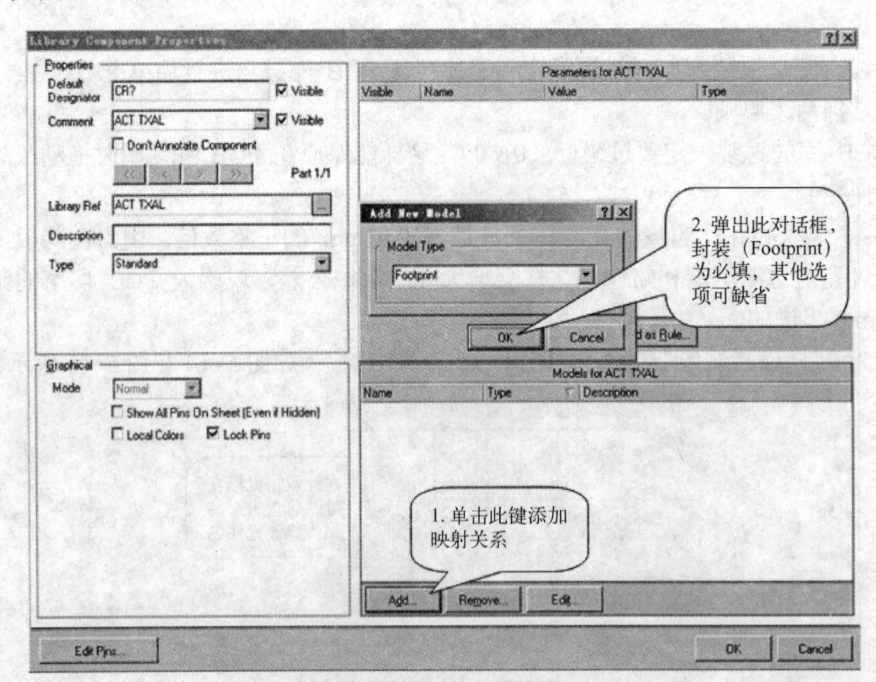

图 5-17　添加映射关系

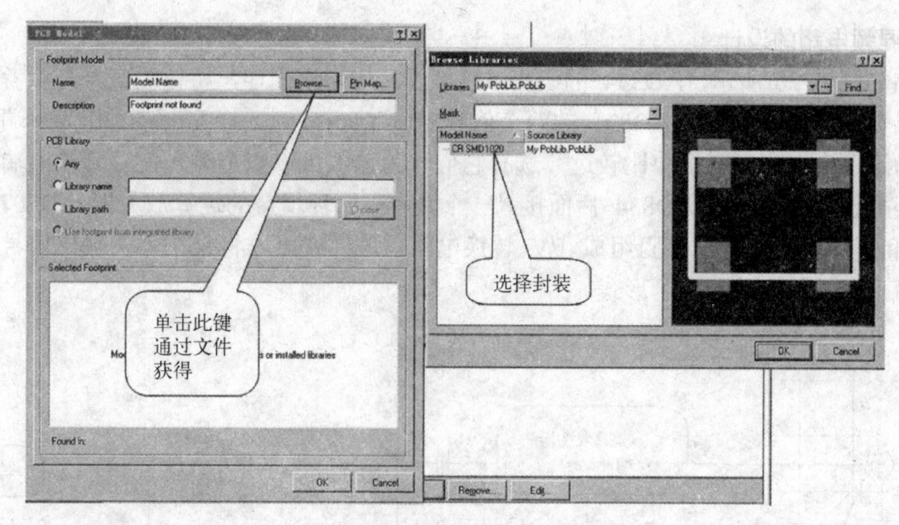

图 5-18　添加封装映射关系

图 5-19　集成库的编译

汇编后集成库就可以应用到原理图绘制和 PCB 绘制中了，不需要再添加。

5.3　项目实施

5.3.1　实施步骤及要求

1．混频电路元件需求

本混频电路是以模拟乘法器 AD834 为核心，本振频率为 32.768MHz 设计的。AD834 为 500MHz 四象限乘法器。

在高频设计中需要考虑元器件引脚、PCB 走线引起的分布参数，如寄生电感、寄生电容、不等信号线的竞争与冒险等。所以在元器件选型时尽量选取表面封装元件，即通俗所称的贴片元件。在电源的处理上充分考虑电磁兼容性，设计充裕的退耦电容与 EMI 电感。以让信号减小电源馈线的串扰。

模拟乘法器是一种完成两个模拟信号相乘的电子器件，由于乘法器与双平衡混频器相比具有更好的线性。因此，本设计选用了 ADI 公司的 AD834 芯片作为系统的混频器使用，利用 AD834 将待测信号与有源晶振产生的参考信号进行混频后，再将差频信号以单端电压信号的方式输出。

2．混频电路的设计

电路如图 5-20 所示，AD834 的引脚 51 和 Y2 均与地相连，将待测信号与参考信号分别以单端输入的形式输入到 AD834 的两个信号端口 Y1、52。选择 Y1、52 作为单端输入引脚是因为这两个引脚离输出端比较远，选择它们作为输入可以减小输入信号到输出端的耦合分量。根据设计需要，在 AD834 后面接入一个具有高开环增益的运算放大器 AD707，通过 AD707 和反馈电阻、输出电阻组成 I/V 转换电路，这样就可以将乘法器的输出信号由双端差分电流形式转化为单端电压形式。

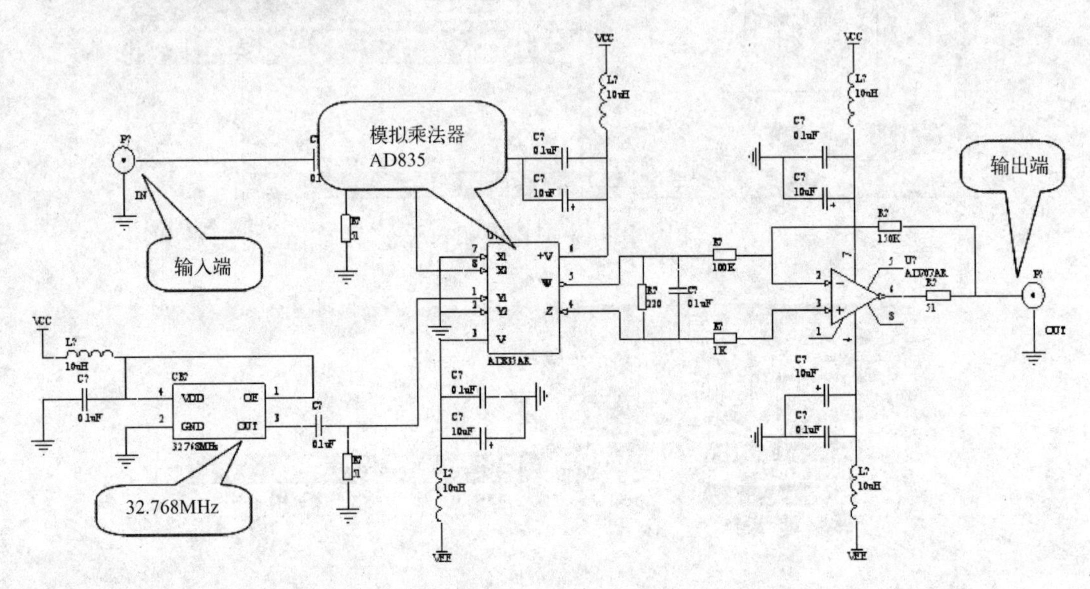

图 5-20　集成库的汇编

用到的元件：0.1uF\63V，0805 贴片封装，瓷介电容，6 个；10uF\6.3V，1210 贴片封装，钽电容，4 个；10uH，0805 贴片封装，电感 5 个；51Ω\1/4W，0805 贴片封装，金属膜电阻 3 个；200Ω\1/4W，0805 贴片封装，金属膜电阻 1 个；100K\1/4W，0805 贴片封装，金属膜电阻个；1K\1/4W，0805 贴片封装，金属膜电阻 1 个；100K\1/4W，0805 贴片封装，金属膜电阻 1 个；AD834AR，SOP8 贴片封装，模拟乘法器；AD707AR，SOP8 贴片封装，运算放大器。

3．建立项目文件

1）菜单栏：“File”→“New”→“PCB Project”，如图 5-21 所示。

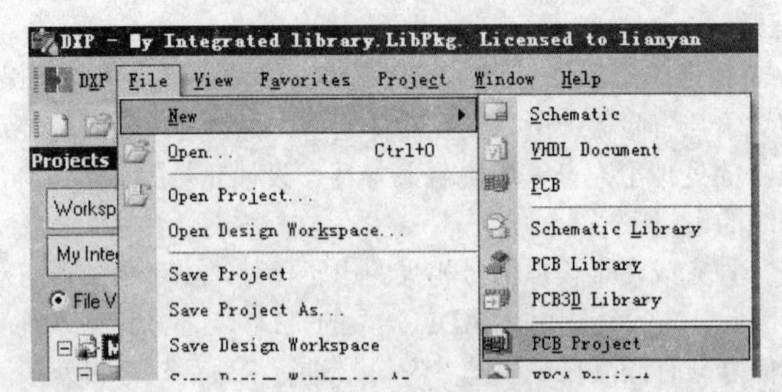

图 5-21　建立 PCB 工程

2）保存工程并给工程添加原理图文件和 PCB 文件，如图 5-22 和图 5-23 所示。

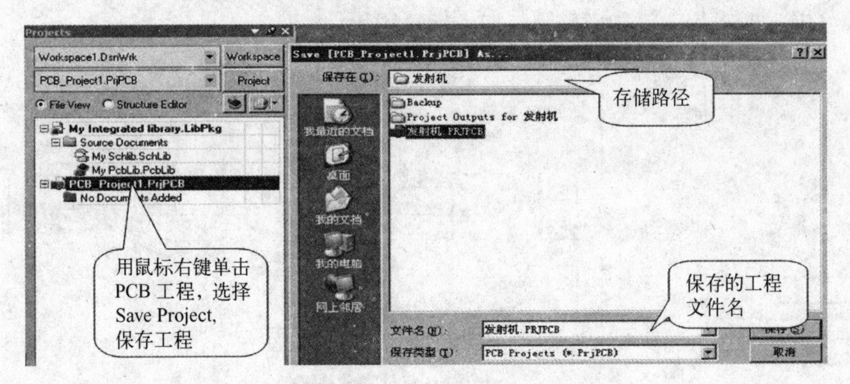

图 5-22　保存 PCB 工程

图 5-23　给 PCB 工程添加原理图文件或 PCB 文件

4．绘制原理图

在本设计中需要添加调用两个新集成库，都为 Analog Device 公司的库，AD Analog Multiplier Divider.IntLib 和 AD Operational Amplifier.IntLib，在接下来的绘图中会用到这两个库的元件 AD834AR 和 AD707AR。

（1）放置元件

选择元件的正确封装，将要用到的元件放置到“*.SchDoc”文件的图样中，布局原则可以按信号流向顺序布局，如图 5-24 所示。

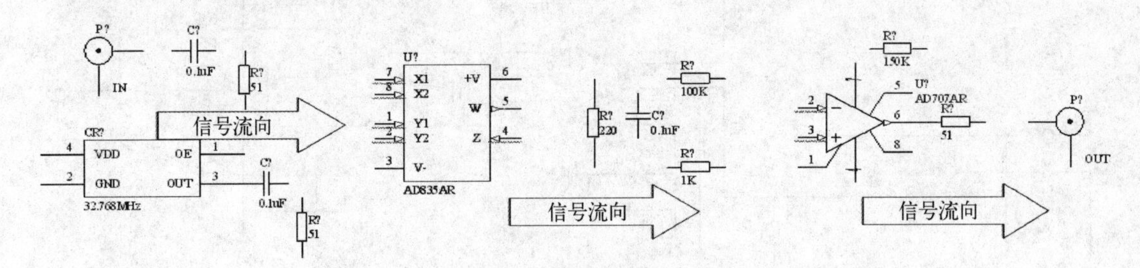

图 5-24　原理图布局示例

（2）连线与布局调整

连接元器件，放置电源，在布置电气连线时进一步进行布局。布局既要考虑到原理图的功能分布，也需要考虑识图的方便，当然布局美观大方更能彰显布局的规整与设计人员的图样表达能力。

在布局美观修饰上有些简单的规则，在此简略介绍。在布局是可在考虑功能分布后尽量按主要元器件轴对称或中心对称布局，如图 5-25 所示。

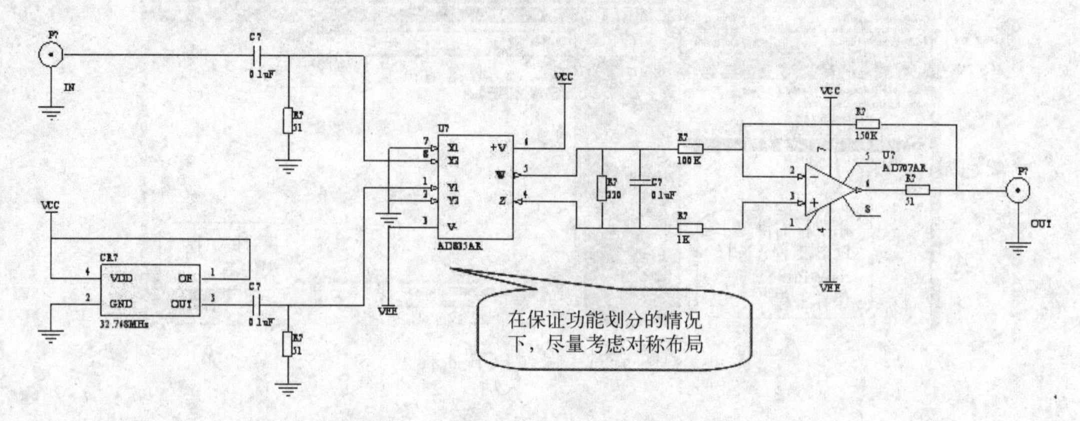

图 5-25　元器件轴对称或中心对称布局

（3）原理图后期检查与处理

原理图布局连线后要做好以下检查：检查原理图是否有原理上的错误、检查连线是否错误、检查交叉线是否连接、检查电源是否连接、检查元件封装是否正确、检查元件隐藏引脚的网络是否与布线网络连接、检查是否做好信号完整性与电磁兼容性处理。其中，比较容易忽视的是元件的隐藏引脚的网络没有与应该相连接的网络连接、两线应该的交叉的没有交叉。

通过上图的观察发现电源并没有做退耦处理，电路产生的干扰信号可能会在极间串扰，影响信号的完整性和电磁兼容性，如图 5-26 和图 5-27 所示。

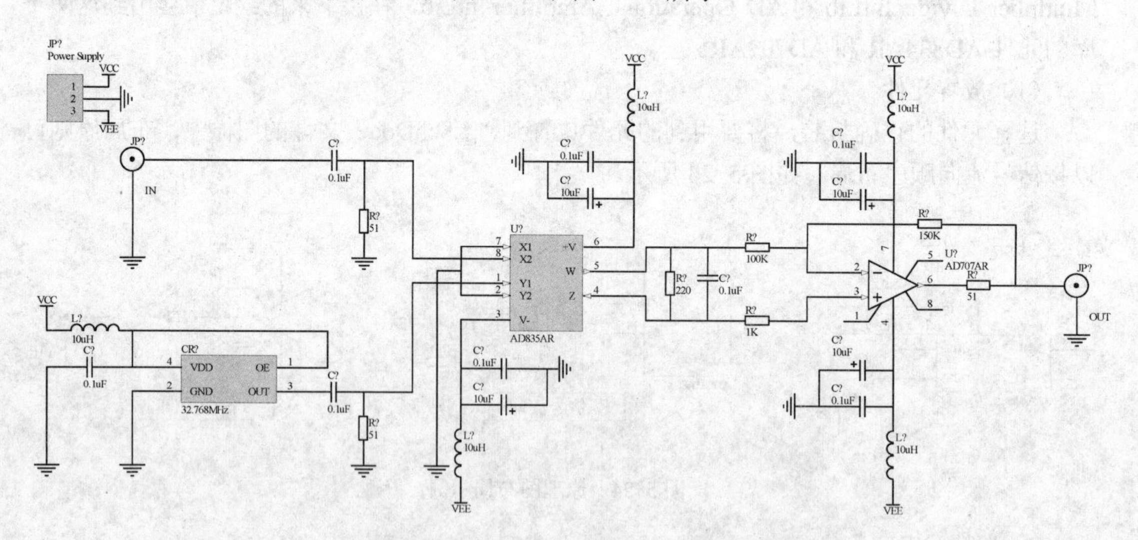

图 5-26　原理图后期检查与处理示例

元件清单检查封装是否与设计匹配，参数是否正确。元件清单可以用于目视检查或导出文件检查。这类检查对设计经验不成熟的设计师非常奏效，如图 5-28 所示。

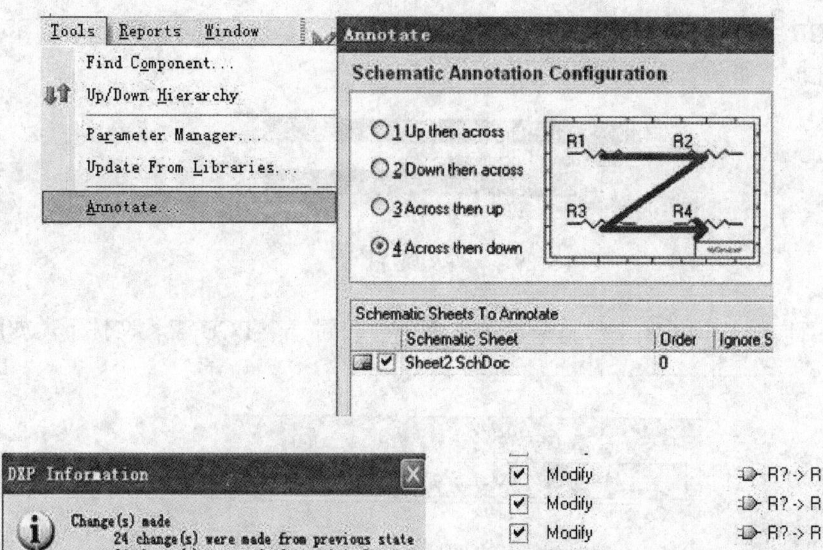

图 5-27 “元件自动标号”对话框按钮的步骤

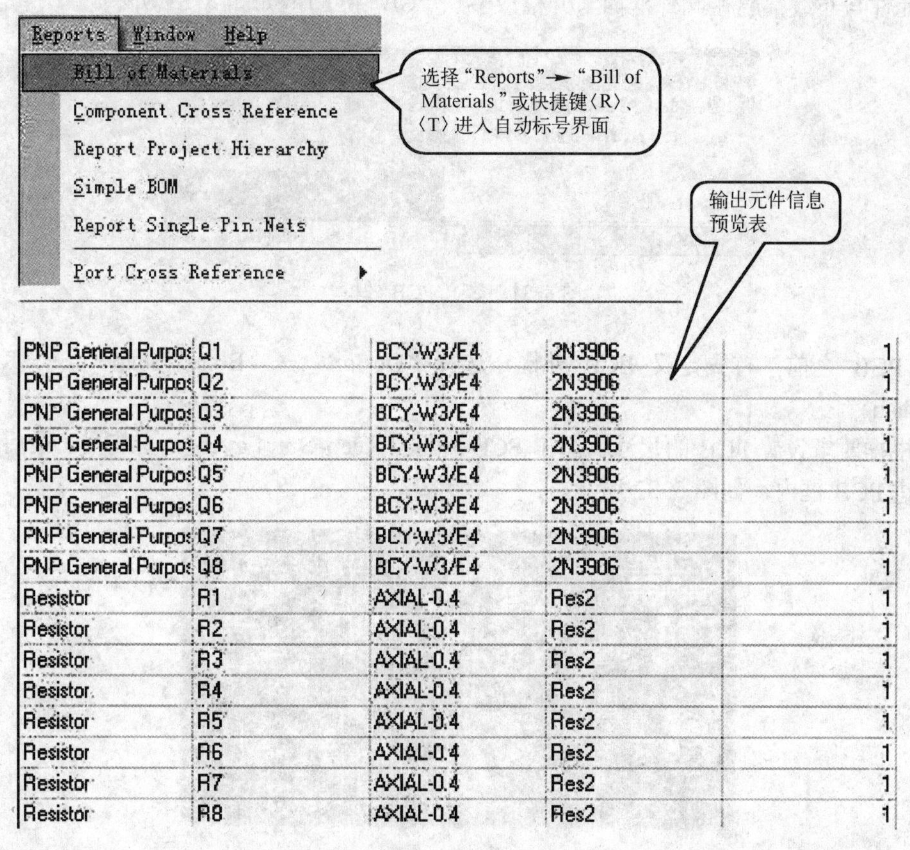

PNP General Purpos	Q1	BCY-W3/E4	2N3906		1
PNP General Purpos	Q2	BCY-W3/E4	2N3906		1
PNP General Purpos	Q3	BCY-W3/E4	2N3906		1
PNP General Purpos	Q4	BCY-W3/E4	2N3906		1
PNP General Purpos	Q5	BCY-W3/E4	2N3906		1
PNP General Purpos	Q6	BCY-W3/E4	2N3906		1
PNP General Purpos	Q7	BCY-W3/E4	2N3906		1
PNP General Purpos	Q8	BCY-W3/E4	2N3906		1
Resistor	R1	AXIAL-0.4	Res2		1
Resistor	R2	AXIAL-0.4	Res2		1
Resistor	R3	AXIAL-0.4	Res2		1
Resistor	R4	AXIAL-0.4	Res2		1
Resistor	R5	AXIAL-0.4	Res2		1
Resistor	R6	AXIAL-0.4	Res2		1
Resistor	R7	AXIAL-0.4	Res2		1
Resistor	R8	AXIAL-0.4	Res2		1

图 5-28 元件清单检查

5. 绘制 PCB

文件从属性检查如图 5-29 所示。

图 5-29 文件从属性检查

文件的从属性需保证 PCB 文件与原理图文件必须在同一个 PCB 工程文件下，如图 5-30 所示。

图 5-30 原理图导入 PCB 文件

6. 定义 PCB 的外框

PCB 外框为 PCB 布局布线的约束，外框是由 PCB 所需装箱的机箱，或其他安装对象给 PCB 预留的外形所决定的，外框所在的作业层应在禁止布线层（Keep-Out Layer）。PCB 图样上的元件与布线都应在此外框内（开槽或多块 PCB 除外），如图 5-31 所示。

图 5-31 定义 PCB 外框

画 PCB 之前，首先定义 PCB 外框，选择“Design”→“Board Shape”→“Redefine Board Shape”。

再根据要求设置 PCB 的尺寸，画出 PCB 外框（Keep-Out Layer）、安装孔。最后将元件全部放进 PCB 框内，如图 5-32 所示。

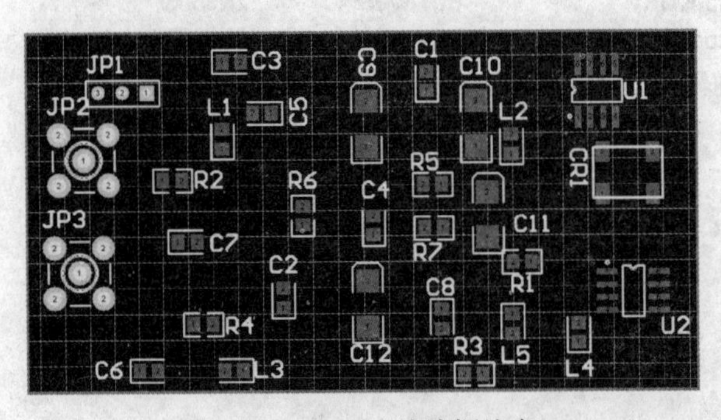

图 5-32 PCB 布线边框约束

在边框约束下进行 PCB 布局，此 PCB 为高速 PCB，PCB 布局应使信号线短而直，信号线和电源线与地线索围成的面积越小越好。

布局时应充分考虑 PCB 的实用性，比如电源端口、数据端口和信号端口等应布局到 PCB 的边沿。然后以输入、输出端口中心连线为中心轴，将主要信号元件落在端口中心轴上再进行布局。退耦电容和 EMI 电感等电气参数改善元件应排布在所对应的信号器件旁边，如图 5-33 所示。

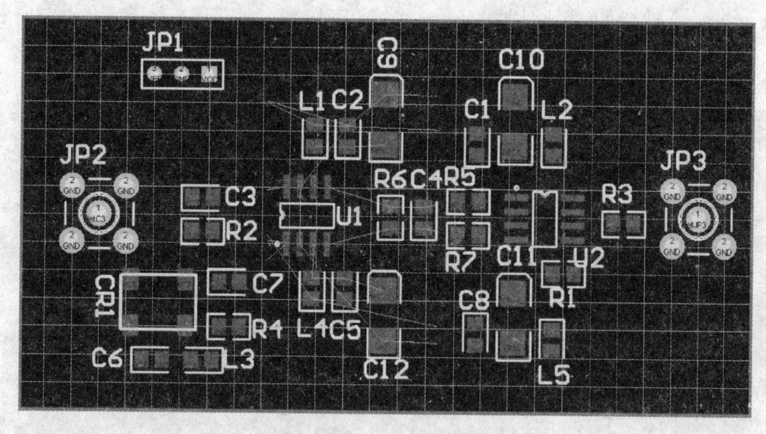

图 5-33　PCB 布局图

PCB 完成大致布局后需要按设计要求进行 PCB 规则设置，如图 5-34 所示。

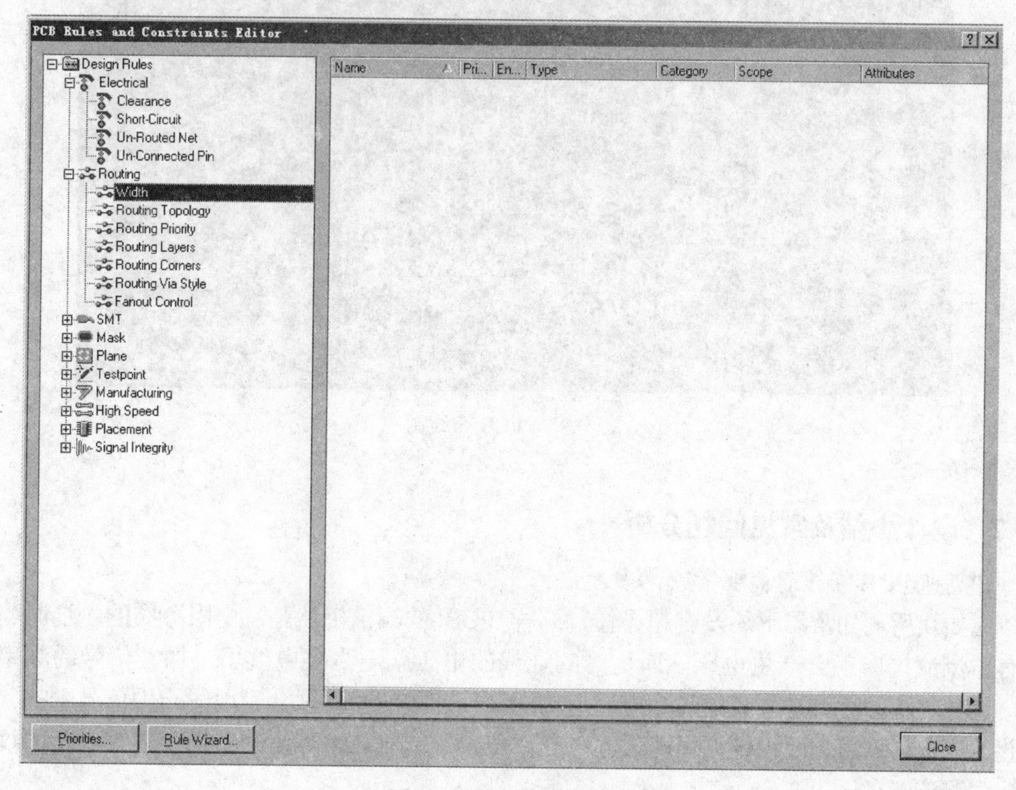

图 5-34　PCB 规则设置

操作“Design”→“Rules”，快捷键〈D〉、〈R〉进入 PCB 规则设置，DXP 提供了功能完善的约束规则，包括电气距离、线宽、焊盘属性、过孔属性、贴片元件布线约束和高速布线规则等。

最常用的规则有电气距离、线宽和过孔属性等设计约束。在设计中，DXP 软件默认的电气距离为 10mil（0.254mm）、线宽为 10mil（0.254mm）、过孔孔环为 50mil（1.27mm）和孔径为 28mil（0.7112mm）。在设计中往往需要对这些参数进行修改，因为不同的信号或电源强度对 PCB 的布线性能要求差异较大。高速设计中，特别是高速数字信号设计中往往需要对高速设计规则（High Speed）规则进行设计，设计图如图 5-35 所示。

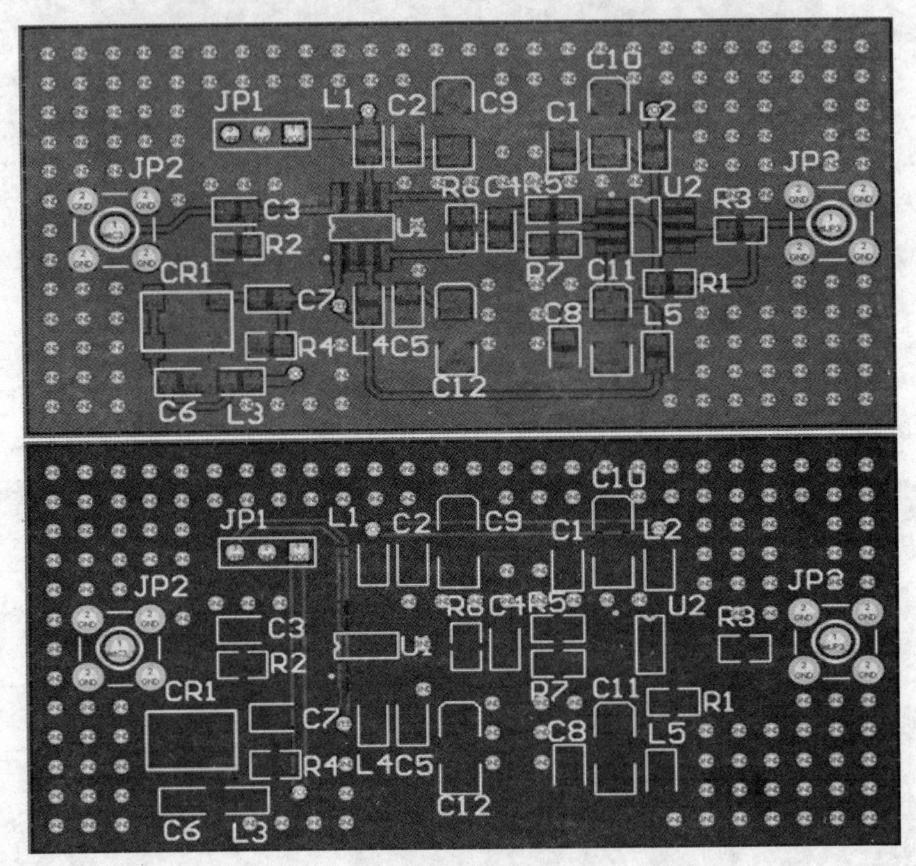

图 5-35 PCB 布线图

5.3.2 设计小结及常见问题分析

在高速 PCB 布线时需要考虑诸多参数。

比如众所周知常温下还没有超导体，同样 PCB 的铜箔仍然是有电阻分布的。这时当地线有电流流过时就会产生电压，而这时的地线的电压就不为零电位了，加之信号的频率很高，这时的地信号就是个高频的噪声，与这地线相连接的器件就会受地线产生信号干扰。对于此类干扰可采用大面积覆铜接地的方法加以改善，同时在地网络的覆铜上放置大量的过孔将上下铜箔连接。

同样的问题也可能出在低速 PCB 上，一般分析设计有简单的原则，即：分析某个地节点上的电流是否来源于唯一的元件，将有多个元件流过的地节点拆分，把电源和地都分别接到同一节点上，这就是单点接地或单点接电源。

为了将信号电流流过的地线和主功率信号流过的地加以区分布线，往往采取在原理图设计时用不同的地网络将其区分，如：PGND、SGND、AGNG 和 EGND 等，最后通过零欧电阻或磁珠将其连接到同一铜箔上。

在不同的相互电气隔离但有信号关联的两块铜箔可以用电容相连接，已构成信号通路，电容的取值参考信号的频率。

5.3.3 想一想、做一做：高速 A/D、D/A 电路设计

1．想一想

日常接触的大量电路都是低速的，对 PCB 布线上没有太多的硬性要求，但是随着电子技术的迅猛发展，大多数的电路也从低速向高速发展、由通孔插接封装向表面装接封装发展。传统针对通孔插接元件的布线方式已不太适合对高速 PCB 布线。

本电路设计是对高速模拟信号和高速数字信号器件进行设计的。设计中既要考虑高速模拟信号的信号完整性设计，又要兼顾高速数字信号的信号完整性设计。想一想在 PCB 布局、布线上如何平衡相悖的布线方式显得尤为重要。

图 5-36 和图 5-37 分别为高速 A/D、D/A 电路接口通孔为 2.54mm 间距的接线端子。

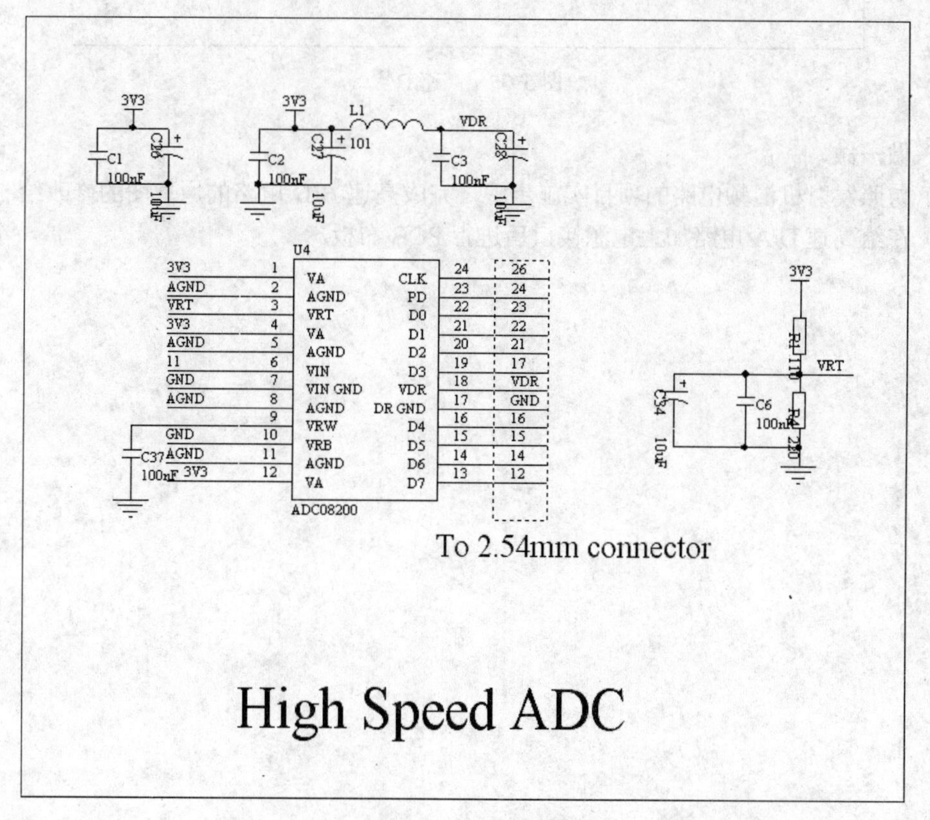

图 5-36　高速 A/D

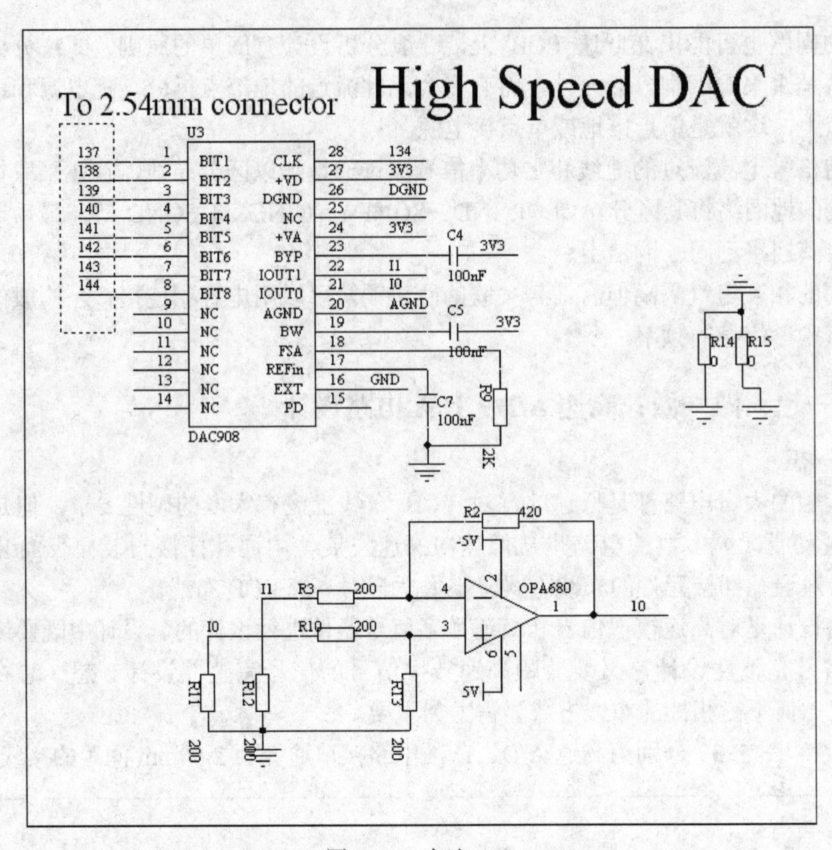

图 5-37　高速 D/A

2．做一做

1）仿照发射机混频电路的项目实施步骤，完成高速 A/D 电路的原理图的修改绘制。

2）在给高速 D/A 电路加上电源接口后进行 PCB 布板。

项目 6　电动机转速控制电路 PCB 设计

6.1　项目描述

1．电动机转速控制电路概述

在各类机电设备中，直流电动机由于其结构的特殊性使它具有良好的起动、制动和调速性能。直流调速技术已广泛应用于现代工业、航天等各个领域。传统的直流调速系统硬件设备极其复杂、安装调试困难、相对故障率高。本项目是利用单片机实现的电动机转速控制及限速报警系统，其控制方案主要靠软件实现。

电路功能：以单片机为核心，通过红外发射接收管作为速度信号检测元件，用它对电动机的转速进行测量，然后用数码管把电动机的转速显示出来，同时还要将测得的转速值与单片机内设定的转速值进行比较，当电动机转速超过设定的最大转速时，单片机驱动报警电路报警同时让电动机降速，当电动机转速低于设定的最低转速时，单片机让电动机加速，并一直循环下去。

电动机转速控制广泛应用于工业和交通控制领域，是单片机应用电路的典型范例。本项目通过以下几个任务模拟其主要功能。

1）利用单片机 AT89C52 作为主控芯片，实现对速度物理量的测量，以实现对速度控制的目的。

2）利用红外传感器对电动机转速进行采集。

3）利用数码管显示电动机转速。

4）当电动机转速高于最大值时报警并通过单片机控制电动机减速，当电动机转速低于最低值时通过单片机让电动机加速，周而复始的循环。

2．系统框图如图 6-1 所示

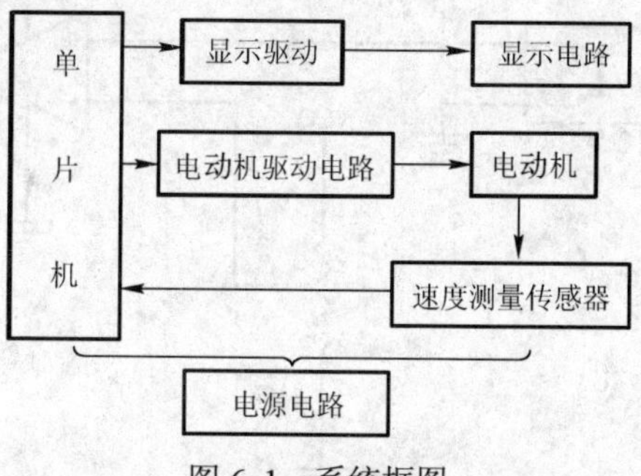

图 6-1　系统框图

该方案中，电源电路主要是提供整个系统所需的电源，单片机作为核心控制芯片，转速检测电路检测出电动机转速，单片机根据电压信息加以运算得到不同的转速，并驱动显示器件显示实时转速大小，再将实时转速与设定的转速值比较，输出不同的信号控制电动机驱动电路进而调整电动机的速度。当获得的实时速度超过设定的最大速度值时，单片机驱动报警电路报警并通过调节驱动直流电动机的信号来减小电动机转速，当电动机转速低于最低值时，单片机调节驱动直流电动机的信号使电动机加速。

3. 部分电路与整体电路

（1）红外传感器

红外传感器的基本原理就是当发射管发射的光照射到接收管时，接收管导通，反之关断。因此可以制作一个实心车轮，轮上焊 N 个与轮心等距的孔，当轮子转动时，红外发射管发出的红外信号被周期性的挡住，就会产生脉冲信号，测得单位时间内的脉冲个数并除以 N，就得到轮子的转速，如图 6-2 所示。

图 6-2　红外传感器电路符号

（2）电源电路如图 6-3 所示

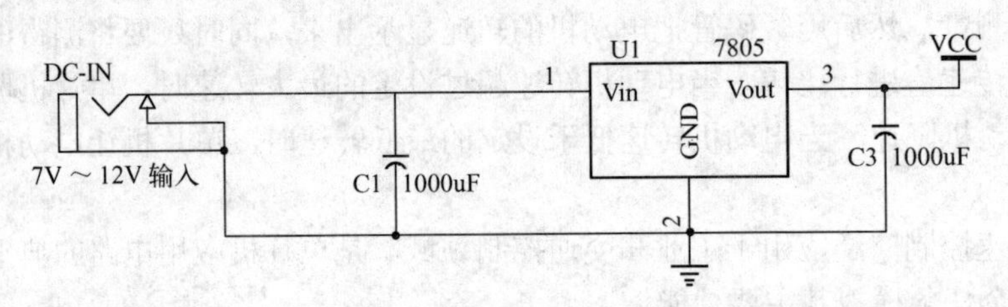

图 6-3　电源部分原理图电路

（3）脉冲信号处理电路

通过红外传感器得到的脉冲信号由 LM324 运算放大器构成的比较器进行放大，并输入至单片机 P3.5 口，进行中断计数，如图 6-4 所示。

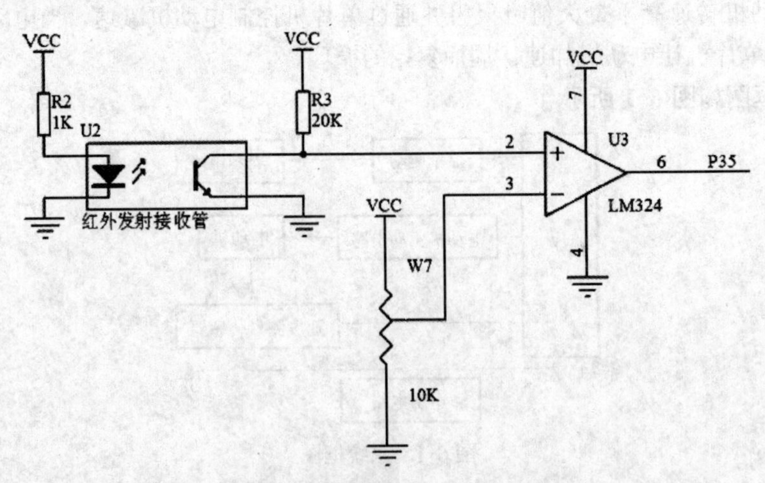

图 6-4　脉冲信号放大电路原理图

（4）直流电动机驱动电路

直流电动机的额定工作电流较大，单片机送出的控制信号必须经过多级放大才能驱动电动机转动，如图 6-5 所示。

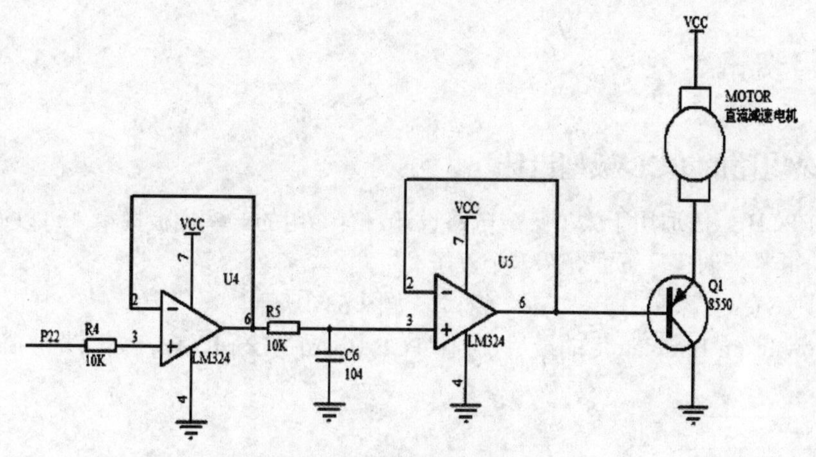

图 6-5　电动机驱动电路原理图

（5）整体电路图如图 6-6 所示

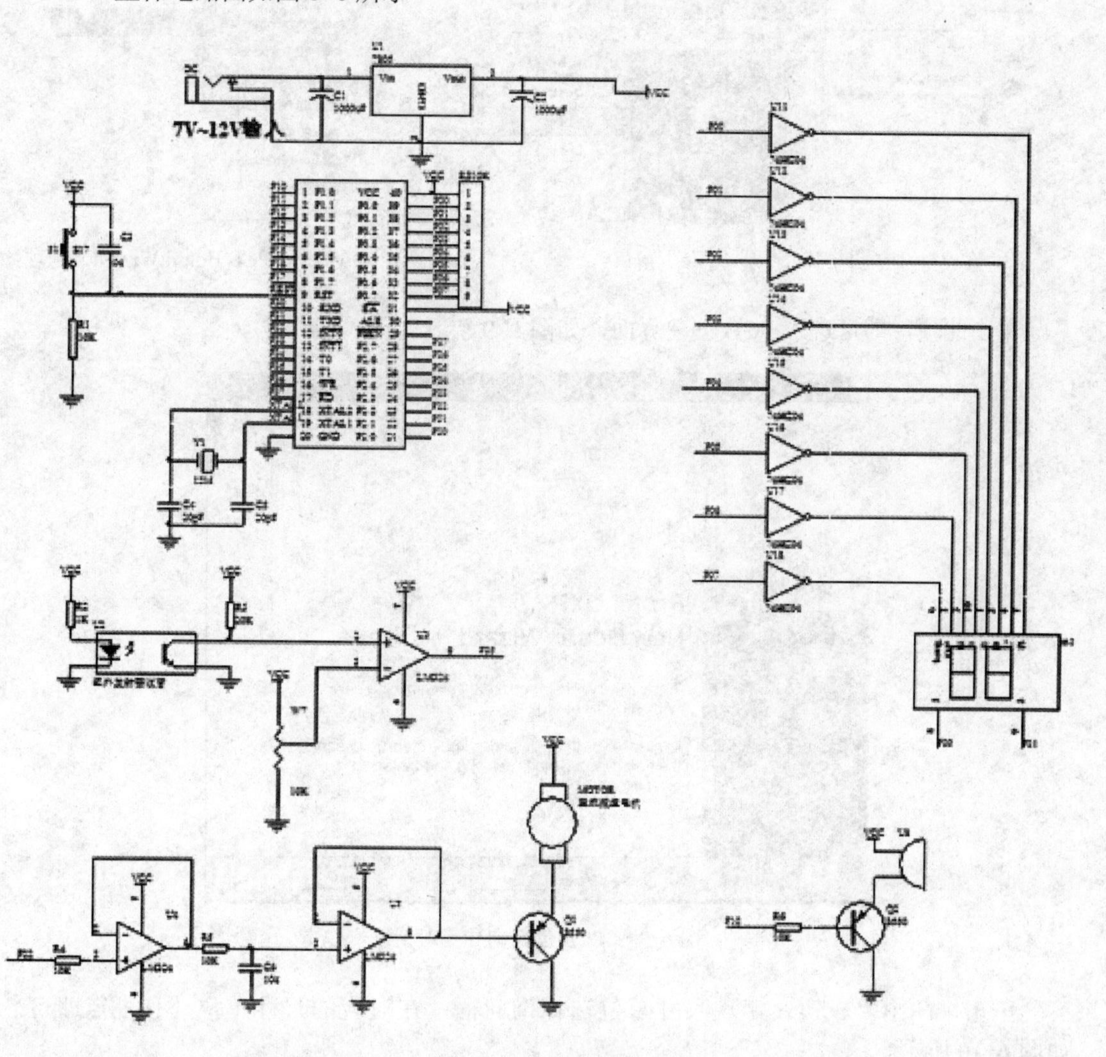

图 6-6　整体电路图

6.2 项目资讯

6.2.1 复杂电路的 PCB 板型设计

复杂的 PCB 一般适用于大型集成电路设计，有专用的一些样板模型，可以通过 DXP 的 PCB 向导编辑器来创建，下面介绍一个例子。

首先用“View”菜单打开“File”窗口，如图 6-7 所示。

在“New From Template”的最后找到“PCB Board Wizard”项，如图 6-8 所示。

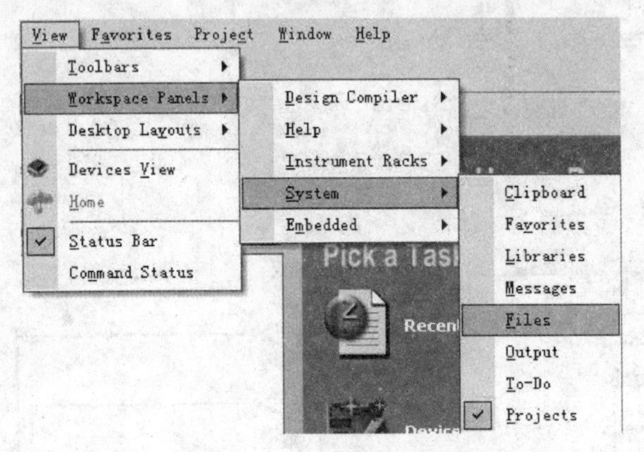

图 6-7 打开“File”窗口

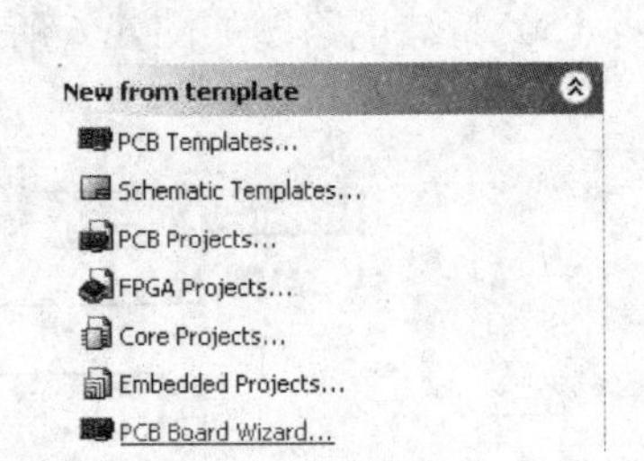

图 6-8 “PCB Board Wizard”选项

单击此项，即可进入 PCB 创建界面，如图 6-9 所示。

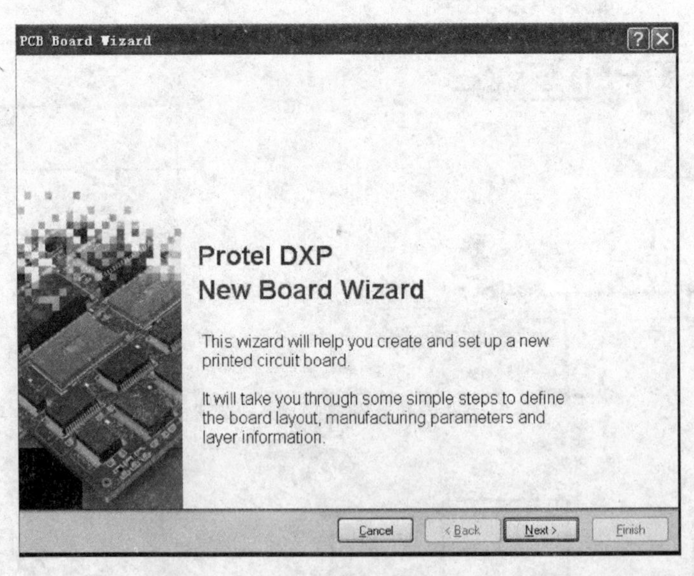

图 6-9 “PCB 创建向导”对话框

单击“Next”按钮，出现尺寸单位选择询问框，在对应的尺寸单位处打上点即可，如图 6-10 所示。

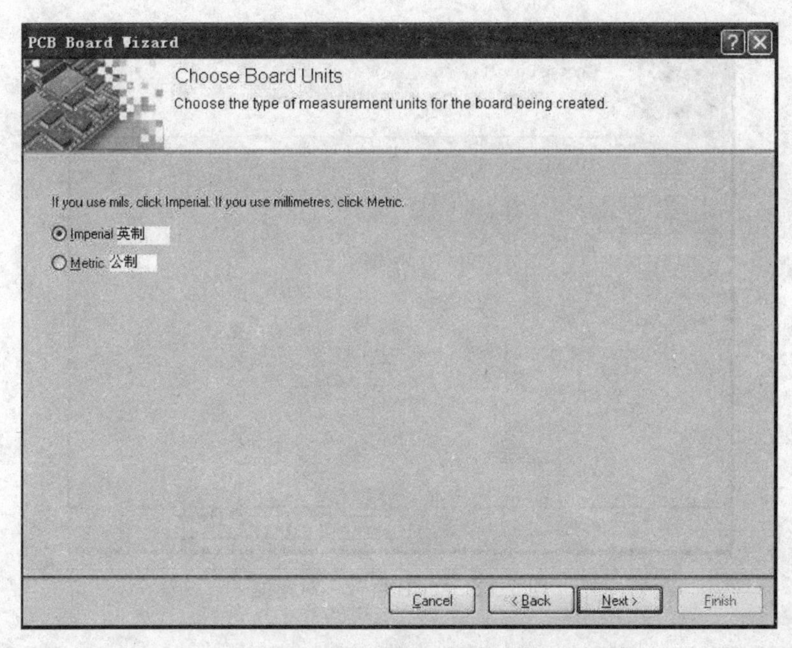

图 6-10 “PCB 尺寸单位”对话框

单击“Next”按钮即可进入板型选择询问对话框，如图 6-11 所示。

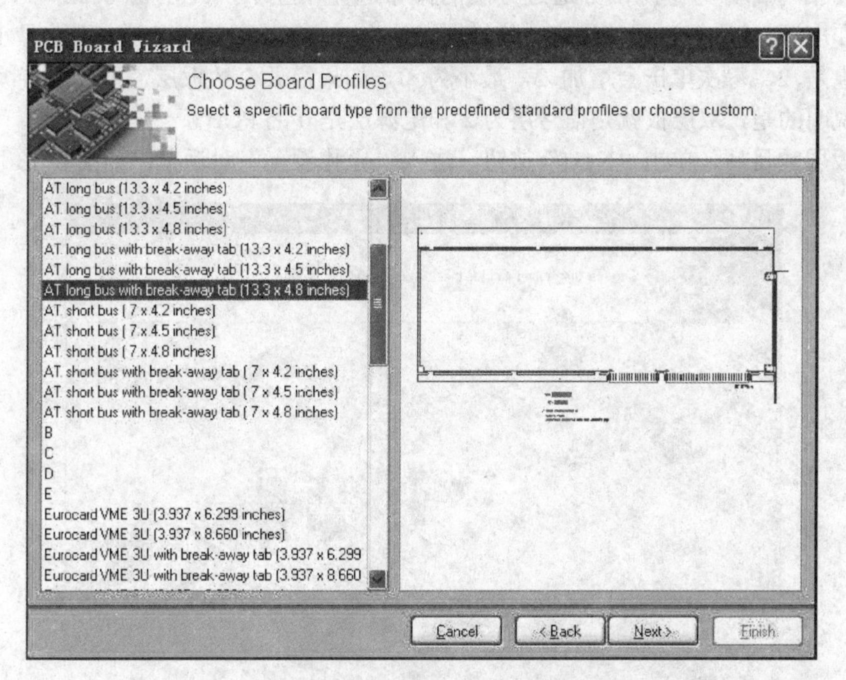

图 6-11 “PCB 板型”对话框

此对话框中有 60 多种 PCB 样板可供选择，覆盖了主流应用的需求，囊括了 IT 类常用板卡外形。单击相应的板型，右边会出现预览图。

选定所需板型后，单击“Next”按钮，进入板的层数设定对话框，如图 6-12 所示。

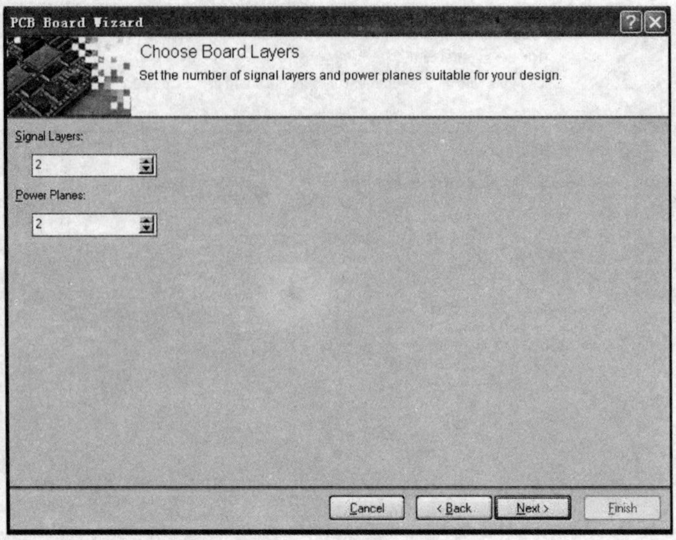

图 6-12 “PCB 层数”对话框

前面介绍的重点是双层板的 PCB 设计，但多层板也是 PCB 大家族中的重要一员，多层板往往具有更复杂的电气布局和布线，更细致的电源和信号线划分，更严格的阻抗匹配，多层板往往将信号部分与电源部分通过分层的排布避免相互干扰。在图 6-12 中，有信号层（Signal）和电源（Power）层的设定，信号层默认为 2，每次单击旁边增加 2，最小为 2；电源层默认也是 2，每次单击会增加 2，最小为 0。如果需要奇数板层，可以直接编辑对应数字，需要说明的是，双层板就是信号层为 2 和电源层是 0 的 PCB。

选好板层数目后，单击“Next”按钮，进入“导孔设置”对话框，如图 6-13 所示。

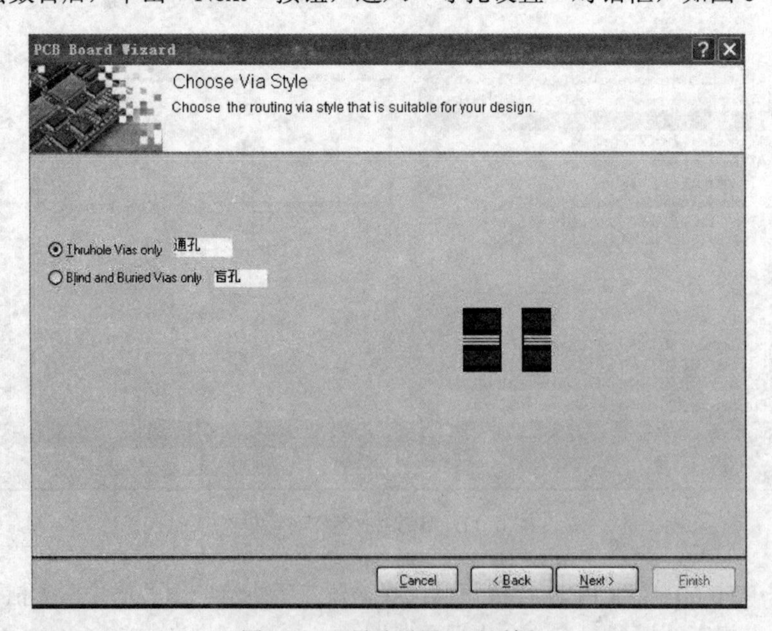

图 6-13 “导孔设置”对话框

导孔又称为过孔，是 PCB 上的重要图件，涉及元件的实物焊接，它分为 3 种：从顶层到底层的穿透式导孔，即通孔；从顶层到内层或从内层到底层的盲孔；内层间的屏蔽孔。双层板上的导孔都是通孔，它有导孔直径和通孔直径两个尺寸，盲孔只能应用在三层或三层以上的 PCB 中。

再单击“Next”按钮，进入“元件类型选择”对话框，主要有双列直插和表贴式元件两大类，如图 6-14 所示。

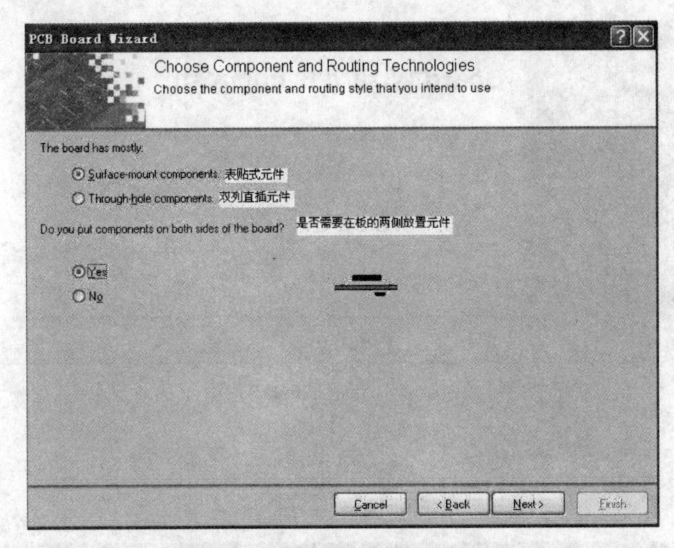

图 6-14 “元件类型选择”对话框

接下来是走线宽度和导孔具体尺寸对话框，如图 6-15 所示。

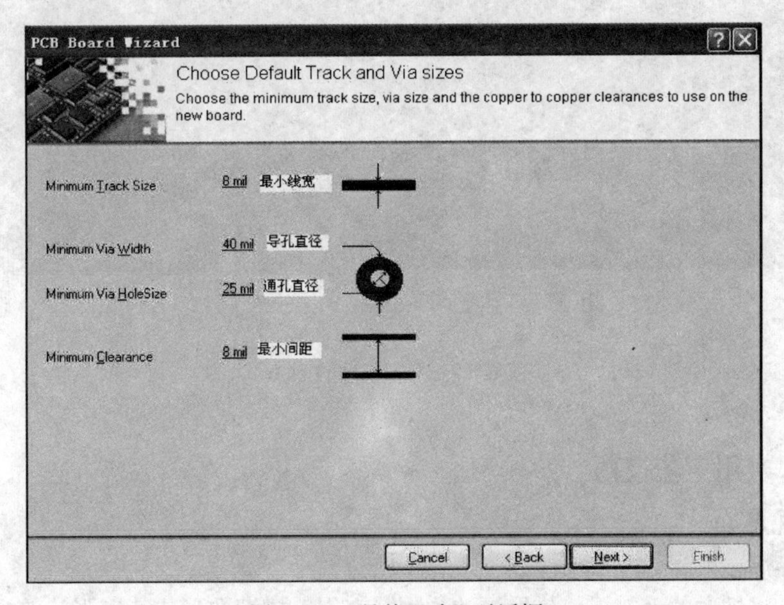

图 6-15 “具体尺寸”对话框

根据向导提示做完所有步骤后，即可完成 PCB 的定型工作，得到相应的 PCB，如图 6-16 和图 6-17 所示。

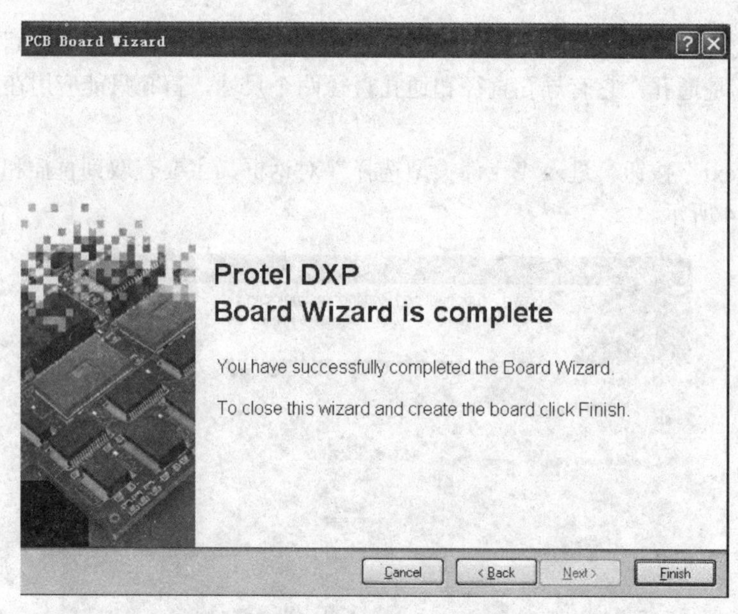

图 6-16　完成 PCB 定型

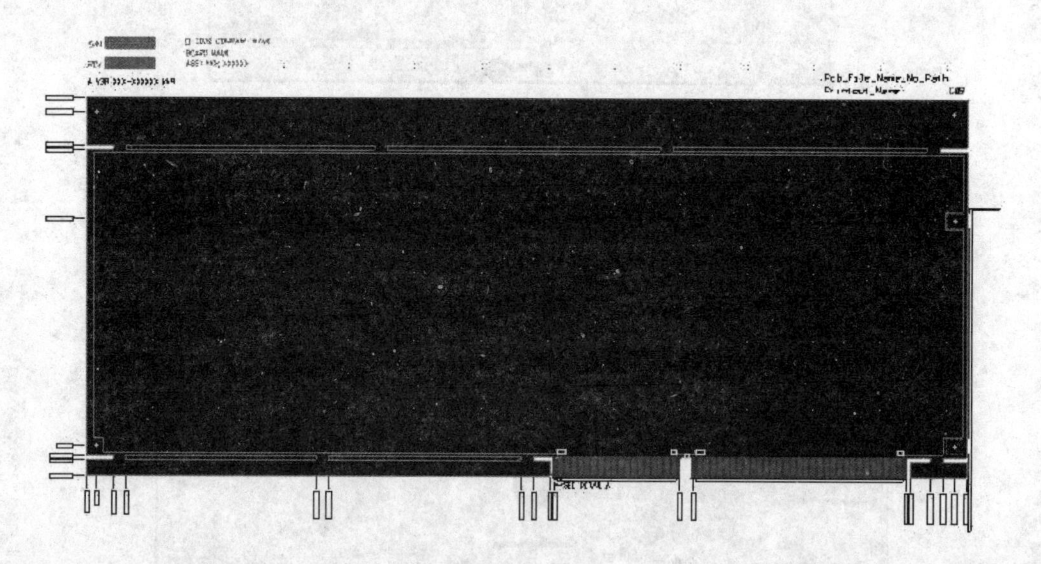

图 6-17　刚刚创建的 PCB

6.2.2　PCB 实用工艺技巧

1. 实物工艺知识

（1）波峰焊

波峰焊是将熔融的液态焊料借助泵的作用，在焊料槽液面形成特定形状的焊料波，插装（贴装）了元器件的 PCB 置于传送链上，经过某一特定的角度以及一定的浸入深度直线穿过焊料波峰而实现焊点焊接的过程，如图 6-18 所示。

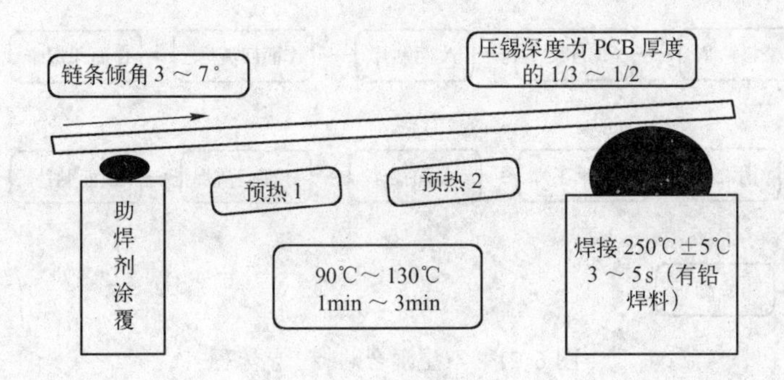

图 6-18　波峰焊工艺图

助焊剂的作用如下所述。

1）除去焊接表面的氧化物。

2）防止焊接时焊料和焊接表面再氧化。

3）降低焊料的表面张力。

4）有助于热量传递到焊接区。

（2）插装（THT）的工艺流程如图 6-19 所示

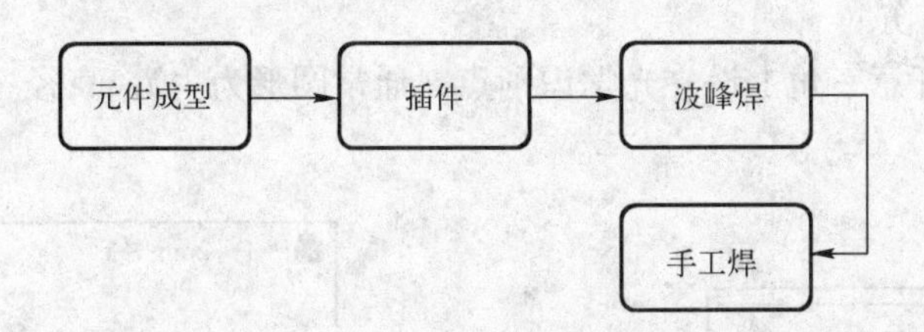

图 6-19　THT 的工艺流程

（3）元件引脚成形

元件引脚成形是指根据元器件在印制电路板上的安装形式，对元器件的引线进行整形，使之符合在印制电路板上的安装孔位。元件引脚成形有利于提高装配质量和生产效率，使安装到印制电路板上的元器件美观。元件成形的弯曲要求如下，如图 6-20 所示。

1）引线弯曲的最小半径不得小于引线直径的两倍，不能“打死弯”。

2）引线弯曲处距离元器件本体至少在 2mm 以上，绝对不能从引线的根部开始弯折。

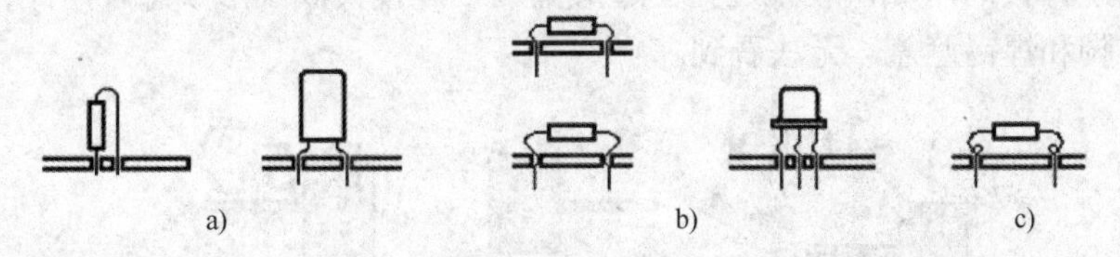

图 6-20　元件引脚弯曲示例

（4）双面插贴混装工艺

除了双列直插的 PCB 外，SMT 贴装是目前 PCB 的重要装配工艺。两者的混合贴装更是主流工艺，如图 6-21 所示。

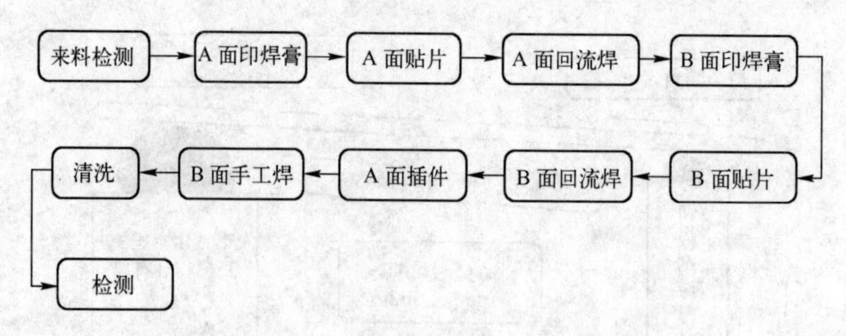

图 6-21 双层混合贴装工艺流程

（5）焊点质量判定标准

根据 IPC—A---610D 电子组装件的验收条件，大多数民用级印制电路板可采用如下标准验收：即元件脚伸出 PCB 0.75～1.5mm，或为 1±0.25mm；锡不能将脚包完——头可见；焊锡与 PCB 平面夹角≤30°；无缺锡、拉尖和空洞，应光亮、均匀。

2. PCB 设计应避免的实用性问题

1）PCB 的长边上各留一 5mm 的工艺边，不设立元件，如图 6-22 所示。

在生产过程中，长边可能用于固定或支撑（在装配流水线上）PCB，元件应离开此区域一定距离才能避免损伤。

2）在 PCB 的任意三角上设立光学识别点（通常圆形为主），直径 1～2mm，如图 6-23 所示。

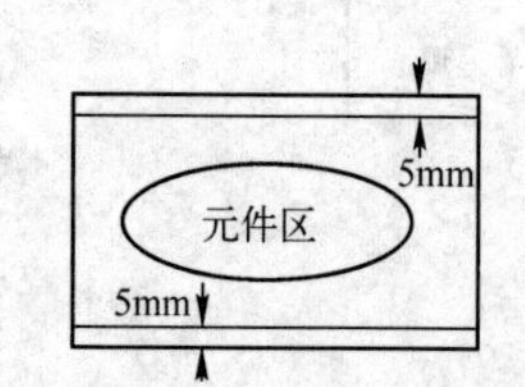

图 6-22 PCB 长边各保留 5 毫米

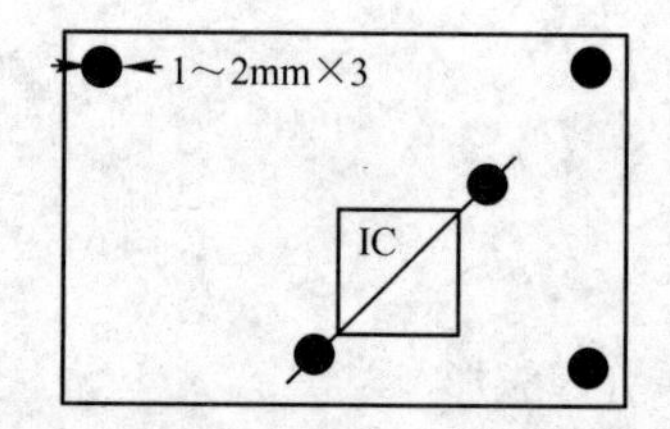

图 6-23 PCB 边角上的光学识别点

光学式别点用于自动装配线的坐标定位，3 个光学点足够定位 PCB 平面上任意位置，集成元件（IC 区）两端的光学点用于防止元件与 IC 区的放置重合。

3）焊盘上不能设计过孔，也不能设计字符，如图 6-24 所示。

焊盘是用于焊接的区域，放置过孔会造成漏锡，焊接失败或形成意外短路；焊盘上的字符会被元件引脚和焊锡遮盖，无法看到。

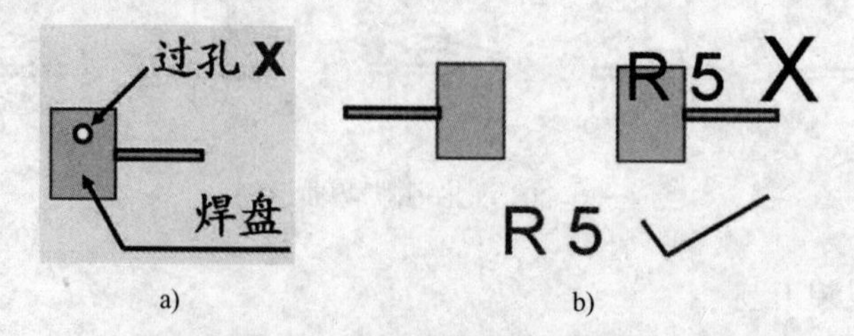

图 6-24 焊盘设计的错误做法

a) 焊盘上不能有过孔 b) 焊盘上不能有字符

4）注意集成元件的封装型号。

元件的封装有宽和窄两大类，在同一个 PCB 上如果用到的集成元件包含这两类如图 6-25 所示，则设计时应格外引起注意，合理设计元件的焊盘距离，防止焊接失败。

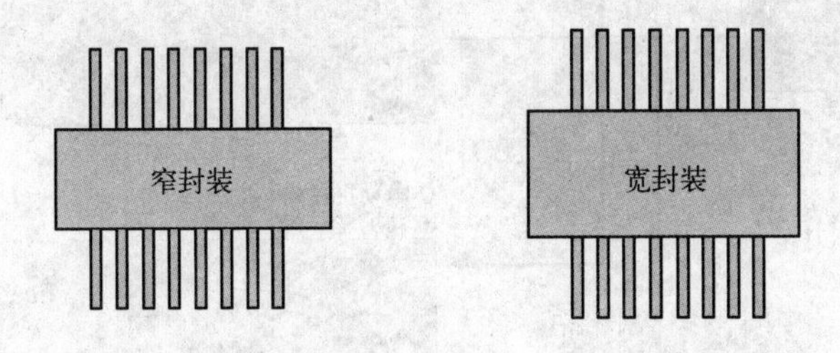

图 6-25　注意集成元件的封装宽窄

5）焊盘设计的端头应为可见的，即应向外留出 0.8～1mm 的距离，左右等宽，如图 6-26 所示。

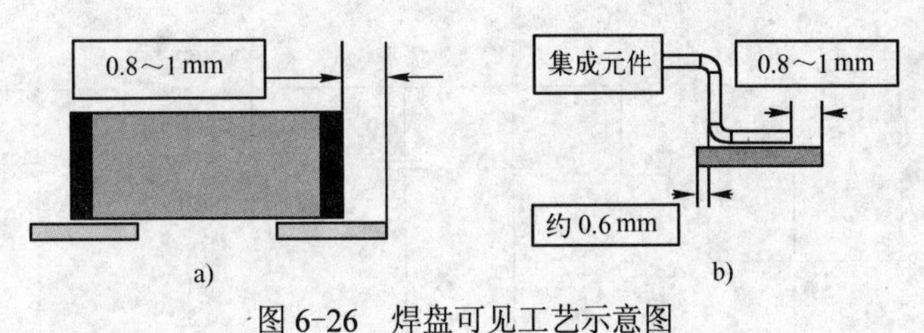

图 6-26　焊盘可见工艺示意图

a) THT 工艺焊盘可见　b) SMT 工艺焊盘可见

这样做一是留有足够的焊盘区间方便焊接，二是美观。

6）压接钉及装配螺钉附近不能设计元件——周围 5mm 内，以免损伤，如图 6-27 所示。

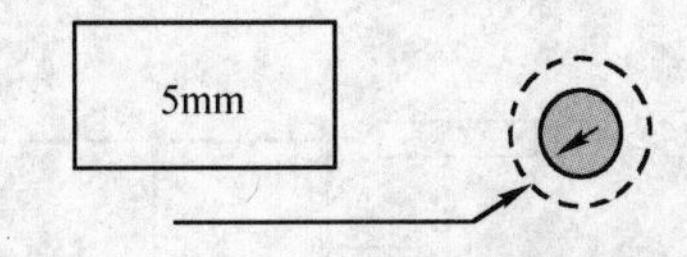

图 6-27　钉子周围 5mm 不放元件

7）元件下如有过孔一定要阻焊，如果不阻焊会导致焊接时出现短路，如图 6-28 所示。

8）对于高压或大电流（强信号）线路要有镂空隔离，以保证安全，如图 6-29 所示。

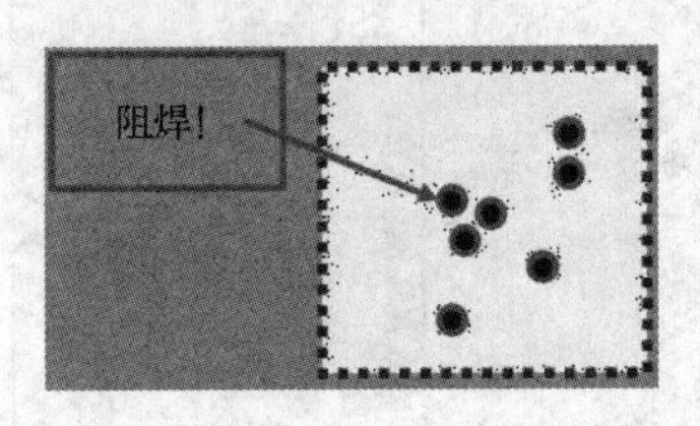

图 6-28　元件下的过孔要阻焊

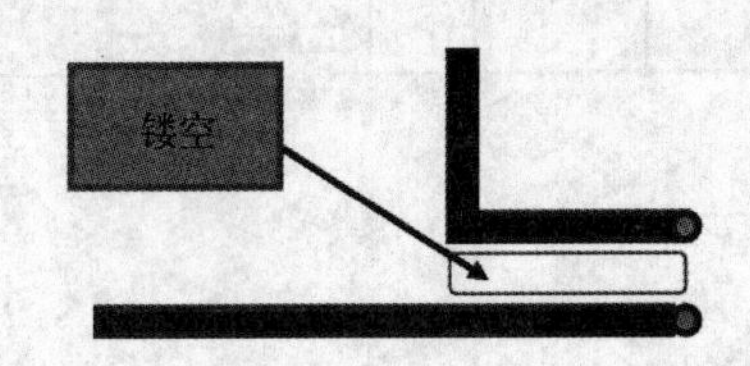

图 6-29　用镂空的办法隔离强信号线

6.2.3　层次原理图与元件报表

1. 单片机电机转速报警系统的层次原理图

关于层次图的画法，在前面的项目 4 已经提到，这里就直接给出图 6-30 至图 6-34。

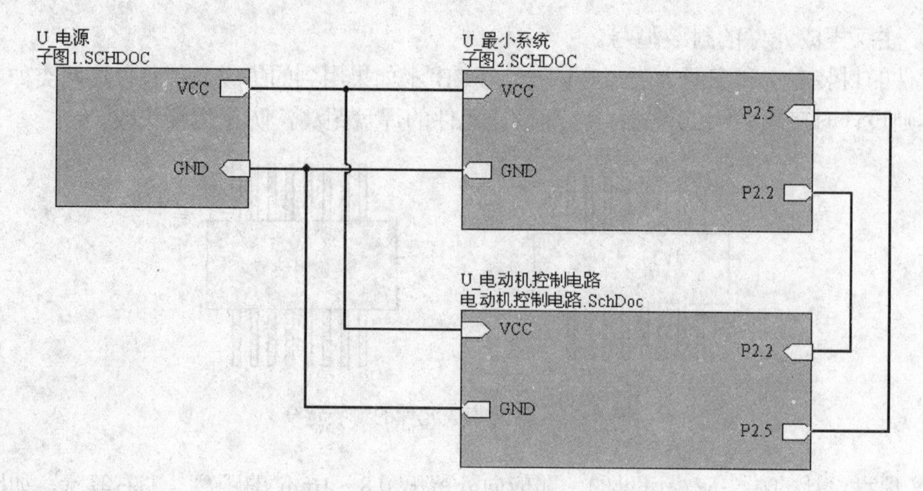

图 6-30　顶层图

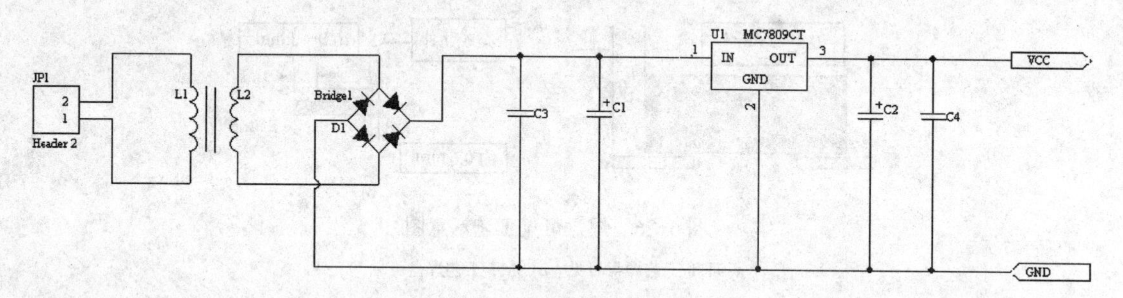

图 6-31 电源子图

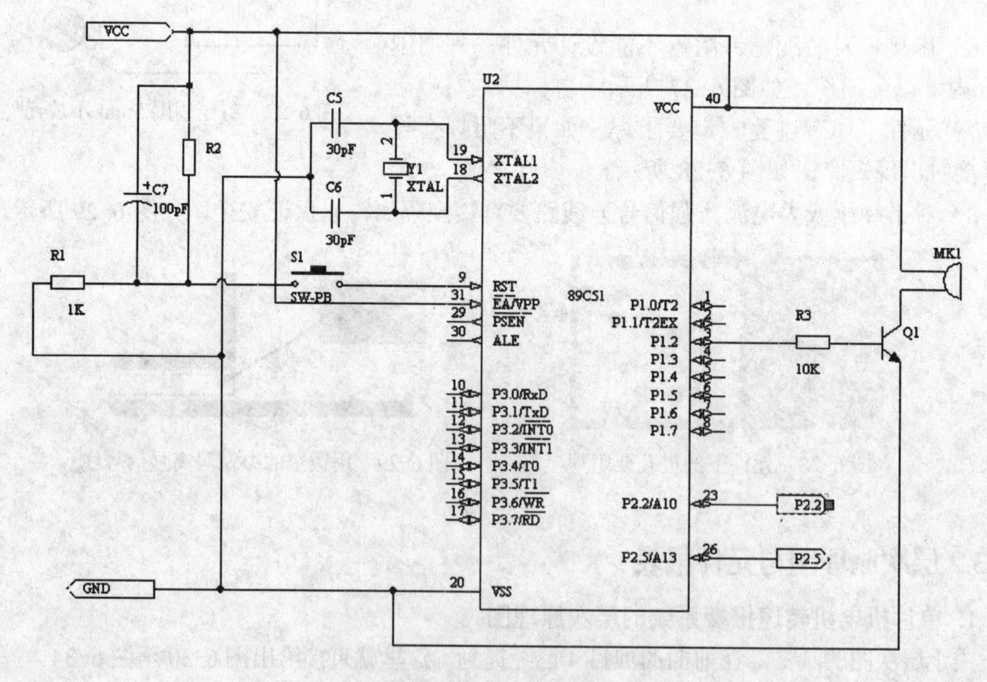

图 6-32　单片机子图

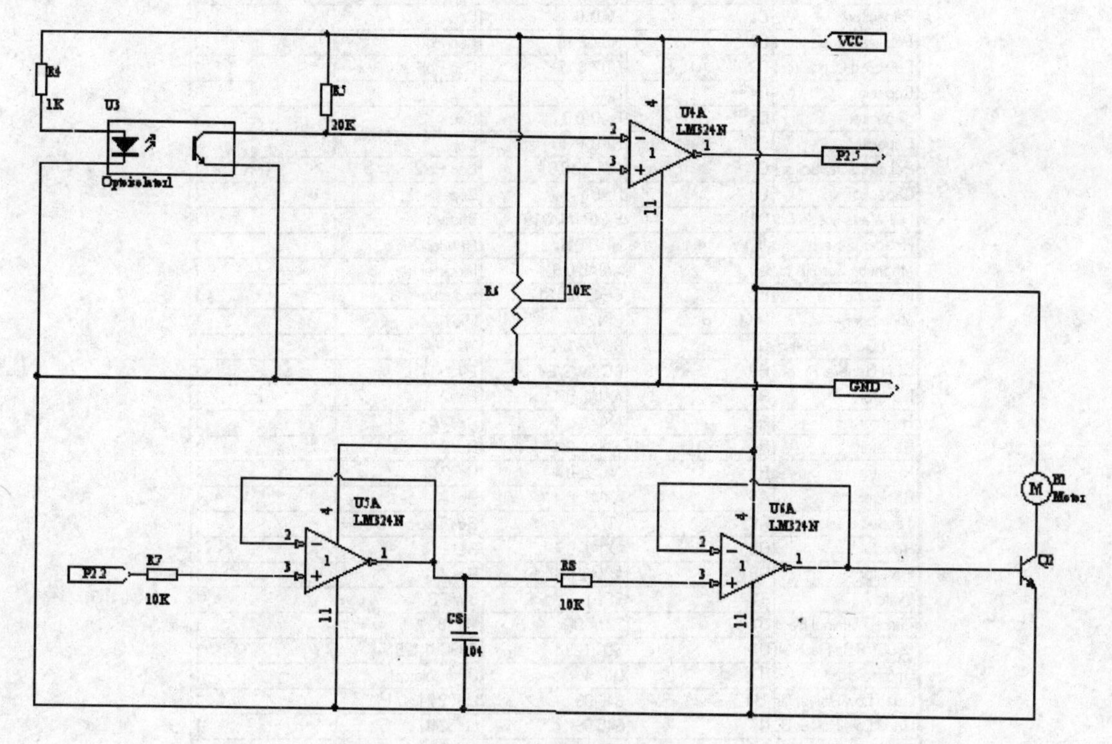

图 6-33　电动机控制子图

图 6-34　层次图的文件结构

2. 元件报表

使用“Report”→“Bill Of Materials”命令，即可得到整体的元件清单，如图 6-35 和图 6-36 所示。

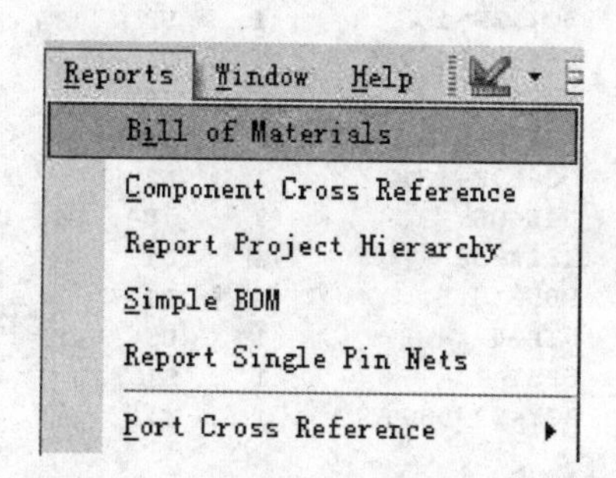

图 6-35　报告元件清单命令

Description	Designator	Footprint	LibRef	Quantity
Capacitor	C1	RAD-0.3	Cap	1
Polarized Capacitor (	C2	RB7.6-15	Cap Pol1	1
Polarized Capacitor (	C3	RB7.6-15	Cap Pol1	1
Capacitor	C4	RAD-0.3	Cap	1
Capacitor	C5	RAD-0.3	Cap	1
Capacitor	C6	RAD-0.3	Cap	1
Polarized Capacitor (	C7	POLAR0.8	Cap Pol2	1
Capacitor	C8	RAD-0.3	Cap	1
Full Wave Diode Bri	D1	E-BIP-P4/D10	Bridge1	1
Header, 2-Pin	JP1	HDR1X2	Header 2	1
Magnetic-Core Induc	L1	AXIAL-0.9	Inductor Iron	1
Inductor	L2	CC4532-1812	Inductor	1
Microphone	MK1	PIN2	Mic1	1
NPN General Purpo	Q1	BCY-W3/E4	2N3904	1
NPN General Purpo	Q2	BCY-W3/E4	2N3904	1
Resistor	R1	AXIAL-0.4	Res2	1
Resistor	R2	AXIAL-0.4	Res2	1
Resistor	R3	AXIAL-0.4	Res2	1
Resistor	R4	AXIAL-0.4	Res2	1
Resistor	R5	AXIAL-0.4	Res2	1
Tapped Resistor	R6	VR3	Res Tap	1
Resistor	R7	AXIAL-0.4	Res2	1
Resistor	R8	AXIAL-0.4	Res2	1
Switch	S1	SPST-2	SW-PB	1
Three-Terminal Posi	U1	221A-06	MC7809CT	1
80C51 8-Bit Flash M	U2	SOT129-1	P89C51X2BN	1
Optoisolator	U3	DIP-4	Optoisolator1	1
Quad Low-Power Op	U4	646-06	LM324N	1
Quad Low-Power Op	U5	646-06	LM324N	1
Quad Low-Power Op	U6	646-06	LM324N	1
Crystal Oscillator	Y1	BCY-W2/D3.1	XTAL	1

图 6-36　元件清单列表

也可以用“Report”→“Simple Bom”命令，给出元件分类的报表，如图 6-37 所示。

```
Bill of Material for 示例.PrjPCB
On 2012-5-13 at 17:43:09

 Comment             Pattern      Quantity  Components
----------------------------------------------------------------------
                     AXIAL-0.4        7     R1, R2, R3, R4, R5, R7, R8
                     BCY-W3/E4        2     Q1, Q2
                     PIN2             1     MK1
                     POLAR0.8         1     C7
                     RAD-0.3          5     C1, C4, C5, C6, C8
                     RB7.6-15         2     C2, C3
                     VR3              1     R6
 89C51               SOT129-1         1     U2
 Bridge1             E-BIP-P4/D10     1     D1
 Header 2            HDR1X2           1     JP1
 Inductor Iron       AXIAL-0.9        1     L1
 Inductor            CC4532-1812      1     L2
 LM324N              646-06           3      U4, U5, U6
 MC7809CT            221A-06          1     U1
 Motor               RB5-10.5         1     B1
 Optoisolator1       DIP-4            1     U3
 SW-PB               SPST-2           1     S1
 XTAL                BCY-W2/D3.1      1     Y1
```

图 6-37　元件分类列表

在 DXP 的层次原理图中，在主图或任意子图中单击“Report”命令，都将报告整体元件情况而不是部分元件情况。

6.3 项目实施

6.3.1 原理图的仿真

“Simulate”是 DXP 中进行仿真编译的命令项。仿真编译和电气检查不同的是它需要给出所有电路元件的仿真参数，比如电阻的具体阻值。这个参数可以通过修改默认值得到（电阻默认值为 1kΩ），也可以在元件属性对话框中设置。以电阻元件为例，如图 6-38 所示。

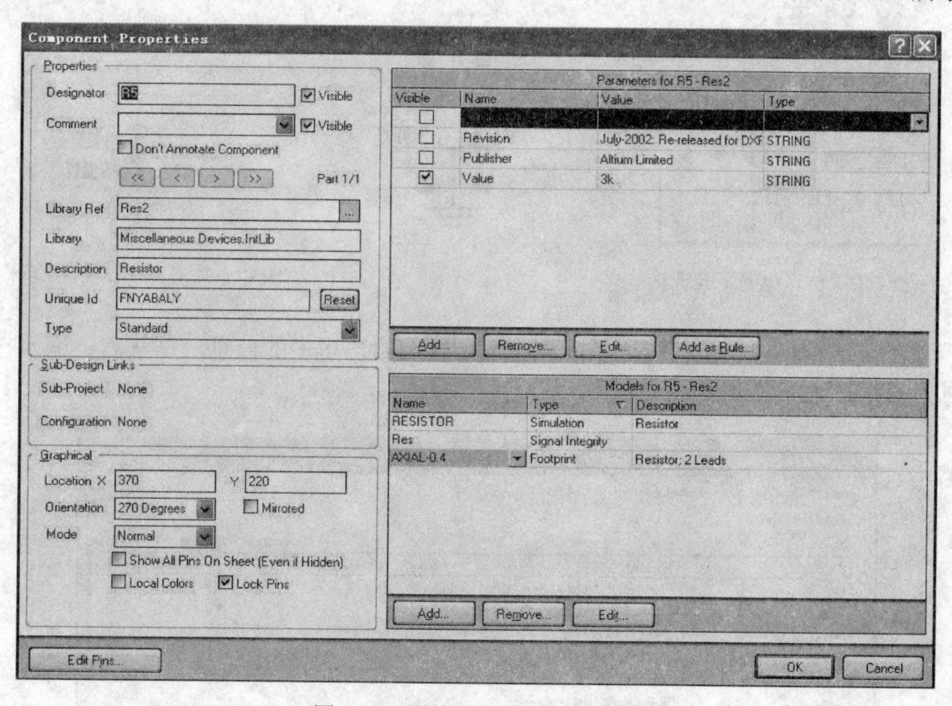

图 6-38　某电阻元件属性对话框

选择对话框右下方的“Edit”按钮，出现图 6-39 所示的参数设置选项卡。在“Value”栏中输入具体阻值即可。

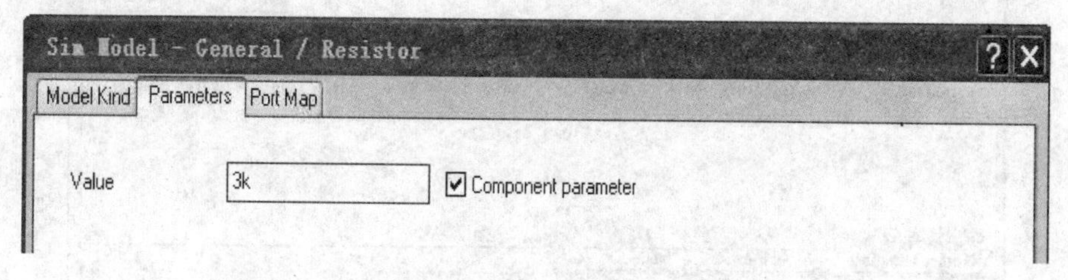

图 6-39　电阻元件仿真参数选项卡

其他独立元件（如电容）也是按相同方法设置仿真参数。“Miscellaneous Devices”作为

DXP 默认元件库，里面集合了绝大多数常规独立元件，并提供其仿真特性，所以无需对仿真属性对话框进行太多的设置，往往只需要设一个值就可以了。

集成元件的仿真特性来自其所在的元件库，只要能查到原理图符号和 PCB 封装的元件，都可以进行电路仿真。

除了各种元件，电路当中当然也离不开激励源。仿真激励源同样必须给出它的值，不能像电气检查那样用 VCC 图件代替。此处可以在工具栏中展开仿真电源快捷图标，如图 6-40 所示。

图 6-40 中包含直流源、交流源、还有脉冲源，单击这些电源符号，在图样上会得到图 6-41 所示的激励源。

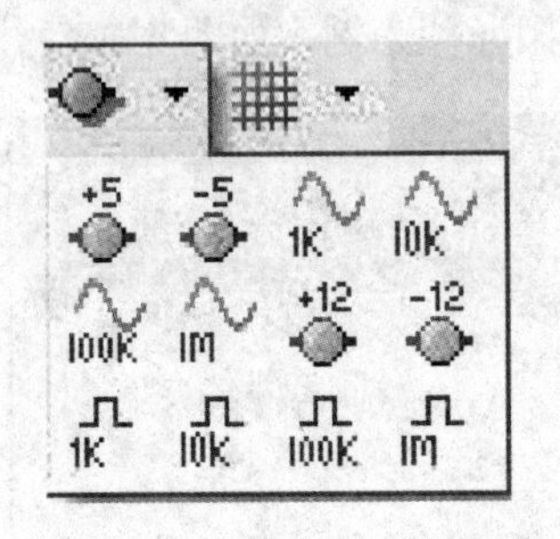

图 6-40　仿真电源下拉选项

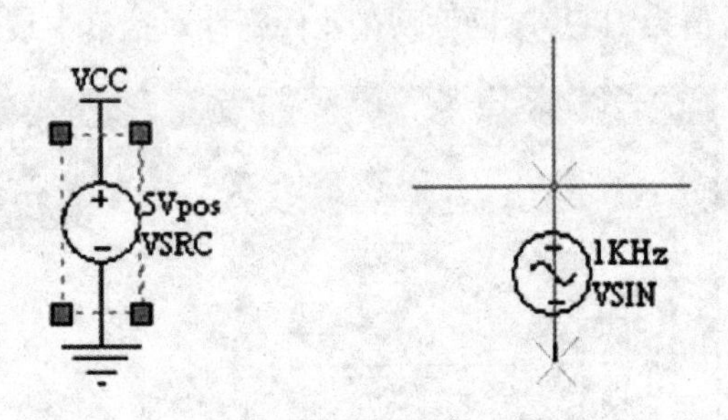

图 6-41　直流和交流激励源

直流源一般给出电压值就可以了，而交流源需要给出更多的信息，这就需要进入它的仿真属性对话框，如图 6-42 所示。

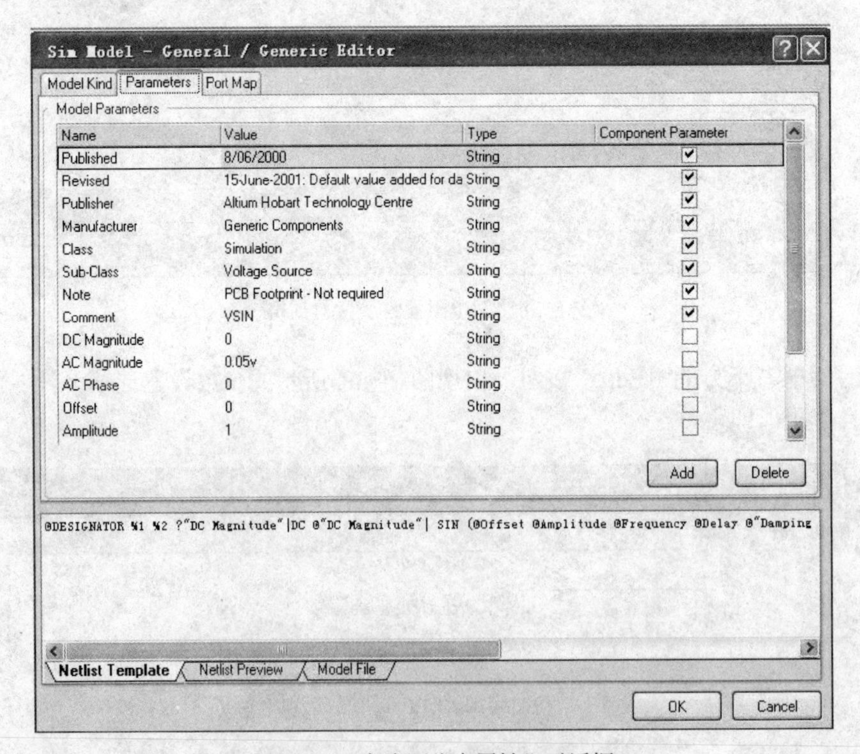

图 6-42 “交流源仿真属性”对话框

在上面的对话框中可以设置激励源频率、相位、直流幅度和交流幅度等参数值。

现在将层次原理图中的所有元件和激励源设置好，如图 6-43 所示。

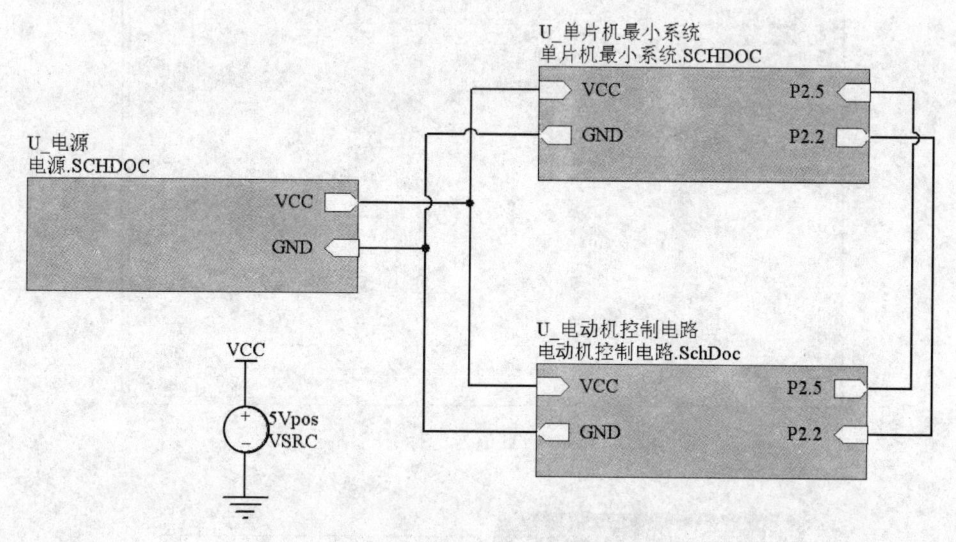

图 6-43　设置了激励源的主图

仿真两个字是比较笼统的，实际的仿真需要具体到每个电路、元件。因此，单击“仿真”命令后，会出现仿真需求对话框，如图 6-44 所示。

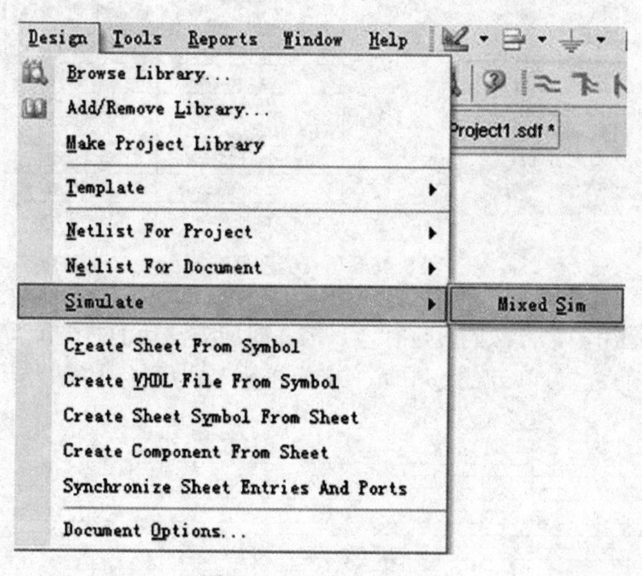

图 6-44　仿真命令菜单

单击此命令菜单后，对应原理图中会弹出“仿真信号选择”对话框，如图 6-45 所示。

上面的对话框左边是仿真分析方法，右边是原理图的电气网络节点名，需要添加，直接使用>、<、>>和<<等符号就可以一次添加或删除多个节点。另外，DXP 支持多达 11 种仿真分析方法，仿真类别列表如图 6-46 所示。

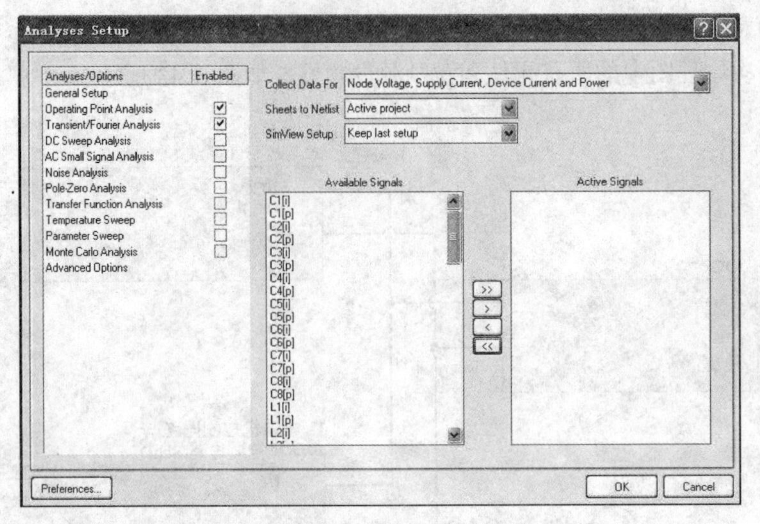

图 6-45 “仿真信号选择”对话框

英文	中文
General setup	常规仿真
Operating point analysis	节点分析
Transient/fourier analysis	傅里叶分析(变换)
DC Sweep analysis	直流扰动分析
AC small signal analysis	交流小信号分析
Noise analysis	噪声分析
Pole-zero analysis	零极点分析
Transfer function analysis	函数变换分析
Temperature Sweep	温度扰动
Parameter sweep	参数扰动
Monte carlo analysis	蒙特卡洛分析

图 6-46 仿真类别列表

仿真分析可以选用多个方法同时进行，只需在对应方法后面打勾即可，然后在分析列表中选择具体的网络节点，再单击右下角的“OK”按钮，即可得到仿真结果如图 6-47 所示。

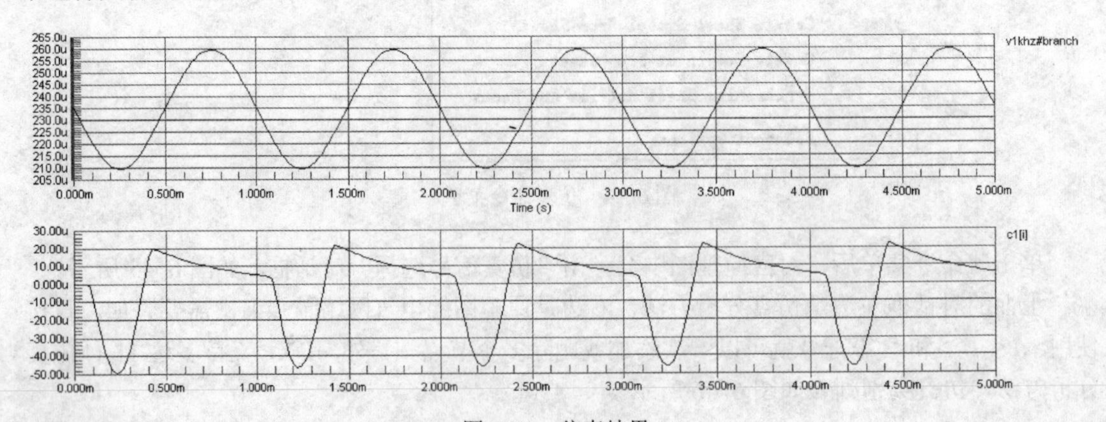

图 6-47 仿真结果

需要注意的是，DXP 的仿真对元件参数，元件仿真信息的完整度要求较高，如果元件只有符号没有封装信息，或者有符号和封装信息但没有仿真参数，这些都会导致仿真失败。另外对不同的仿真节点，应注意选择不同的参数（如时间轴），不推荐采用默认值设置。

6.3.2 PCB 的导入与排布

层次原理图的 PCB 设计过程与普通原理图的 PCB 设计过程有较多相似之处，此部分的具体操作命令在前面的项目中已经介绍过，所以只给出效果图，不再赘述具体操作命令。其具体步骤如下所述。

1）在原理图所在工程文件下新建一个 PCB 文件，并将 PCB 文件重命名，与工程名一致，如图 6-48 所示。

2）在层次原理图任意一张原理图的界面下使用“Design”→“Update Pcb Document”命令，更新 PCB 元件和网络列表，如图 6-49 所示。

图 6-48 在工程中新建的 PCB 文件

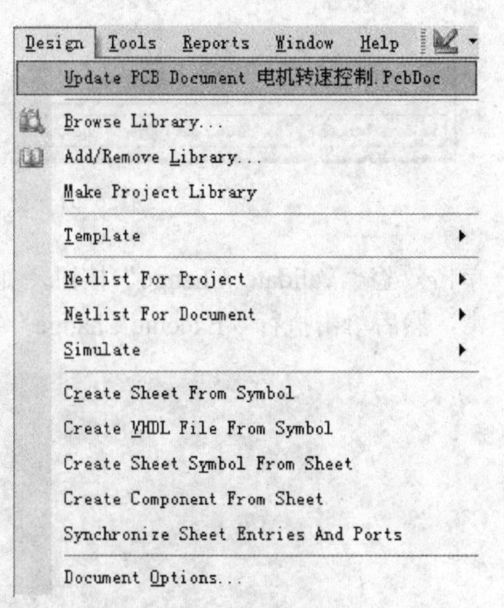

图 6-49 更新 PCB 图命令项

接下来就会出现一个询问对话框，如图 6-50 所示。

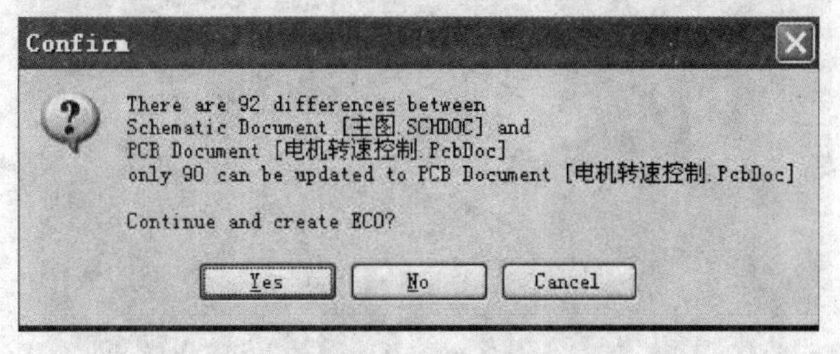

图 6-50 “更新询问”对话框

单击“Yes”按钮，后面会给出要更新的元件和网络表，如图 6-51 所示。

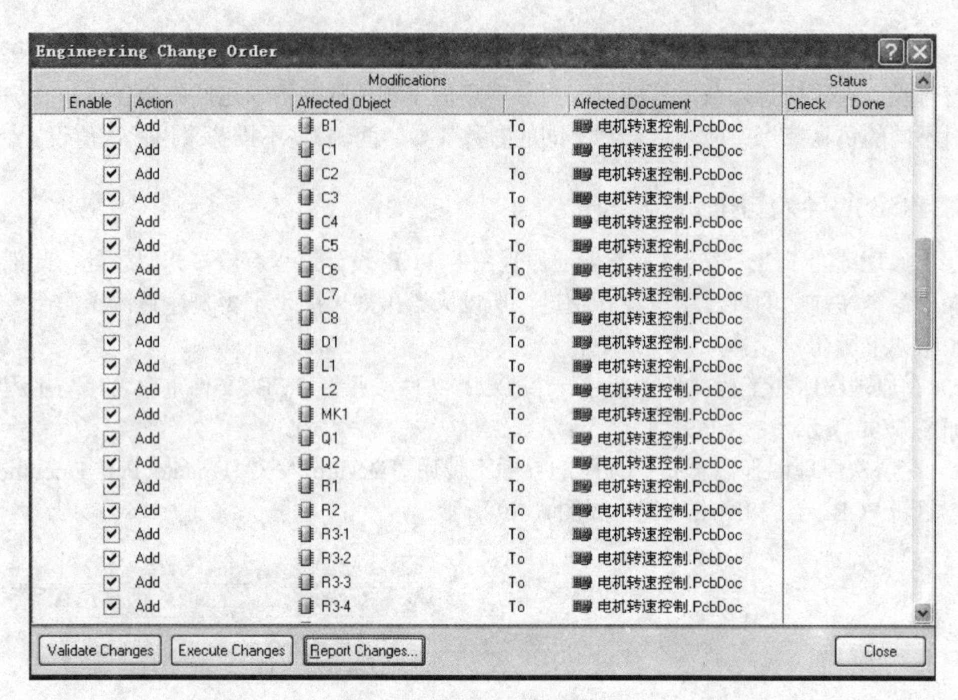

图 6-51　更新的元件和网络列表

单击效验“Validate Change”按钮，如果所有元件和网络表后面都是绿色小勾，说明效验正常，然后单击执行“Execute Change”按钮，效果如图 6-52 所示。

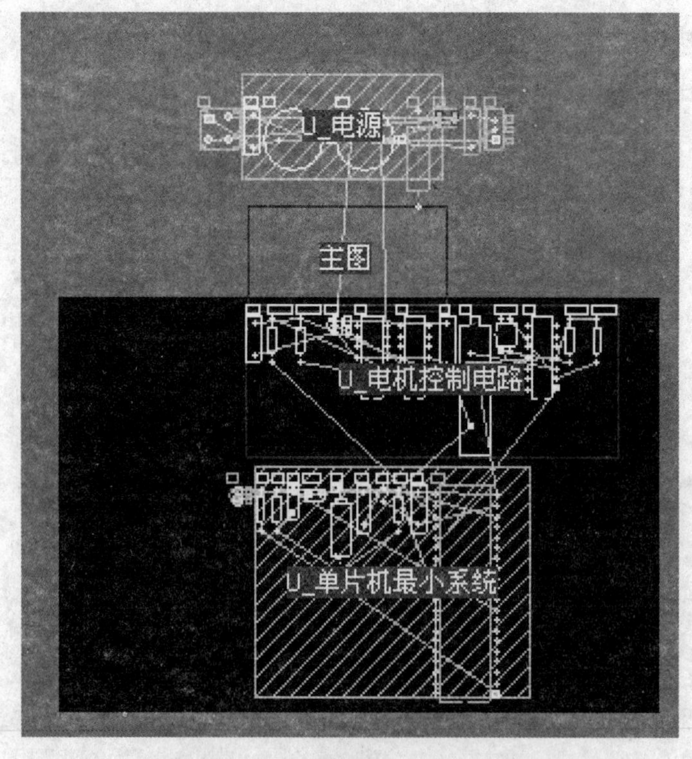

图 6-52　成功向 PCB 导入元件和网络

用〈Delete〉键删除文字外框，即可得到元件封装和预拉线，如图 6-53 所示。

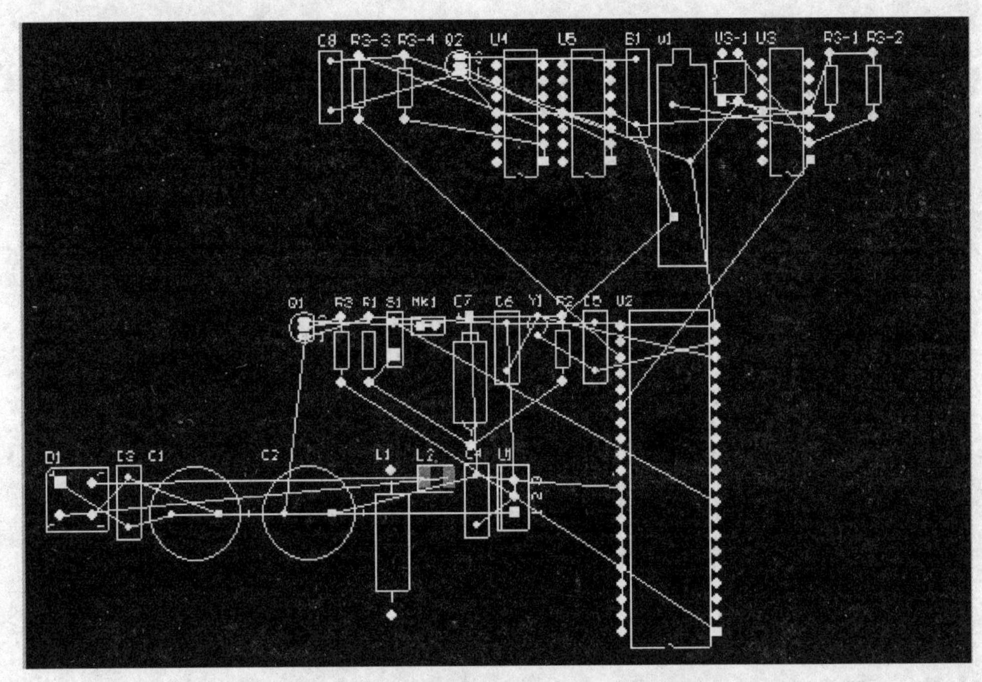

图 6-53　层次原理图的元件封装和预拉线

3）在禁布层“Keep-Out Layer”用“Place”→“Line”设置电气边界，如图 6-54 所示。

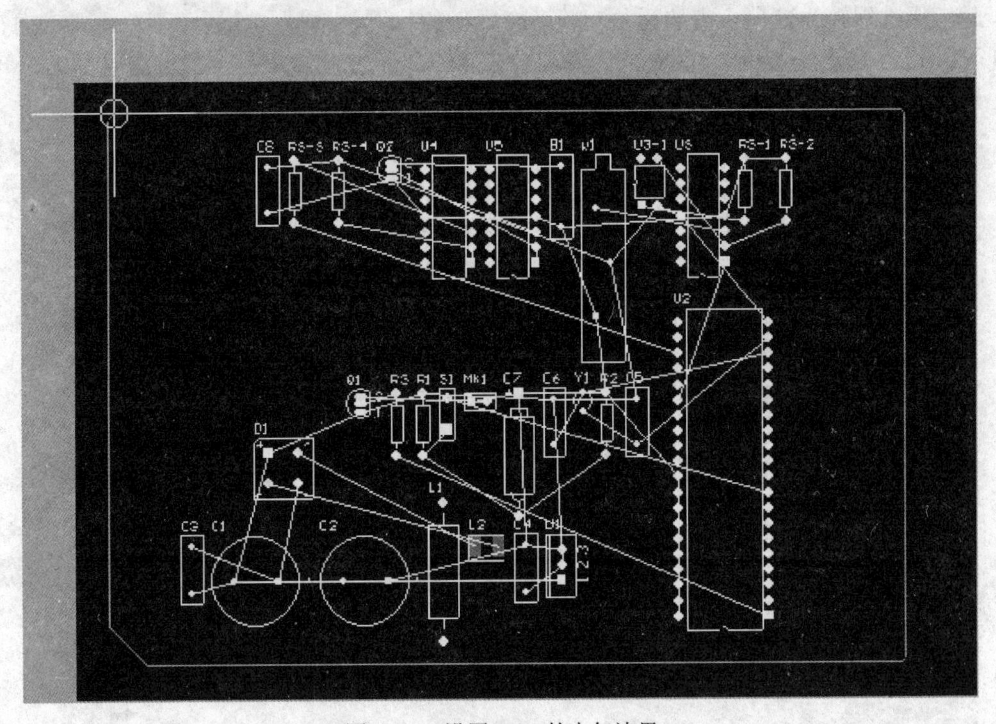

图 6-54　设置 PCB 的电气边界

4）用自动排布元件命令进行元件的初步布局，效果如图 6-55 所示。

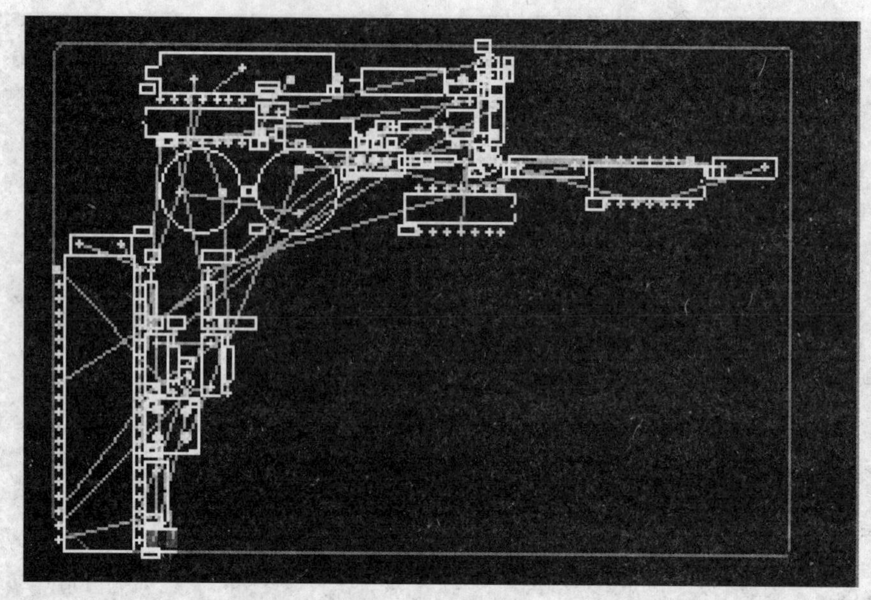

图 6-55　自动排布效果

5）进行手动调整，分两步进行。

① 设置 PCB 图件之间的最小间隔，并使用自动推挤命令让图件之间留出足够间隙。

② 用鼠标拖动各图件，使之形成合理的元件布局。

此步骤过程较为繁琐，需要反复实验各个元件的位置、区域、放置角度，既要考虑整齐美观，又要考虑走线难度、远近。手动调整是 PCB 布局中最为重要和耗费时间的一项工作，是计算机目前还无法替代的，完成调整后的排布效果如图 6-56 所示。

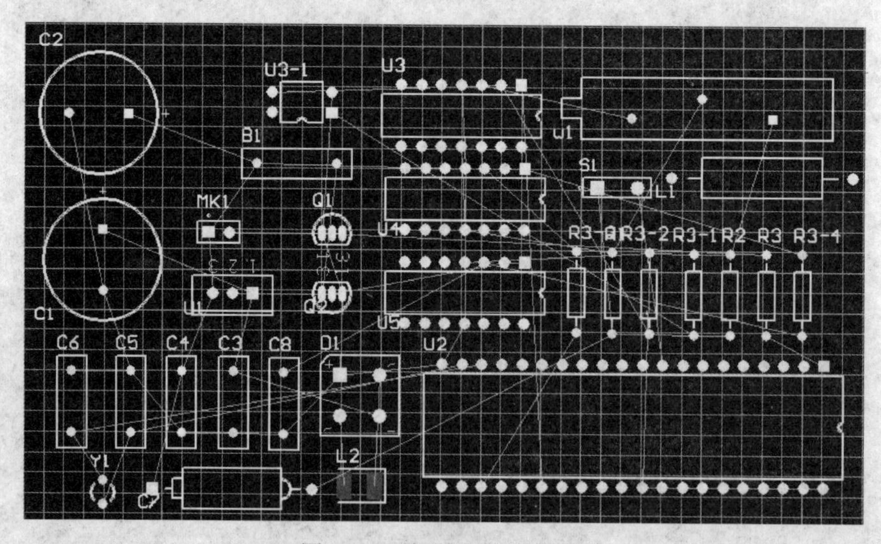

图 6-56　手动调整后的效果

6）布线成形如图 6-57 所示。

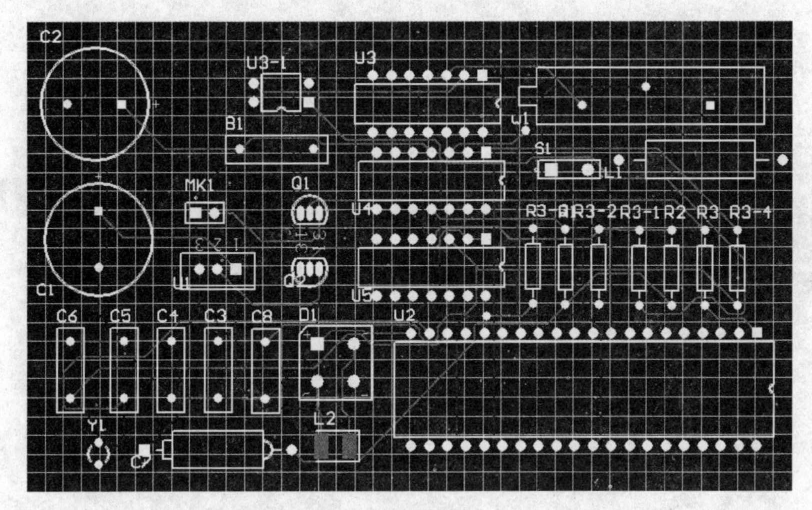

图 6-57　布线完成的效果

6.3.3　采用 FPGA 的设计方案

DXP 支持 VHDL 语句的文件，可以由 VHDL 语言直接生成，下面以一个单片机电路为例，介绍如何进行 FPGA 的设计。

首先新建一个 FPGA 工程文件“FPGA Project”，然后添加一个或若干个（看需要）空白的 VHDL 文件，如图 6-58 所示。

图 6-58　新建的 FPGA 工程

然后在空白 VHDL 文件中写入 VHDL 语句。VHDL 的语句结构如图 6-59 至图 6-61 所示。

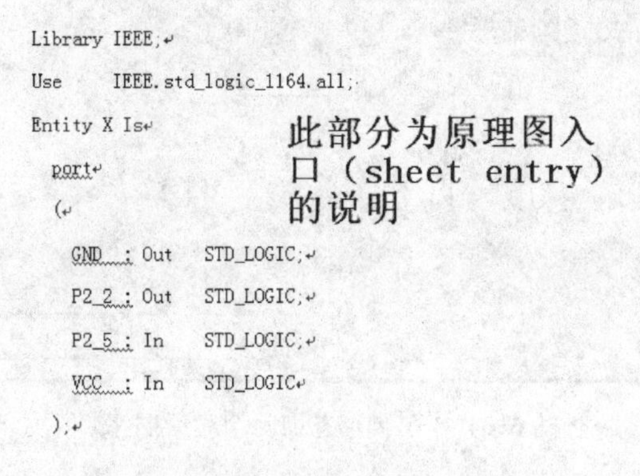

```
Library IEEE;
Use     IEEE.std_logic_1164.all;
Entity X Is
  port
  (
    GND  : Out   STD_LOGIC;
    P2_2 : Out   STD_LOGIC;
    P2_5 : In    STD_LOGIC;
    VCC  : In    STD_LOGIC
  );
```

此部分为原理图入口（sheet entry）的说明

图 6-59　VHDL 的预声明

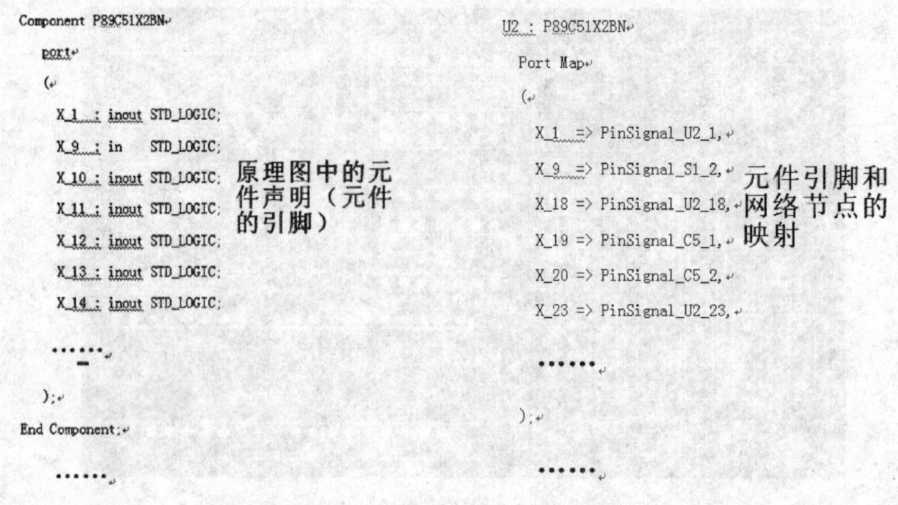

图 6-60　元件的声明　　　　图 6-61　网络表声明

完成语句书写后，进行编译，使用“Simulator”→“Simulate”命令，如图 6-62 所示。

如果编译无误，则可以进行转换，用“Create”→“Create Schematic Part From File”命令，将 VHDL 语句转换成原理图符号文件，按图 6-63 操作。

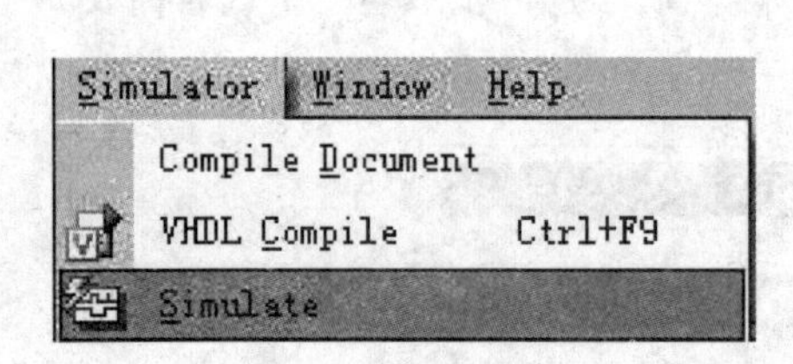

图 6-62　VHDL 编译命令

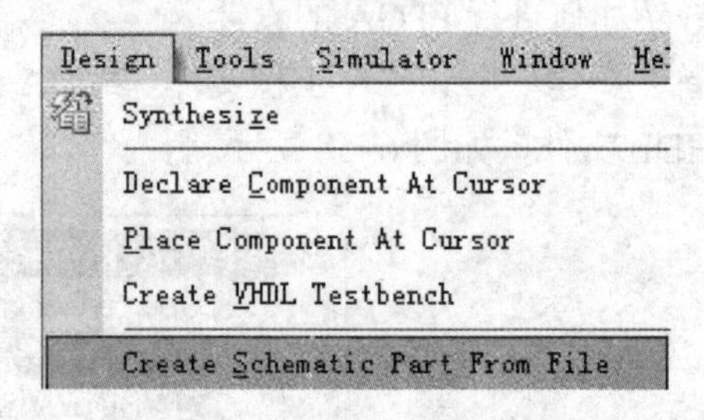

图 6-63　用 VHDL 生成原理图符号

然后会出现询问对话框，询问元件符号的引脚放置形态，如图 6-64 所示。

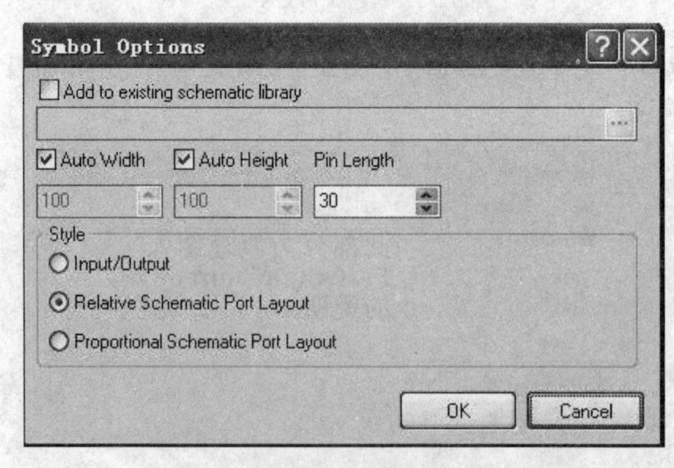

图 6-64　“引脚形态询问”对话框

生成的元件符号如图 6-65 所示。

此元件默认保存于“schlib1.schlib”库文件中。

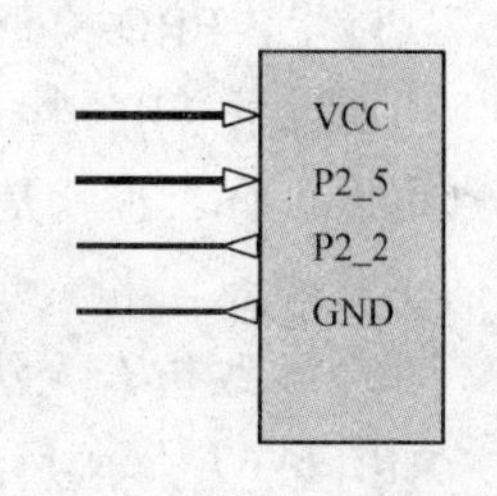

图 6-65　得到原理图元件

6.3.4　设计小结及常见问题分析

单片机层次原理图的 PCB 设计和 FPGA 设计是本节的重点内容，此部分内容综合度高，与前面内容相关度较强，有助于进一步熟悉层次原理图的操作和元件库的自主设计等。

常见问题：

1）混淆 PCB 向导和 PCB 封装向导，无法进入正确的向导界面。PCB 向导（PCB BOARD WIZARD）一般在“File”窗口的最下面，需要鼠标拖动，隐藏一部分不用的子窗口才能看到。而封装向导在 PCB 编辑器的“File”菜单中“File”→“New”→“Pcb Library”。

2）没有根据实际需要选用相应的 PCB。在工程文件下用“Add”→“New”→“Pcb”命令添加的 PCB 文件，实际上使用默认的 PCB（双层普通 PCB），这种板适合 THT 或常规应用的设计和排布，但不一定适合 SMT 或其他高端应用的设计和排布。所以在特定应用条件下，应使用 PCB 向导先建立一个合适的 PCB，再将它添加到工程文件中，而不是直接创建。

3）忽略掉 PCB 软件设计和实际生产的密切关系，出现致命设计缺陷。在本节项目资讯 6.2.2 中将 PCB 设计中的常见错误进行了小结，这些错误原理上并不难理解，但却是企业实际生产中经常碰到的具体问题，是企业生产管理经验的总结。所以读者不能够忽略这些重要的资讯，在学习过程中应提醒自己加以注意，养成良好的设计习惯。

4）没有正确给出原理图仿真信息，导致仿真失败。原理图仿真与 ERC 检查有很大不同，ERC 仅仅是电气检查，检查报错规则在工程文件“Project”→“Option”选项中，如图 6-66 所示。

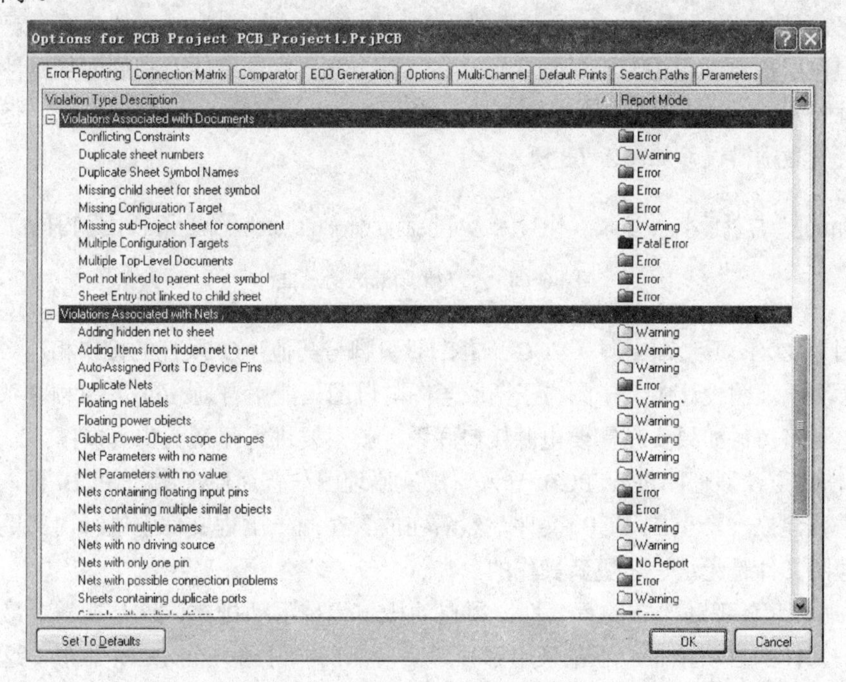

图 6-66　原理图的 ERC 检查规则

实际上，ERC 检查是一个先决条件，没有通过 ERC 检查的原理图不可能进行仿真操作，但通过了 ERC 检查，仅仅表明所有电路连接，所有网络都符合电气标准，并不代表仿真可以进行。也就是说，仿真操作的要求比 ERC 的要求更高，需要更详细的元件信息，引脚信息，和关于仿真的信号条件，仿真的具体节点等。这里面任何一项出现问题，都会导致仿真无法进行。另外，如果没有特殊仿真要求，可以使用默认的仿真项目，如图 6-67 所示。

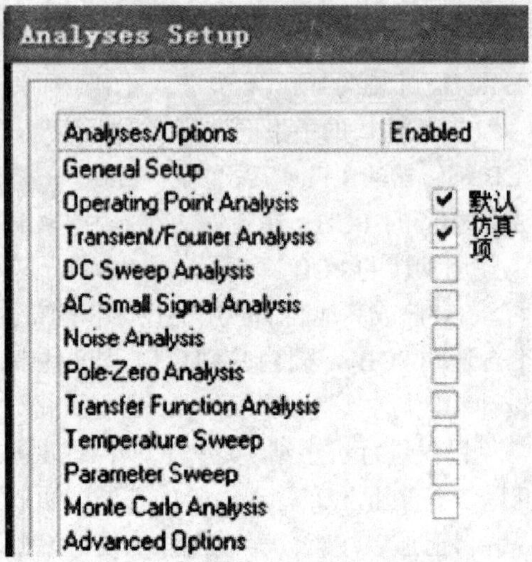

Analyses Setup

Analyses/Options | Enabled
General Setup
Operating Point Analysis ☑ 默认仿真项
Transient/Fourier Analysis ☑
DC Sweep Analysis
AC Small Signal Analysis
Noise Analysis
Pole-Zero Analysis
Transfer Function Analysis
Temperature Sweep
Parameter Sweep
Monte Carlo Analysis
Advanced Options

图 6-67　仿真对话框的默认仿真项

使用默认项，在缺乏部分有效信息的条件下仍可以进行基本分析，如直流分析。

5）丢失引脚的仿真属性，导致仿真错误。一般独立元件库中的元件都有自己的引脚仿真信息，但在层次原理图中，经常报告原理图入口（Port）与元件引脚的电气属性不匹配的错误。这时候为了通过 ERC 检查，常常把元件引脚的电气属性改为“Passive”。但这在仿真时会报告丢失激励错误，如图 6-68 所示。

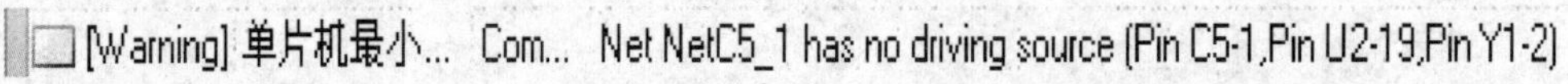

[Warning] 单片机最小...　Com...　Net NetC5_1 has no driving source (Pin C5-1,Pin U2-19,Pin Y1-2)

图 6-68　丢失激励源的消息框

这是因为 DXP 不允许电源（VCC、GND）引脚与其他 I/O 属性的接口相连，要解决此问题，在层次原理图设计中，子图与子图或子图与母图只能用普通 I/O 入口相联系，而尽量避开采用电源接口；如果实在需要电源接口联系，就不要进行复杂的仿真操作。

6）无法对层次原理图进行 PCB 导入。层次原理图与普通原理图的 PCB 导入步骤完全一样，都需要建立一个空白 PCB 文件，然后在放置在同一工程文件下进行内部更新。工程中只有原理图文件是无法进行更新操作的。

7）不理解元件手动排布的重要性，用自动排布代替手动排布，这是初学者最容易犯的一种错误。元件的自动排布，不论采用哪种方案，都只能得到一个 PCB 雏形，这个雏形既不能满足元件的布局效果，又不能满足元件布线综合效果。所以手动调整是一个不可省略的步骤，手动调整既针对 PCB 整体效果，又针对单个元件的走线特点，即力求飞线距离最短和交叉飞线最少。

8）不理解 FPGA 工程与普通 PCB 工程的区别，不了解 VHDL 语言的特点，盲目使用 FPGA 工程。实际上，VHDL 语言是针对大型电路项目的一种先进开发语言，只需要给出信号的输入，输出信息，即可以生成对应电路模块，是适合大规模集成电路的设计方案。FPGA 工程包含更多的专用元件库和原理图符号，其原理图频繁使用总线和端口组，PCB 则要求更紧密、更合理和更专业的元件排布，是综合难度很高的一种设计方案。所以，本节仅仅介绍一些基本使用方法和基本操作，对于普通电路应用，即使是层次原理图，并不非要采用复杂的 FPGA 项目方案。

6.3.5 想一想，做一做：单片机直流稳压电源 PCB 设计

1．想一想

（1）设计原理

直流稳压电源是最常用的仪器设备，在科研及实验中都是必不可少的。本方案是一套以单片机为核心的智能化直流电源。该数控直流电源系统以 ST89C51 单片机为核心控制芯片，实现数控直流稳压电源功能的方案。该方案是以拨码开关的形式来设定初值（高 4 位、低 4 位分别对应其个位和小数位），电压的大小能够由数码管显示。若初值无效则进行声光报警，并自动以 5V 为初值输出。若正常则初值通过一个译码器 74LS47 传给数码显示，同时采用数模转换器 DAC0832 和两个运算放大器μA741 构成稳压源，再通过外部中断从而实现了输出电压范围为 0～9.9V，电压步进 0.1V 的数控稳压电源，最大纹波不大于 10mV，从而达到设计目的。输出的电流能够达到 500MA。扩展输出的种类有三角波形、矩形波形和锯齿波形。

（2）电路构成方案如图 6-69 所示

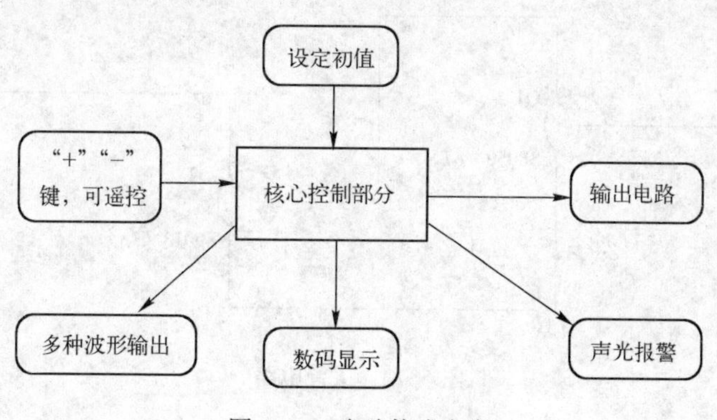

图 6-69　电路构成方案

（3）部分电路及整体电路

1）设定初值电路。

通过一个拨动开关 RP2 与单片机 P2 口相连，拨动拨码开关的形式来设定需要的电压初值（以 8421BCD 码的方式）其拨码开关的高 4 位控制个位，低 4 位控制小数位，拨向上有效，向下则为无效，如图 6-70 所示。

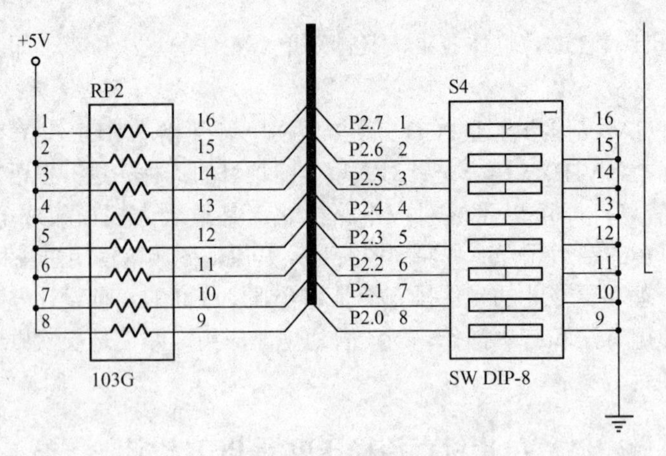

图 6-70　设初值电路

2）加减设定及报警电路。

将两个立式小开关分别与 P3.2（INT0 口）和 P3.3（INT1 口）相连，使其分别控制外部中断 0 和外部中断 1，来达到加减 0.1V 的效果，分别如图 6-71 和图 6-72 所示。

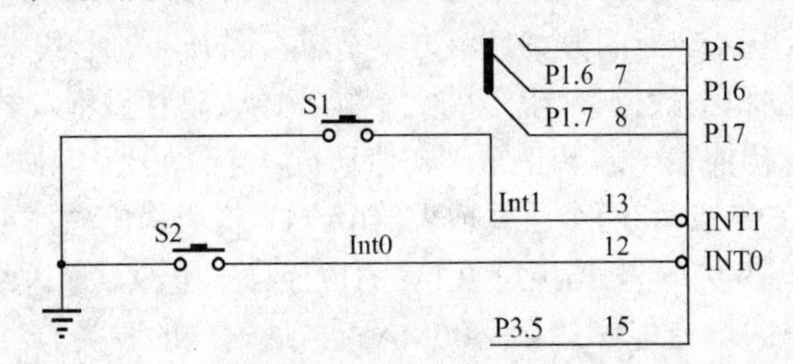

图 6-71　加减设定电路

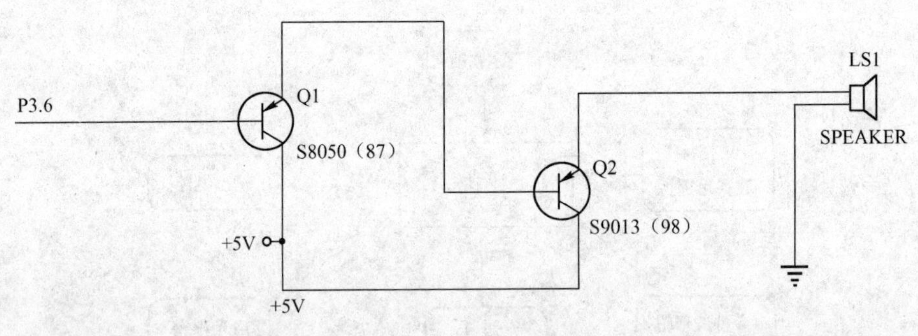

图 6-72　报警电路

3）显示电路。

高低 4 位初值分别通过一个 74LS47 译码器给定数码管对应码值，从而通过共阳极的数码管显示出对应值。下面的数码管显示个位数，上面的数码管则显示小数位，而将下面的表示个位的数码管的 dp 位加上小值保护电阻接上 5V 以使其小数点长亮，如图 6-73 所示。

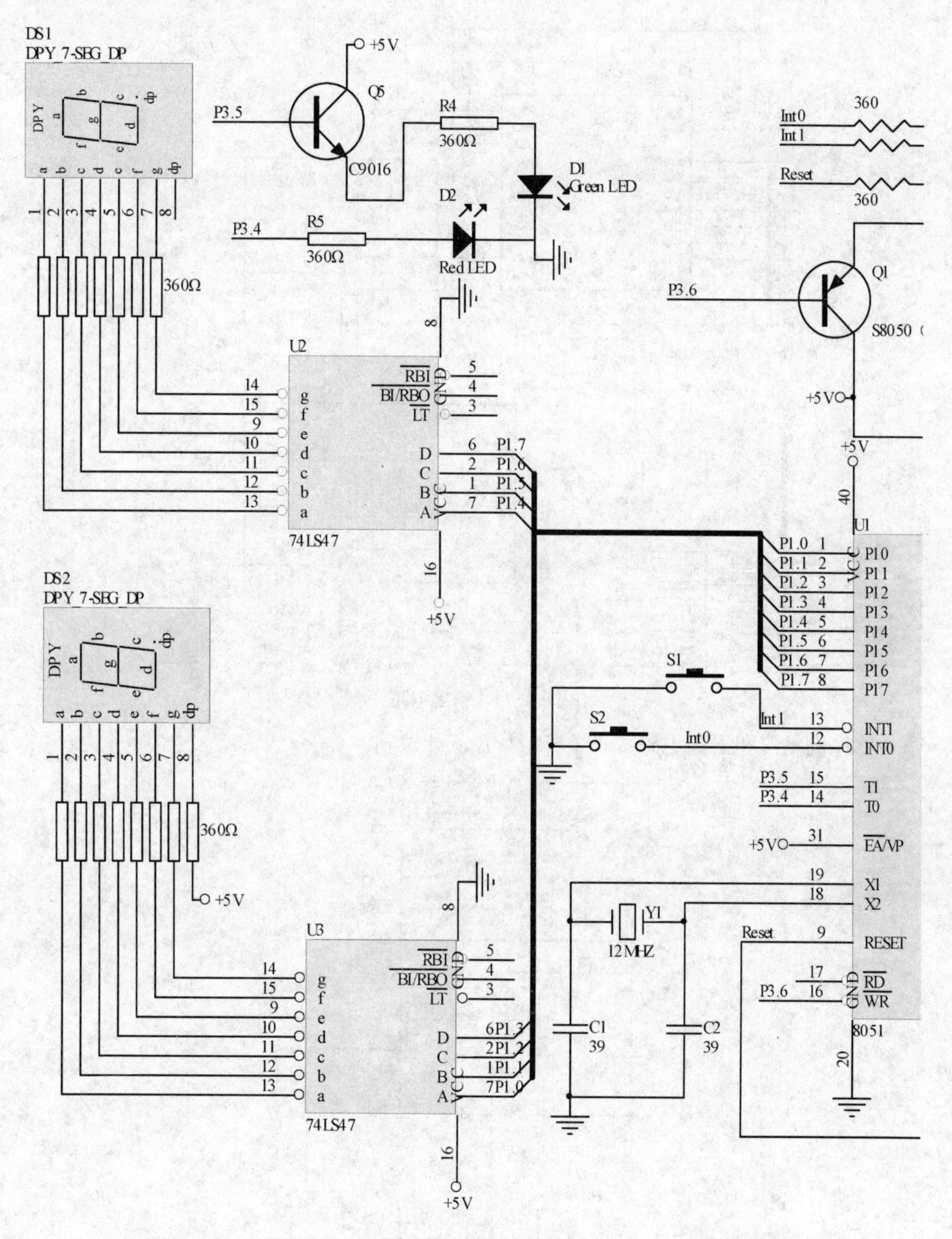

图 6-73　显示电路

4）输出部分。

通过 DAC0832 数模转器将输出的八位二进制数转换为可控的相应模拟值，再通过一个两级运算放大器稳压、放大，通过调控滑动变阻器 R3 改变反馈数，使其输出相应的理想电压值。OUT 接数字万能表，得以测出实际输出电压，输出电路如图 6-74 所示。

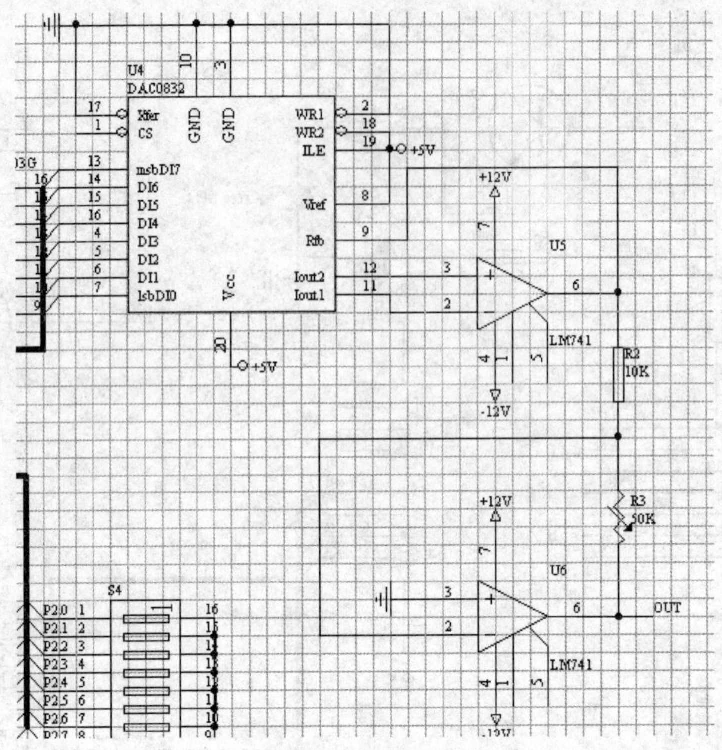

图 6-74　输出电路

5）单片机复位和振荡电路如图 6-75 所示。

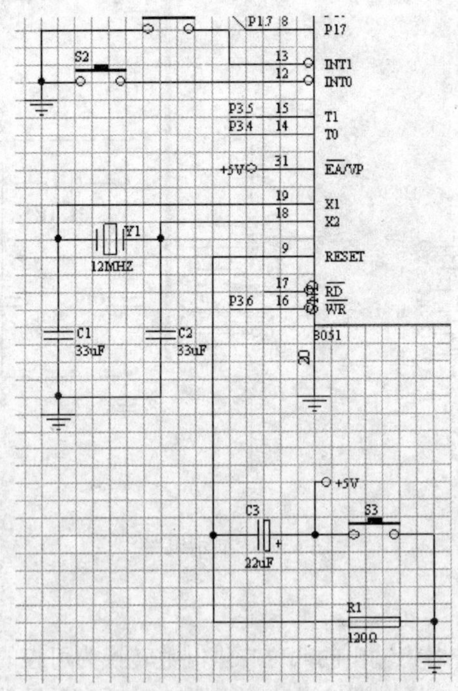

图 6-75　单片机复位和振荡电路

6）整体电路如图 6-76 所示。

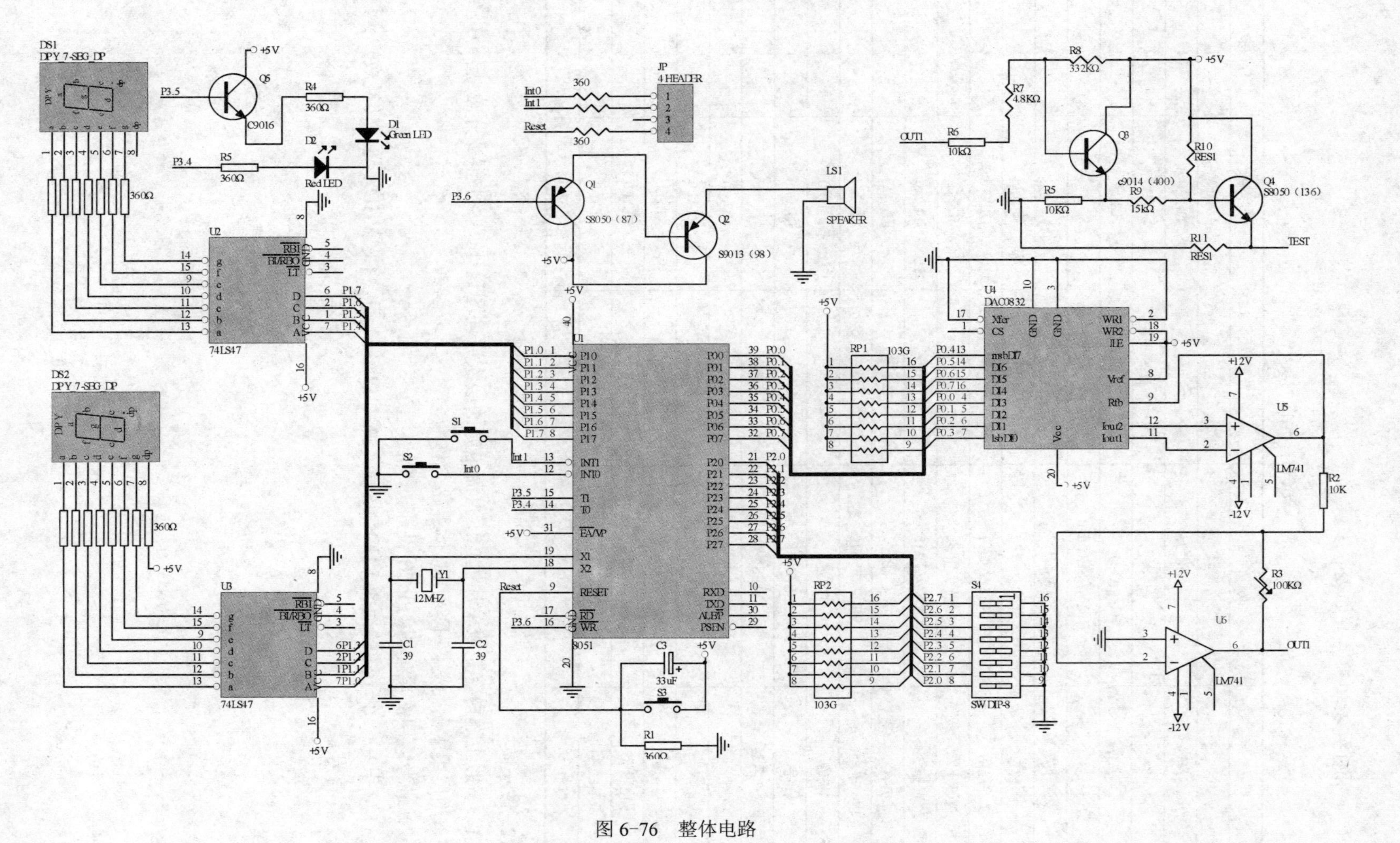

DS1
DPY 7-SEG DP
DS2
DPY 7-SEG DP
Q5
C9016
D1
Green LED
D2
Red LED
JP
4 HEADER
Int0
Int1
Reset
Q1
S8050（87）
Q2
S9013（98）
LS1
SPEAKER
Q3
c9014（400）
Q4
S8050（136）
TEST
OUT1
U1
8051
U2
74LS47
U3
74LS47
U4
DAC0832
U5
LM741
RP1
103G
RP2
103G
S4
SW DIP-8
Y1
12MHZ
C3
33uF
+5V
+12V
-12V

图 6-76　整体电路

（4）元件列表（参考）如表 6-1 所示。

表 6-1　元件列表

元件名称	元件类型	元件参数	元件封装	个数
单片机	89C51		DIP40	1
数模转换器	DAC0832		DIP20	1
译码器	74LS47		DIP-14	2
运算放大器	uA741		DIP8	2
数码显示管	DPY_7-SEG_DP			2
按键开关	SW-PB		SW	3
晶体管	NPN（9014）	9014	9014	1
上拉电阻	RESPACK4		DIP-16	4
拨码开关	SW DIP-8		IDC16	1
晶振	CRYSTAL	12MHZ	XTAL1	1
电容	CAP	25pF	RAD0.1	2
电解电容	ELECTRO1	35uF	RB.2/.4	1
二极管	DIODE		DIODE0.4	1
扬声器	SPEAKER		RB.3/.6	1
滑动变阻器	RES4	50K		1
电阻	RES2	270	AXIAL0.3	1
电阻	RES2	4.7K	AXIAL0.3	1
电阻	RES2	300	AXIAL0.3	1
电阻	RES2	1K	AXIAL0.3	1
电阻	RES2	15K	AXIAL0.3	1
电阻	RES2	7.5K	AXIAL0.3	1

2. 做一做

1）参照上述内容完成单片机稳压直流电源的层次原理图设计，要求至少分 2 层、3 个模块，顶层用主图命名，下层用具体电路名称命名。

2）进行该层次原理图的 PCB 设计。

3）将其中一个子图转换成 VHDL 语言，并由 FPGA 工程将此 VHDL 文件转换成一个新的元）件符号。

附　　录

附录 A　DXP 常用元件对照表

元件简称	中文含义	DXP 中的元件符号
AND	与门	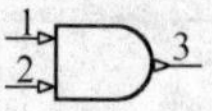 1 2 3
ANTENNA	天线	
BATTERY	直流电源	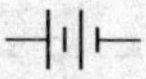
BELL	铃、钟	
BRIDEG 1	整流桥（二极管）	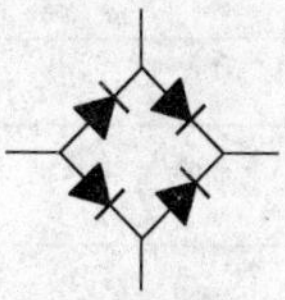
BRIDEG 2	整流桥（集成块）	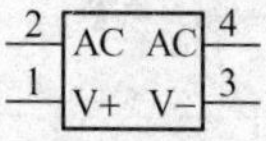 2 AC AC 4 1 V+ V− 3
BUZZER	蜂鸣器	
CAP	电容	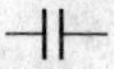
CAPACITOR	电容	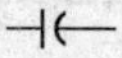
CAPACITOR POL	有极性电容	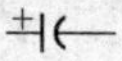 +
CAP VAR	可调电容	
CIRCUIT BREAKER	熔丝	
COAX	同轴电缆	
CON	插口	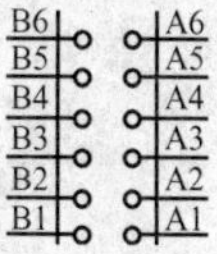 B6 B5 B4 B3 B2 B1 A6 A5 A4 A3 A2 A1
CRYSTAL	晶体振荡器	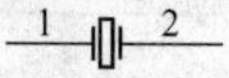 1 2
DB	并行插口	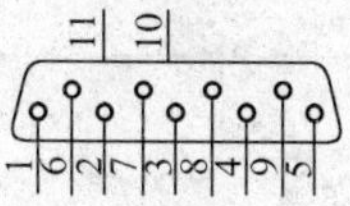 11 10 1 6 2 7 3 8 4 9 5
DIODE	二极管	
DIODE SCHOTTKY	稳压二极管	
DIODE VARACTOR	变容二极管	

（续）

元 件 简 称	中 文 含 义	DXP 中的元件符号
DPY_7-SEG	7 段数码管	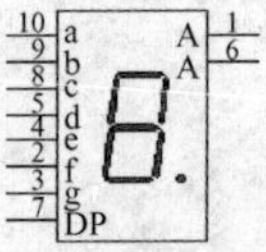
FUSE	熔断器	
INDUCTOR	电感	
INDUCTOR IRON	带铁心电感	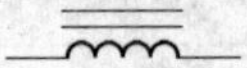
INDUCTOR Adj	可调电感	
JFET N	N 沟道场效应晶体管	
JFET P	P 沟道场效应晶体管	
LAMP	灯泡	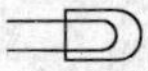
LAMP NEDN	辉光启动器	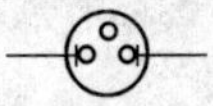
LED	发光二极管	
METER	仪表	
MICROPHONE	传声器	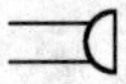
MOSFET	MOS 管	
MOTOR AC	交流电动机	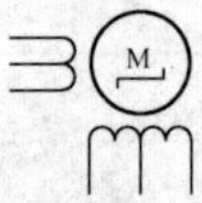
MOTOR SERVO	伺服电动机	
NAND	与非门	
NOR	或非门	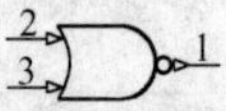
NOT	非门	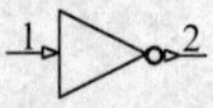
NPN	NPN 晶体管	
NPN-PHOTO	感光晶体管	

（续）

元 件 简 称	中 文 含 义	DXP 中的元件符号
OPAMP	运算放大器	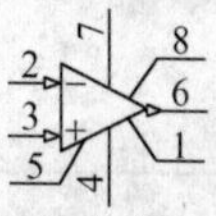
OR	或门	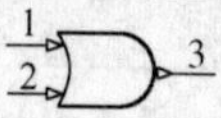
PHOTO SEN	感光二极管	
PNP	PNP 晶体管	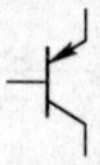
NPN DAR NPN	复合 NPN 管	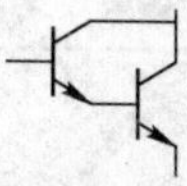
PNP DAR PNP	复合 PNP 管	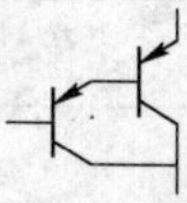
POT	滑线变阻器	
RELAY-DPDT	双刀双掷继电器	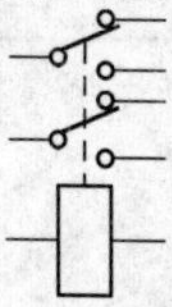
RES	电阻	
RES Adj	可变电阻	
RESISTOR BRIDGE	桥式电阻	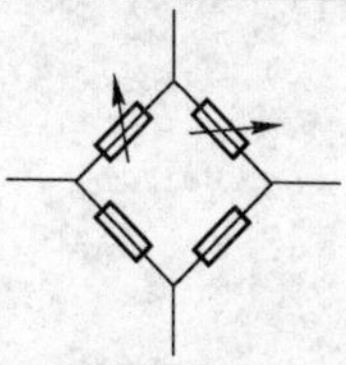
RESPACK	排阻	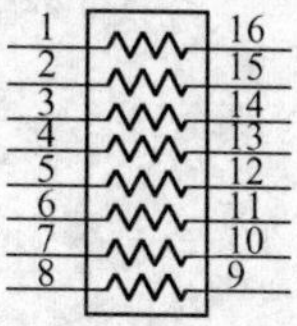
SCR	晶闸管	
PLUG	插头	
PLUG AC FEMALE	三相交流插头	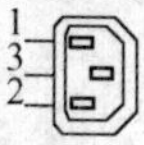
SOCKET	插座	
SPEAKER	扬声器	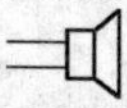

（续）

元件简称	中文含义	DXP 中的元件符号
SW-DPDY	双刀双掷开关	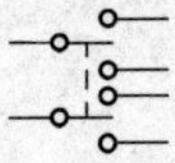
SW-SPDT	单刀双掷开关	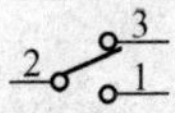
SW-SPST	单刀单掷开关	
SW-PB	按键开关	
THERMISTOR	电热调节器	
TRANS	变压器	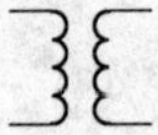
TRANS Adj	可调变压器	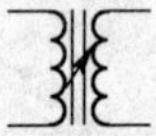
TRIAC	三端双向晶闸管	
TUBE TRIODE	三极真空管	
ZENER	齐纳二极管	

附录B　DXP 常用元件库对照表

元件库原名	中 文 含 义
Miscellaneous Devices.Lib	独立器件元件库
Miscellaneous Connectors.Lib	接插件元件库
Analog Digital.Lib	模拟数字式集成块元件库
Comparator.Lib	比较放大器元件库
Intel.Lib	INTEL 公司生产的 80 系列单片机集成块元件库
Linear.lib	线性元件库
Memory Devices.Lib	内存存储器元件库
SYnertek.Lib	SY 系列集成块元件库
Motorlla.Lib	摩托罗拉公司生产的元件库
NEC.lib	NEC 公司生产的集成块元件库
Operationel Amplifers.lib	运算放大器元件库
TTL.Lib	晶体管集成块元件库 74 系列
Voltage Regulator.lib	电压调整集成块元件库
Zilog.Lib	Zilog 公司生产的 Z80 系列 CPU 集成块元件库

附录 C　书中非标准符号与国标的对照表

元器件名称	书中符号	国标符号
电解电容	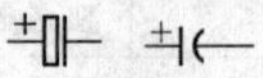	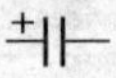
普通二极管		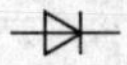
稳压二极管		
晶闸管		
线路接地		
滑动触点电位器		
与门	 &	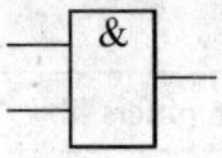 &
与非门	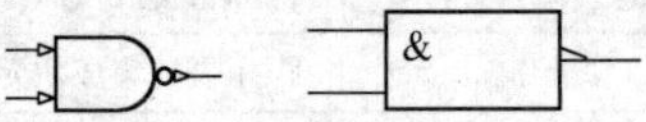 &	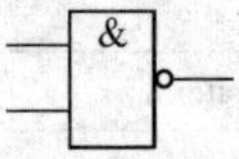 &
非门	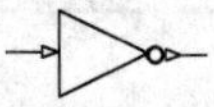	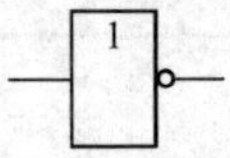 1
或门	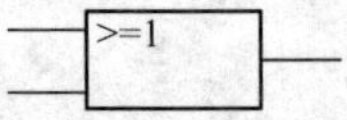 >=1	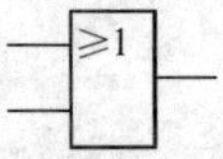 ≥1
导线的连接		或
熔断器		

参 考 文 献

[1] 李俊婷. 计算机辅助电路设计与 Protel DXP[M]. 北京：高等教育出版社，2006.

[2] 谷树忠，侯丽华，姜航. Protel 2004 实用教程[M]. 2 版. 北京：电子工业出版社，2009.

[3] 任富民. 电子 CAD-Protel DXP 2004 SP2 电路设计[M]. 2 版. 北京：电子工业出版社，2012.

[4] 杨旭方. Protel DXP 2004 SP2 应用技术与技能实训[M]. 修订版. 北京：电子工业出版社，2012.

[5] 杨华中，罗嵘，汪蕙. 电子电路的计算机辅助分析与设计方法[M]. 2 版. 北京：清华大学出版社，2008.

[6] 李秀霞，郑春厚. Protel DXP 2004 电路设计与仿真教程[M]. 2 版. 北京：北京航空航天大学出版社，2010.

[7] 赵辉同，渠丽岩. Protel DXP 电路设计与应用教程[M]. 北京：清华大学出版社，2011.

精品教材推荐

电子工艺与技能实训教程

书号：ISBN 978-7-111-34459-9

定价：33.00 元　作者：夏西泉　刘良华

推荐简言：

本书以理论够用为度、注重培养学生的实践基本技能为目的，具有指导性、可实施性和可操作性的特点。内容丰富、取材新颖、图文并茂、直观易懂，具有很强的实用性。

综合布线技术

书号：ISBN 978-7-111-32332-7

定价：26.00 元　作者：王用伦 陈学平

推荐简言：

本书面向学生，便于自学。习题丰富，内容、例题、习题与工程实际结合，性价比高，有实用价值。

集成电路芯片制造实用技术

书号：ISBN 978-7-111-34458-2

定价：31.00 元　作者：卢静

推荐简言：

本书的内容覆盖面较宽，浅显易懂；减少理论部分，突出实用性和可操作性，内容上涵盖了部分工艺设备的操作入门知识，为学生步入工作岗位奠定了基础，而且重点放在基本技术和工艺的讲解上。

通信终端设备原理与维修 第2版

书号：ISBN 978-7-111-34098-0

定价：27.00 元　作者：陈良

推荐简言：

本书是在 2006 年第 1 版《通信终端设备原理与维修》基础上，结合当今技术发展进行的改编版本，旨在为高职高专电子信息、通信工程专业学生提供现代通信终端设备原理与维修的专门教材。

SMT 基础与工艺

书号：ISBN 978-7-111-35230-3

定价：31.00 元　作者：何丽梅

推荐简言：

本书具有很高的实用参考价值，适用面较广，特别强调了生产现场的技能性指导，印刷、贴片、焊接、检测等 SMT 关键工艺制程与关键设备使用维护方面的内容尤为突出。为便于理解与掌握，书中配有大量的插图及照片。

MATLAB 应用技术

书号：ISBN 978-7-111-36131-2

定价：22.00 元　作者：于润伟

推荐简言：

本书系统地介绍了 MATLAB 的工作环境和操作要点，书末附有部分习题答案。编排风格上注重精讲多练，配备丰富的例题和习题，突出 MATLAB 的应用，为更好地理解专业理论奠定基础，也便于读者学习及领会 MATLAB 的应用技巧。